高职高专计算机类专业教材·网络开发系列

Windows Server 2012 网络管理项目实训教程 （第 2 版）

褚建立　路俊维　主　编

董会国　钱孟杰　副主编

电子工业出版社
Publishing House of Electronics Industry
北京·BEIJING

内 容 简 介

本书总结了作者多年的计算机网络工程实践及高职教学的经验,根据网络工程实际工作过程所需要的知识和技能抽象出 15 个教学项目。按照学习领域的课程教学改革思路进行教材的编写,以工作过程为导向,按照项目的实际实施过程来完成,是为高职院校学生量身定做的教材。本书内容涵盖了 Windows Server 2012 的安装、配置、管理、各种网络功能和安全功能的实现。

本书突出对职业能力、实践技能的培养,采用项目驱动模式,设计了丰富的典型工作情境下的工作案例,步骤清晰,图文并茂,应用性强。本书既可以作为高职院校计算机应用专业和网络技术专业理论与实践一体化教材使用,也可以作为 Windows Server 2012 系统管理和网络管理的自学指导书。

图书在版编目(CIP)数据

Windows Server 2012 网络管理项目实训教程 / 褚建立,路俊维主编. —2 版. —北京:电子工业出版社,2017.10(2023.1重印)

ISBN 978-7-121-32077-4

Ⅰ. ①W… Ⅱ. ①褚… ②路… Ⅲ. ①Windows 操作系统—网络服务器—高等职业教育—教材 Ⅳ. ①TP316.86

中国版本图书馆 CIP 数据核字(2017)第 154019 号

策划编辑:左 雅
责任编辑:左 雅 特约编辑:朱英兰
印 刷:涿州市京南印刷厂
装 订:涿州市京南印刷厂
出版发行:电子工业出版社
 北京市海淀区万寿路 173 信箱 邮编 100036
开 本:787×1 092 1/16 印张:19.5 字数:499.2 千字
版 次:2009 年 5 月第 1 版
 2017 年 10 月第 2 版
印 次:2023 年 1 月第 14 次印刷
定 价:45.00 元

前　言

当今的主流桌面操作系统 Windows 因其操作直观、简便，所以其服务器版也成为当前中小企业首选的服务器操作系统。Windows Server 2012 较以前的服务器版本，系统更加稳定，功能更加强大。

本书特色如下：

在组织方式上，按照学习领域的课程改革思路进行教材的组织编写，以工作过程为导向，按照项目的实际实施过程来完成。

在目标上，以适应高职高专教学改革的需要为目标，充分体现高职特色，有所创新和突破，全书的 15 个工作任务均来自企业工程实际。

在内容选取上，坚持集先进性、科学性和实用性为一体，尽可能选取最新、最实用的技术，与当前企业实际需要的网络技术接轨。

在教材内容深浅程度上，把握理论够用、侧重实践、由浅入深的原则，以使学生分层分步骤掌握所学的知识。

在教材结构上，本书共分为 15 个教学项目。在每个教学项目中，先提出工作任务，然后提供完成工作任务所应掌握的相关知识和操作技能，在学习知识的前提下进行方案分析，从而实施完成任务并进行测试。

通过 Windows Server 2012 的安装与配置，工作组模式下的用户、组、创建 Active Directory 域、域用户及组的管理、磁盘管理、文件系统与共享资源的管理、网络打印的配置与管理、利用 DHCP 自动分配 IP 地址、架设单位内部 DNS 并提供域名解析服务、利用 IIS 架设单位内部 Web 服务器、架设单位内部 FTP 服务器、PKI 与 SSL 网站、路由器与网桥的设置、网络地址转换（NAT）、VPN 服务器的配置与管理等教学项目，来完成对 Windows Server 2012 的学习。

本书建议教学课时为 72 课时，其中讲授 36 课时、实践 36 课时。

本书由邢台职业技术学院褚建立、路俊维组织编写并统稿，董会国、钱孟杰任副主编。其中项目 1、2、15 由褚建立编写，项目 3、4、5 由路俊维编写，项目 9、10、11 由钱孟杰编写，项目 12、13、14 由董会国编写，项目 8 由马雪松编写，项目 7 由郗君甫编写，项目 6 由王党利编写，项目 1 到项目 3 的习题由刘霞整理，项目 4 和项目 5 的习题由王冬梅整理，项目 6 到项目 15 的习题由李军、张静、陈步英、王沛、王海宾、张小志整理，在此一并表示深深的感谢。

尽管我们尽了最大的努力，但书中难免会有不妥之处，欢迎各界专家和读者朋友来信来函提出宝贵意见，我们将不胜感激。在阅读本书时，如发现任何问题或有不认同之处，可以通过电子邮件与我们取得联系。

电子邮件请发送至：lujw19@sina.com。

编　者

目录

CONTENTS

VII

Windows Server 2012 R2 服务器安装与配置

1.1 项目内容

1．项目目的

通过安装 Windows Server 2012 R2 网络操作系统，了解常见的网络操作系统，掌握服务器与 PC 机的差异，掌握 Windows Server 2012 R2 系统的安装方法，掌握服务器的基本配置。

2．项目任务

某所高等院校，校园网须要架设一台具有 Web、FTP、DNS、DHCP 等功能的服务器来为校园网用户提供服务，现须要选择一种既安全又易于管理的网络操作系统。

3．任务目标

（1）理解服务器及操作系统的概念。

（2）学会在一台计算机上全新安装 Windows Server 2012 R2 系统。

（3）掌握基本的 TCP/IP 配置。

（4）学会选购服务器。

1.2 相关知识

1.2.1 服务器概述

1．服务器的定义、功能和组成

服务器，也称伺服器，是提供计算服务的设备。由于服务器须要响应服务请求，并进行处理，因此一般来说服务器应具备承担服务并且保障服务的能力。

服务器的构成包括处理器、硬盘、内存、系统总线等，和通用的计算机架构类似，但是由于须要提供高可靠的服务，因此在处理能力、稳定性、可靠性、安全性、可扩展性、可管理性等方面要求较高。

在网络环境下，根据服务器提供的服务类型不同，分为文件服务器、数据库服务器、应用程序服务器和 Web 服务器等。

2. 服务器的分类

（1）按应用层次划分。按应用层次划分通常也称为"按服务器档次划分"或"按网络规模划分"，是服务器最为普遍的一种划分方法，它主要根据服务器在网络中应用的层次（或服务器的档次）来划分。要注意的是这里所指的服务器档次并不是按服务器 CPU 主频高低来划分，而是依据整个服务器的综合性能，特别是所采用的一些服务器专用技术来衡量的。按这种划分方法，服务器可分为：入门级服务器、工作组级服务器、部门级服务器、企业级服务器。

入门级服务器是最基础的一类服务器，也是最低档的服务器。这类服务器主要采用 Windows 或者 NetWare 网络操作系统，可以充分满足办公室型的中小型网络用户的文件共享、数据处理、Internet 接入及简单数据库应用的需求。入门级服务器所连的终端比较有限（通常为 20 台左右），况且其稳定性、可扩展性及容错冗余性能较差，仅适用于没有大型数据库数据交换、日常工作网络流量不大，无需长期不间断开机的小型企业。

工作组级服务器是一个比入门级高一个层次的服务器，但仍属于低档服务器之类。它只能连接一个工作组（50 台左右）用户，网络规模较小，工作组级服务器较入门级服务器来说性能有所提高，功能有所增强，有一定的可扩展性，但容错和冗余性能仍不完善，也不能满足大型数据库系统的应用。

部门级服务器一般都支持双 CPU 以上的对称处理器结构，具备比较完全的硬件配置，如磁盘阵列、存储托架等。还集成了大量的监测及管理电路，具有全面的服务器管理能力，可监测如温度、电压、风扇、机箱等状态参数。部门级服务器可连接 100 个左右的计算机用户，适用于对处理速度和系统可靠性高一些的中小型企业网络，其硬件配置相对较高，可靠性比工作组级服务器要高一些，当然其价格也较高（通常为 5 台左右高性能 PC 机的价格总和）。由于这类服务器须安装比较多的部件，所以机箱通常较大，采用机柜式的。

企业级服务器是属于高档服务器行列，最起码是采用 4 个以上 CPU 的对称处理器结构，有的高达几十个。另外一般还具有独立的双 PCI 通道和内存扩展板设计，具有高内存带宽、大容量热插拔硬盘和热插拔电源、超强的数据处理能力和群集性能等。特点就是它还具有高度的容错能力、优良的扩展性能、故障预报警功能、在线诊断，以及 RAM、PCI、CPU 等具有热插拔性能。企业级服务器适用于联网计算机在数百台以上、对处理速度和数据安全性要求非常高的大型网络。

（2）按外形分。服务器按外形可分为机架式、刀片式、塔式和机柜式等。

机架式服务器的外形看来不像计算机，而像交换机，有 1U（1U=1.75 英寸=4.445cm）、2U、4U 等规格。机架式服务器安装在标准的 19 英寸机柜里面。这种结构的多为功能型服务器，如图 1.1 所示。

刀片式服务器是指在标准高度的机架式机箱内可插装多个卡式的服务器单元，实现高可用和高密度，如图 1.2 所示。每一块"刀片"实际上就是一块系统主板。它们可以通过"板载"硬盘启动自己的操作系统，如 Windows Server 2008/2012、Linux 等，类似于一台台独立的服务器，在这种模式下，每一块主板运行自己的系统，服务于指定的不同用户群，相互之间没有关联，因此相较于机架式服务器和机柜式服务器，单片主板的性能较低。不过，管理员可以使用系统软件将这些主板集合成一个服务器集群。在集群模式下，所有的主板可以连接起来提供高速的网络环境，并同时共享资源，为相同的用户群服务。在集群中插入新的"刀片"，就可以提高整体性能。而由于每块"刀片"都是热插拔的，所以，系统可以轻松地进行替换，并且将维护时间减少到最小。

塔式服务器的外形及结构都跟我们平时使用的立式 PC 机差不多，如图 1.3 所示。但由于服务器的主板扩展性较强、插槽也多出一堆，所以个头比普通主板大一些，因此塔式服务器的主机机箱也比标准的 ATX 机箱要大，一般都会预留足够的内部空间以便日后进行硬盘和电源的冗余扩展。

机柜式服务器的外形就像一个柜子，如图 1.4 所示。在一些高档企业服务器中由于内部结构复杂，内部设备较多，有的还具有许多不同的设备单元或几台服务器都放在一个机柜中，因此称这种服务器为机柜式服务器。机柜式服务器通常由机架式、刀片式服务器再加上其他设备组合而成。

图 1.1　机架式服务器　　图 1.2　刀片式服务器　　图 1.3　塔式服务器　　图 1.4　机柜式服务器

1.2.2　网络操作系统概述

网络操作系统（NOS，Network Operation System）是指能使网络上多台计算机方便而有效地共享网络资源，为用户提供所需的各种服务的操作系统软件。为实现有效的资源共享，首先要提供网络通信功能或协议的支持，另外还要提供资源共享的途径，以及解决多个用户对资源需求冲突的能力。所以网络操作系统除了具备单机操作系统所需的功能（如内存管理、CPU 管理、输入输出管理、文件管理等）以外，还应具备如下一些网络控制、管理和服务功能。

- 提供高效可靠的网络通信能力，如对网络协议、网络硬件的支持，同时还提供了多种网络硬件的驱动程序。
- 提供多项网络服务功能，如远程作业录入及处理的服务功能、文件传输服务功能、电子邮件服务功能、远程打印服务功能等。我们经常听说的 Telnet、FTP 等就是该类服务功能的典型例子。
- 提供网络资源管理、系统管理功能，如文件系统管理、网络服务进程的建立和管理、网络活动的监控和网络测试工具等。
- 提供对网络用户的管理。几乎所有的操作系统都提供了用户管理功能，用户管理功能所提供的用户访问控制机制有效地管理和控制了用户对网络资源的访问。用户必须提供合法的用户账号并在授权范围内访问网络资源就是用户管理的具体体现。

1.2.3　常见的网络操作系统

网络操作系统是在网络设计与实施过程中要考虑的关键因素之一。目前，可供选择的网络操作系统多种多样，常见的有 Windows、Linux、UNIX、NetWare 等。

1．Windows 操作系统

Windows 的网络操作系统是一个产品系列。微软公司在 1993 年推出第一代网络操作系统产品 Windows NT 3.1。随着 Windows NT 3.1 问世，微软正式加入网络操作系统的市场角逐。时至今日，微软公司先后对其 Windows 网络操作系统不断进行了改进，陆续推出 Windows NT 3.5、Windows NT 4.0、Windows Server 2000、Windows Server 2003、Windows Server 2008 家族，以及现在的 Windows Server 2012/2012 R2。Windows 系列网络操作系统具有较高的可靠性，采用最新的概念和最新的技术。

2．UNIX 操作系统

UNIX 最早是指由美国贝尔实验室发明的一种多用户、多任务的通用操作系统。经过长期的发展和完善，目前已成长为一种主流的操作系统技术和基于这种技术的产品大家族。其中最为著名的有 SCO XENIX、SNOS、Berkeley BSD、AT&T 系统 V。由于 UNIX 具有技术成熟、可靠性高、网络和数据库功能强、伸缩性突出和开放性好等特色，可满足各行各业的实际需要，特别能满足企业重要业务的需要，已经成为主要的工作站平台和重要的企业操作平台。

3．Linux 操作系统

Linux 是一个免费的、提供源代码的操作系统。Linux 脱胎于 UNIX，所以其很多性能和特点与 UNIX 极其相似。Linux 最早出现在 1992 年，由芬兰赫尔辛基大学的一个大学生 Linus B.Torvolds 首创，后来在全世界各地由成千上万的 Internet 上的自由软件开发者协同开发，不断完善。经过十多年的发展，它已完全进入了成熟阶段，越来越多的人认识到它的价值，从 Internet 服务器到用户的桌面，从图形工作站到 PDA 的各种领域都在广泛使用。Linux 下有大量的免费应用软件，如系统工具、开发工具、网络应用、休闲娱乐、游戏等。更重要的是，它是目前安装在个人电脑上的最可靠、强壮的操作系统。

Linux 作为一个置于共用许可证（GPL，General Public License）保护下的自由软件，任何人都可以免费从分布在全世界各地的网站上下载。目前 Linux 的发行版本种类很多，最主要的几个发行版本为：Red Hat Linux、Slackware、Debian Linux、S.u.S.e Linux 等。最近国内也有公司搞了自己的发行版本，如联想公司的幸福 Linux 和冲浪平台的 Xteam Linux。

4．NetWare 操作系统

Novell 公司的 NetWare 网络操作系统是目前世界上应用最广泛的微型计算机局域网络操作系统之一。

NetWare 的推出时间比较早，经过多年的发展，已可以提供非常稳定的运行性能。在一个 NetWare 网络中允许有多台服务器，并可采用一般的 PC 担当服务器。NetWare 网络操作系统具有强大的文件及打印服务能力、兼容性及系统容错能力、比较完备的安全措施等。

1.2.4　Windows Server 2012 操作系统的版本

微软在 2012 年 9 月 4 日正式发售 Windows Server 2012 操作系统，Windows Server 2012 是 Windows Server 2008 R2 的继任者。在 Windows Server 2012 中，PowerShell 已经有超过 2300 条命令开关（Windows Server 2008 R2 才有 200 多个）。Windows Server 2012 有 4 个版本：Foundation（基础版）、Essentials（精华版）、Standard（标准版）和 Datacenter（数据中心版）。

- Windows Server 2012 Essentials 版面向中小企业，用户限定在 25 位以内，该版本简化了界面，预先配置云服务连接，不支持虚拟化。
- Windows Server 2012 Foundation 版提供完整的 Windows Server 功能，限制使用两台虚

拟主机。

- Windows Server 2012 Datacenter 版提供完整的 Windows Server 功能，不限制虚拟主机数量。
- Windows Server 2012 Foundation 版本仅提供给 OEM 厂商，限定用户 15 位，提供通用服务器功能，不支持虚拟化。

表 1.1 为不同版本的主要性能比较。

表 1.1　Windows Server 2012 R2 版本的主要性能比较

性能	Foundation 版	Essentials 版	Standard 版	Datacenter 版
处理器（CPU）上限	1	2	64	64
授权用户限制	1	25	无限	无限
文件服务限制	1 个独立 DFS 根目录	1 个独立 DFS 根目录	无限	无限
网络策略和访问控制	50 个 RRAS 连接及 1 个 IAS 连接	250 个 RRAS 连接、50 个 IAS 连接及 2 个 IAS 服务组	无限	无限
远程桌面服务限制	20 个连接	250 个连接	无限	无限
虚拟化	无	1 个虚拟机或者物理服务器，两者不能同时存在	2 个虚拟机	无限
服务器核心模式	无	无	有	有
Hyper-V	无	无	有	有

▽| 1.3　方案设计

1. 设计

根据前面的介绍，我们在为学校选择网络操作系统时，首先推荐 Windows Server 2012 R2 操作系统。在安装 Windows Server 2012 R2 操作系统时要求如下。

从光盘安装 Windows Server 2012 R2，设置相应的信息，包括：计算机名为 xpc-xxgcx-jpkc，IP 地址为 10.8.31.37，子网掩码为 255.255.255.0，默认网关为 10.8.31.1，首选 DNS 服务器为 10.8.10.244，备用 DNS 服务器为 202.99.166.4，系统管理员密码为 qazWSXedc123456，安装模式为 GUI 模式，文件系统采用 NTFS，C 盘分区在 40GB 以上，安装完后为独立服务器。

2. 材料清单

（1）PC 1 台。

（2）Windows Server 2012 R2 简体中文标准版安装光盘。

3. Windows Server 2012 R2 安装前准备

为了安装 Windows Server 2012 R2 服务器，需要准备好 Windows Server 2012 R2 简体中文标准版安装光盘，或者用包含 Windows Server 2012 R2 安装文件的可启动 U 盘（U 盘安装）。用纸张记录安装文件的产品密匙（安装序列号），规划启动盘的大小。主要内容包括：

（1）准备好 Windows Server 2012 R2 简体中文标准版安装光盘。

（2）在可能的情况下，在运行安装程序前用磁盘扫描程序扫描所有硬盘，检查硬盘错误并进行修复，否则在安装程序运行时如检查到有硬盘错误即会很麻烦。

（3）用纸张记录安装文件的产品密匙（安装序列号）。

（4）如果未安装过 Windows Server 2012 R2 系统，而现在正使用 Windows 10 系统，建议用驱动程序备份工具将 Windows 10 系统下的所有驱动程序备份到硬盘上（如 F:\Drive）。备份的 Windows 10 系统驱动程序可以在 Windows Server 2012 R2 系统下使用。

（5）如果想在安装过程中格式化 C 盘或 D 盘（建议在安装过程中格式化用于安装 Windows Server 2012 R2 系统的分区），须要备份 C 盘或 D 盘有用的数据。

（6）导出电子邮件账户和通信簿：将"C:\Users\Administrator\AppData\Local\Temp（或你的用户名）\"中的"收藏夹"目录复制到其他盘，以备份收藏夹。

（7）系统最低配置要求：①1.4GHz 的 64 位处理器；②512MB 的内存；③32GB 硬盘空间（如果有 16GB 的内存的话）。

（8）选择磁盘分区：任何一个新的磁盘分区都必须被格式化为适当的文件系统后，才可以在其中安装 Windows 操作系统与存储数据。Windows Server 2012 R2 安装到 NTFS 磁盘分区。

1.4　项目实施

Windows Server 2012 R2 全新安装的操作步骤如下。

步骤 1　用光盘启动系统。因为需要从光驱引导进行安装，所以重新启动系统并设置计算机的 BIOS，把光驱（CD-ROM）设为第一启动盘，保存设置并重启。将 Windows Server 2012 R2 安装光盘放入光驱，重新启动计算机。刚启动时，当屏幕出现"Press any Key to boot from CD.."字样时，按任意键从光驱引导，否则不能启动 Windows Server 2012 R2 系统安装。如果用 U 盘安装，则设置 BIOS 第一启动盘为 U 盘，插入 U 盘，保存设置并重启，则开机从 U 盘启动。

步骤 2　在如图 1.5 所示界面中，要求用户输入需要安装的语言、时间和货币格式、键盘和输入方法等首选项。如果 Windows Server 2012 R2 安装光盘或 U 盘是简体中文版，默认的首选项分别是"中文（简体）"、"中文（简体，中国）"、"中文（简体）—美式键盘"。设置这些首选项后单击"下一步"按钮继续。

步骤 3　在如图 1.6 所示的开始安装界面中单击"现在安装"按钮。

图 1.5　选择语言时间和货币格式等　　　　　图 1.6　开始安装界面

步骤 4　在如图 1.7 所示的输入产品密钥以激活 Windows 界面中，输入产品密钥，单击"下一步"按钮。产品密钥也就是用户购买 Windows Server 2012 R2 产品时授权许可证上所提供的产品密钥，用于证明产品的合法性。

步骤 5 在如图 1.8 所示界面中单击要安装的版本，Windows Server 2012 R2 提供以下两种安装模式。

（1）带有 GUI 的服务器：安装完成后的 Windows server 2012 R2 包含图形用户界面（GUI），它提供友好的用户界面与图形管理工具。

（2）服务器核心安装：它仅提供最小化的环境，可以降低维护与管理需求，减少使用硬盘容量，减少被攻击次数。由于没有图形用户界面，因此只能使用命令提示符、Windows PowerShell 或者通过远程计算机来管理此台服务器。

带有 GUI 的服务器提供较为友好的管理界面，但是服务器核心安装却提供比较安全的环境。安装完成后，可以随意在这两种环境中切换，此处先选择带有 GUI 的服务器，单击"下一步"按钮。

步骤 6 在如图 1.9 所示的许可条款所示界面中，认真阅读软件许可条款后，勾选"我接受许可条款"选项，单击"下一步"按钮。

图 1.7 输入产品密钥以激活 Windows　　　　　　　　　图 1.8 安装版本

步骤 7 在如图 1.10 所示的安装类型界面中，单击"自定义：仅安装 Windows（高级）（C）"类型以选择自定义安装类型。Windows Server 2012 R2 提供了升级和自定义两种安装类型，其中升级安装类型适合于已经安装 Windows 操作系统的计算机，而且必须启动 Windows 后才能安装。自定义安装类型适合重新或全新安装一台计算机。

图 1.9 许可条款　　　　　　　　　　　　　　图 1.10 安装类型

步骤 8 在如图 1.11 所示安装位置界面中，如果在一台崭新的计算机上安装 Windows Server 2012 R2，单击"新建"按钮新建分区，在弹出的"大小（S）"文本框中输入新建分区的大小，单位为 MB，然后单击"应用"按钮，则弹出如图 1.12 所示为系统创建额外分区的对话框，单击"确定"按钮。则显示如图 1.13 所示分区后的界面，在驱动器列表中选择新建的分区，将 Windows Server 2012 R2 安装到该分区中。然后单击"下一步"按钮安装 Windows Server 2012 R2。

图 1.11　安装位置　　　　　　　　　　图 1.12　为系统创建额外分区

注意：安装 Windows Server 2012 R2 所在分区最少不低于 10GB，推荐分区大小为 40GB 甚至更多。

步骤 9 在如图 1.14 所示界面中，安装程序将从安装光盘（U 盘）中复制必要的安装文件到所选分区的 Windows 安装临时文件夹中，并进行安装，整个复制过程须花费较长的时间。

图 1.13　创建分区　　　　　　　　　　图 1.14　正在安装 Windows

步骤 10 在安装 Windows Server 2012 R2 过程中，会多次重启计算机。安装完成后出现如图 1.15 所示设置登录密码的界面。设置用户名"Administrator"的密码并确认密码，单击"完成"按钮继续。

注意：用户"Administrator"是一个超级用户账户，拥有计算机的完全访问权限。因此 Windows Server 2012 R2 要求用户设置账户密码必须符合字符的长度、复杂性和历史要求。

（1）密码的长度不少于 7 个字符，密码必须包括大写字母、小写字母、数字和其他可打印的字符。如"!@#$%^&*()"等字符。

（2）历史要求密码不能和用户账户名称、计算机名称重复，如密码"Administrator123"中出现了"Administrator"字符串就不符合历史要求。

步骤 11 如图 1.16 所示按 Ctrl+Alt+Delete 登录的界面提示进行登录。打开登录界面如图 1.17 所示，输入系统管理员（Administrator）的密码。

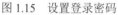

图 1.15　设置登录密码　　　　　　　　　　　图 1.16　按 Ctrl+Alt+Delete 登录

步骤 12 输入密码后按回车键，继续启动进入桌面。第一次启动后自动打开"服务器管理器仪表板"窗口，如图 1.18 所示。

图 1.17　登录 Windows Server 2012 R2　　　　图 1.18　服务器管理器仪表板

如果不想每次启动都出现"服务器管理"窗口，在"服务器管理器仪表板"窗口右上方选择"管理→服务器属性"菜单命令，打开"服务器管理属性"对话框，如图 1.19 所示，勾选"在登录时不自动启动服务器管理器"选项，单击"确定"按钮。则下次启动 Windows Server 2012 R2 时"服务器管理器仪表板"窗口将不会自动打开。但 Windows Server 2012 R2 桌面上除了回收站和语言栏外，空白一片。

步骤 13 如果想将主要图标显示到桌面上，可以右击 Windows Server 2012 R2 的开始菜单，选择"运行"命令，打开"运行"对话框，如图 1.20 所示，在"打开"后面的文本框内输入"rundll32.exe shell32.dll,Control_RunDLL desk.cpl,,0"命令，并单击"确定"按钮，弹出"桌面图标设置"对话框，如图 1.21 所示。勾选"桌面图标"下的个选项，并单击"确定"按钮。

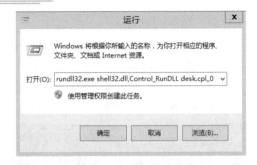

图 1.19 "服务器管理属性"对话框　　　　　图 1.20 "运行"对话框

步骤 14 Windows Server2012 R2 简体中文版安装时，默认安装了 Internet Explorer 增强的安全设置，这样上网时大部分网站不能直接打开。关闭 Internet Explorer 增强的安全配置的操作：打开"服务器管理器仪表板"窗口，单击"本地服务器"，在右侧"本地服务器属性"窗口中单击"Internet Explorer 增强的安全配置"后面的"启用"按钮，打开如图 1.22 所示的"Internet Explorer 增强的安全配置"对话框，分别选择"管理员：关闭"和"用户：关闭"单选项，单击"确定"按钮即可。

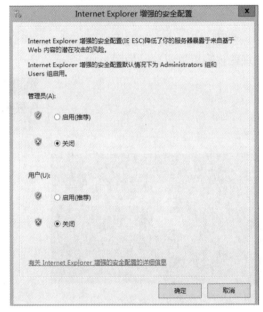

图 1.21 "桌面图标设置"对话框　　　图 1.22 "Internet Explorer 增强的安全配置"对话框

1.5 扩展知识及任务训练

1.5.1 训练 1：设置计算机名与 TCP/IP 协议

计算机名与 TCP/IP 的 IP 地址都是计算机的识别信息，它们是计算机之间相互通信所需的设置。

1．更改计算机名与工作组名

每台计算机的名称必须是唯一的，不应该与网络上的其他计算机名重复，虽然计算机会自动设置计算机名，不过为了使用方便起见，将计算机名设置为"xpc-xxgcx-jpkc"。

另外，最好将同一部门或工作性质相同的计算机划分在同一个工作组，让这些计算机之间通过网络通信时更为方便。每台计算机默认隶属的工作组名为 WORKGROUP。更改计算机名和工作组名的名步骤：单击任务栏左下角的"服务器管理器"图标，打开"服务器管理器仪表板"窗口，单击窗口左侧"本地服务器"，单击右侧"本地服务器属性"窗口中"计算机名"后面的默认计算机名"WIN-EJERBD8B3JE"，打开"计算机名/域更改"窗口，输入计算机名，单击"确定"按钮，如图 1.23 所示。按照提示重新启动计算机后，这些更改才会生效。

图 1.23　更改计算机名

2．TCP/IP 协议的配置

服务器只有接入网络才能为其他计算机提供相应的服务，而网卡是计算机与网络连接的唯一接口。因此只有在正确安装网卡驱动程序和网络协议，并正确设置 IP 地址信息之后，服务器才能实现与网络内其他计算机的通信。一台计算机获取 IP 地址的方式有两种：一种是自动获取 IP 地址，另一种是手动设置 IP 地址。

自动获取 IP 地址：这是默认值，此时计算机会自动向 DHCP 服务器租用 IP 地址，这台 DHCP 服务器可能是一台计算机，也可能是一台具有 DHCP 服务器功能的 IP 分享器（NAT），如宽带路由器、无线路由器等。

如果找不到 DHCP 服务器，此计算机会利用 Automatic Private IP Addressing 机制来自动为自己设置一个符合 169.254.0.0/16 格式的 IP 地址，此时仅能与同一网络中也使用 169.254.0.0/16 格式的计算机通信。这个 169.254.0.0/16 格式的 IP 地址只是临时分配的，该计算机仍然会继续定期查找 DHCP 服务器，直到租到正式的 IP 地址为止。

自动获取 IP 地址的方式适合于企业内部一般用户的计算机，它可以减轻系统管理员手动设置的负担，并可以避免手动设置可能发生的错误。租到的 IP 地址有使用期限，期限过后，下一次计算机启动租用到的 IP 地址可能与前一次不同。

手动设置 IP 地址：这种方式会增加系统管理员手动设置的负担，而且手动设置容易出错。比较适合企业内容的服务器使用。

在 Windows Server 2012 R2 中配置 TCP/IP 协议的步骤如下。

（1）依次单击"开始→控制面板→查看网络状态和任务→更改适配器设置→Ethernet0（以太网）选项，即可打开"Ethernet0（以太网）状态"对话框，如图 1.24 所示。在"常规"选项卡中显示了该连接的状态和活动情况，比如这个连接已经建立了 1 小时 50 分 33 秒，发送了 6059 个数据包，接收了 8010 个数据包。

（2）单击"属性"按钮，打开"本地连接 Ethernet0（以太网）属性"对话框，如果服务器安装有多块网卡应当分别选择并一一进行设置。在"此连接使用下列项目"列表框中列出了连接所使用的一些协议、服务等。

（3）在"此连接使用下列项目"列表框中选中"Internet 协议版本 4（TCP/IPv4）"选项，单击"属性"按钮，打开"Internet 协议版本 4（TCP/IPv4）属性"对话框，如图 1.25 所示。可以选择"自动获得 IP 地址"或用户指定 IP 地址，对于 DNS 服务器也可以选择自动获取或由用户指定。

（4）选中"使用下面的 IP 地址"单选按钮，分别输入为该服务器分配的 IP 地址（在这里输入 10.8.31.37）、子网掩码（在这里输入 255.255.255.0）和默认网关（在这里输入 10.8.31.1），并指定 DNS 服务器的 IP 地址（在这里输入：首选 DNS 服务器为 10.8.10.244，备用 DNS 服务器为 202.99.166.4），如图 1.25 所示。

（5）单击"确定"按钮，保存所作的修改。

图 1.24 "Ethernet0（以太网）状态"对话框   图 1.25 "Internet 协议版本 4（TCP/IPv4）属性"对话框

3. TCP/IP 协议高级设置

在 Windows Server 2012 R2 中，可以为每块网卡设置多个 IP 地址，在"Internet 协议（TCP/IP）属性"对话框中，单击"高级"按钮，打开"高级 TCP/IP 设置"对话框，单击

"IP 地址"框下方的"添加"按钮，弹出"TCP/IP 地址"对话框，如图 1.26 所示，添加 IP 地址（如 IP 地址为 10.8.31.41，子网掩码为 255.255.255.0），添加完后单击"添加"按钮，即可为网卡设置第二个 IP 地址。

图 1.26 "高级 TCP/IP 设置"对话框

注意： 配置 TCP/IP 参数的方法有多种。

（1）右键单击桌面上"网络"图标→打开"网络和共享中心"→单击"更改适配器设置"→右键单击"Ethernet0（以太网）"选项，打开"本地连接 Ethernet0（以太网）属性"对话框，选择"Internet 协议版本 4（TCP/IPv4）"选项，单击"属性"按钮，打开"Internet 协议版本 4（TCP/IPv4）属性"对话框，即可设置 TCP/IP 参数。

（2）单击任务栏左下角"服务器管理器"图标，打开"服务器管理器仪表板"窗口，单击"本地服务器"，在"本地服务器"属性窗口中单击"Ethernet0（以太网）"后面的内容，打开"网络连接 Ethernet0（以太网）"窗口，右键单击"Ethernet0（以太网）"，打开"本地连接 Ethernet0（以太网）属性"对话框，选择"Internet 协议版本 4（TCP/IPv4）"选项，单击"属性"按钮，打开"Internet 协议版本 4（TCP/IPv4）属性"对话框，即可设置 TCP/IP 参数。

4．应用测试命令验证网络连接

（1）在桌面上，选择"开始→运行"命令，打开"运行"对话框，在"打开"文本框中输入"cmd"命令，如图 1.27 所示。单击"确定"按钮，打开"命令提示符"窗口，如图 1.28 所示。

（2）在命令提示符后输入"ipconfig/all"命令，按回车键，即可查看当前 TCP/IP 的配置信息，如图 1.29 所示。

注意： ipconfig 是调试计算机网络的常用命令之一，通常使用它显示计算机中网络适配器的 IP 地址、子网掩码及默认网关。参数"all"显示所有网络适配器（网卡、拨号连接等）的完整 TCP/IP 配置信息。与不带参数的用法相比，它的信息更全更多，如 IP 是否动态分配、显示网卡的物理地址等。

（3）在命令提示符后输入"ping 10.8.31.35"命令，按回车键，测试当前计算机和 10.8.31.35

之间的网络是否能够正常通信，如图 1.30 所示。

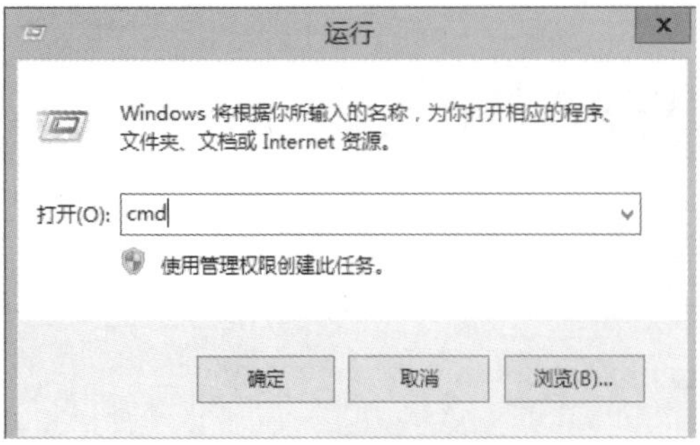

图 1.27 "运行"对话框 　　　　　　　　　图 1.28 "命令提示符"窗口

图 1.29　ipconfig/all 命令显示结果

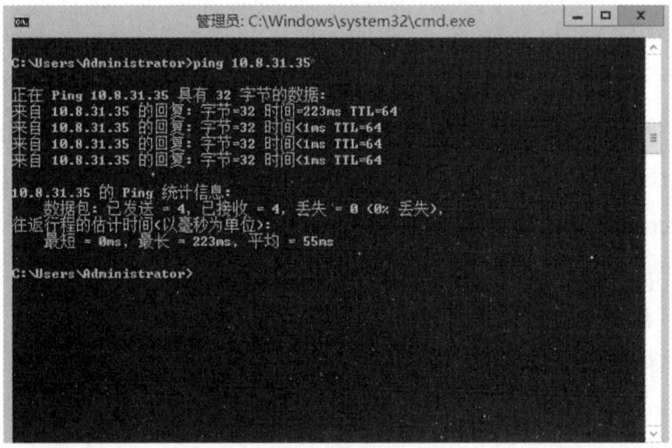

图 1.30　测试网络连接是否正常

　　注意：ping 命令也是调试计算机网络的常用命令之一，利用它可以检查网络的连通性，帮助我们分析、判定网络故障。该命令只有在安装了 TCP/IP 协议后才可以使用。ping 命令的主要作用是通过发送数据包并接收应答信息来检测两台计算机之间的网络是否连通。当网络出现故障的时候，可以用这个命令来预测故障和确定故障地点。ping 命令测试成功只是说明当前主机与目的主机之间存在一条连通的路径。如果不成功，则考虑：网线是否连通、网卡设置是否正确、IP 地址是否可用等。

1.5.2　训练 2：设置 Windows 防火墙

Windows Server 2012 R2 内置的 Windows 防火墙可以保护计算机，使计算机避免遭受外部恶意程序的攻击。

1．网络位置

系统将网络位置分为专用网络、公用网络与域网络，在 Windows Server 2012 R2 系统里可以通过网络和共享中心来查看网络位置。如图 1.31 所示，此计算机所在的网络位置为公用网络。

图 1.31　网络位置

为了增加计算机在网络内的安全性，位于不同网络位置的计算机有着不同的 Windows 防火墙设置，例如位于公用网络的计算机，其 Windows 防火墙的设置较位于专用网络的计算机更严格。

2．启用与关闭 Windows 防火墙

系统默认已经启用 Windows 防火墙，它会阻挡其他计算机与此台计算机通信。启用与关闭 Windows 防火墙步骤：单击"开始→控制面板→系统和网络安全→Windows 防火墙→启用或关闭 Windows 防火墙（如图 1.32 所示）→自定义设置"选项进行设置即可，如图 1.33 所示。

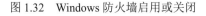

图 1.32　Windows 防火墙启用或关闭　　　　图 1.33　Windows 防火墙自定义设置

3．解除 Windows 防火墙对某些程序的封锁

Windows 防火墙会阻挡所有的传入连接，不过可以通过单击如图 1.32 所示左上方的"允许应用或功能通过 Windows 防火墙"选项，打开如图 1.34 所示"允许的应用"窗口来解除对

某些程序的封锁。例如，要允许网络上的其他用户来访问你的计算机内的共享文件与打印机，则勾选如图1.34所示的"文件和打印机共享"复选框。总之，想让哪个应用或功能通过Windows防火墙的阻挡，就勾选哪个应用功能。

图1.34　解除Windows防火墙封锁

4．Windows防火墙高级安全设置

如果要进一步设置Windows防火墙的规则，可以通过"高级安全Windows防火墙"设置。单击如图1.32所示左侧的"高级设置"选项，打开如图1.35所示"高级安全Windows防火墙"窗口。高级安全Windows防火墙设置可以同时针对传入连接与传出连接来设置访问规则（图中的"入站规则"与"出站规则"选项）。

图1.35　"高级安全Windows防火墙"窗口

不同的网络位置可以有不同的Windows防火墙规则，同时也有不同的配置文件，不过这些配置文件可以通过下述步骤更改：右键单击图1.35左侧"本地计算机上的高级安全Windows防火墙"，在快捷菜单中选择"属性"命令，打开如图1.36所示的"本地计算机上的高级安全Windows防火墙属性"对话框。该属性对话框中针对"域、专用网、公用网络"位置的传入连接与传出连接分别有不同的设置值。这些设置值如下。

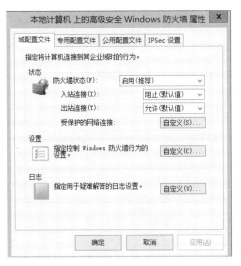

图 1.36 "本地计算机上的高级安全 Windows 防火墙属性"对话框

- 阻止（默认值）：阻止防火墙规则没有允许连接的所有连接。
- 阻止所有连接：阻止全部连接，不论是否有防火墙规则明确允许的连接。
- 允许：允许连接，但有防火墙规则明确封锁的连接除外。

也可以针对特定程序或流量来开放或阻止。例如 Windows 防火墙默认是打开的，因此网络上其他用户无法利用 ping 命令来与你的计算机通信。如果要开放其他用户利用 ping 命令来与你的计算机通信，可以通过高级安全 Windows 防火墙的入站规则来开放 ICMP Echo Request 数据包。具体做法：单击图 1.35 左侧的"入站规则"选项，在窗口右侧打开的所有入站规则中找出"文件和打印机共享（回显请求-ICMPv4-In）"并双击该项，打开如图 1.37 所示的"文件和打印机共享（回显请求-ICMPv4-In）属性"对话框。在该对话框的"常规"选项卡下勾选"已启用"复选框即可。如果要开放的服务或应用程序未在列表中，可以通过新规则来开放。

图 1.37 开放 ICMP Echo Request 数据包

习题

一、填空题

1. Windows Server 2012 R2 有 4 个版本，分别为_____、_____、_____、_____。

2. 推荐将 Windows Server 2012 R2 安装在_____文件系统内。

3. 系统管理员的用户名为_____。

4. 服务器按应用层次划分，分为_____。

5. 服务器按外形划分为_____。

6. 为提高 Windows Server 2012 R2 系统的安全性，在系统启动时必须按_____组合键，输入正确密码后才能登录。

7. 检测网络连通性的常用命令是_____，显示所有 TCP/IP 配置信息的命令和参数是_____。

二、选择题

1. 推荐将 Windows Server 2012 R2 安装在（　　）文件系统分区上。

    A. NTFS   B. FAT   C. FAT32   D. VFat

2. Windows Server 2012 R2 支持下面哪些文件系统格式？（　　）

    A. NTFS   B. FAT   C. FAT32   D. EXT3

3. Windows Server 2012 R2 的安装方式包括（　　）。

    A. 全新安装   B. 升级安装

    C. 远程服务器安装   D. 无人值守安装

三、思考题

1. Windows Server 2012 R2 有哪些版本？它们的用途分别是什么？

2. 服务器与个人计算机的区别是什么？

3. NTFS 文件系统和 FAT32 文件系统有何区别？

四、技能训练项目

用 U 盘在虚拟机上安装 Windows Server 2012 R2，设置相应的信息，包括：计算机名为 xpc-xxgcx-server1，IP 地址为 192.168.1.100，子网掩码为 255.255.255.0，默认网关为 192.168.1.1，DNS 服务器为 202.99.16.68，系统管理员密码为 qazWSXedc123456，安装模式为 GUI 服务器模式。

要求如下。

1. 独立安装虚拟机并进行配置，应答信息参见训练项目 1 的要求；

2. 独立制作安装 U 盘，并下载 Windows Server 2012 R2 镜像文件。应答信息参见训练项目 1 的要求；

3. 使用 ipconfig 命令查看所装系统的 IP 地址信息，使用 ping 命令测试宿主机和虚拟机系统的网络连通性。

本地用户与组账户的管理、组策略

用户账户机制是维护计算机操作系统安全的基本而重要的技术手段，操作系统通过用户账户来辨别用户身份，从而让具有一定使用权限的人登录计算机、访问本地计算机资源或从网络访问计算机的共享资源。可以说，服务器用户和组的管理就是网络安全的第一道防线。

2.1 项目内容

1. 项目目的
通过在工作组模式下对 Windows Server 2012 服务器进行配置和管理，掌握用户、组的管理，了解用户账户的本地安全策略的配置思路和方法。

2. 项目任务
某公司的文件服务器已经成功安装了 Windows Server 2012 系统，并进行了简单的初始配置。现在为了控制服务器的访问情况，须要对全体员工进行身份验证和管理，要求按照人员职位进行权限管理。

3. 任务目标
（1）掌握用户和组的概念。
（2）掌握创建本地用户账户和组的方法。
（3）掌握管理本地用户账户和组的方法。
（4）理解用户账户的本地安全策略配置思路。

2.2 相关知识

2.2.1 用户账户简介

从 Windows 3.2 开始，在个人操作系统中就开始使用用户登录计算机了。用户只有输入了正确的账户和密码，经比较与本地安全数据库内的用户信息相一致时，才允许用户登录到本地计算机或从网络上获取对计算机的访问权限。自 Windows NT 出现以来，出现了 NTFS 文件系统。系统管理员可以在采用 NTFS 文件系统的分区上设置每个用户对各种文件资源的访问权限，例如读取、写入、修改、运行等，对限制用户访问本地资源提供了方便，从而增强了计算机的安全管理。

Windows Server 2012 支持两种用户账户：本地账户和域账户。

1. 本地账户
本地用户账号是建立在 Windows Server 2012 独立服务器上的，位于"%Systemroot%\

system32\config"文件夹下的本地安全数据库（SAM）内加密存储。用户可以利用本地用户账号来登录此计算机时，这台计算机将根据本地安全数据库来检查账号与密码是否正确，如用户提供了正确的用户名和密码，则本地计算机分配给用户一个访问令牌，该令牌定义了用户在本地计算机上的访问权限，资源所在的计算机负责对该令牌进行鉴别，以保证用户只能在管理员定义的权限范围内使用本地计算机上的资源。对访问令牌的分配和鉴别是由本地计算机的本地安全权限（LSA）负责的。

本地用户账号只存在于这台计算机内，通常适用于工作组网络中使用，有几台计算机，就要分别为每个用户建立几个账户，特点是管辖权只限于本机，只能够访问本机资源。因此，工作组模式下，计算机的数量不宜过多，一般不超过 15 台，否则会产生用户账户维护的困难。

2．域账户

域用户账号建立在域控制器的 Active Directory（活动目录）数据库内。用户可以利用域用户账号来登录域，并利用它来访问网络上的资源，例如访问域内所有计算机上的文件、打印机等资源。当用户利用域用户账号来登录时，由域控制器来检查用户所输入的账号与密码是否正确。

将用户账号建立在某台域控制器内后，该账号会自动复制到同一域内的其他所有域控制器中。因此，当该用户登录时，此域内的所有域控制器都可以负责审核用户的身份，也就是检查用户所输入的用户名与口令是否正确。

Windows Server 2012 不会将本地用户信息复制到域控制器的活动目录内。

在此建议用户最好不要在 Windows Server 2012 已加入域的成员服务器内建立本地用户账号，因为无法访问域上的资源，同时域系统管理员也无法管理这些本地用户账号。因此，域结构的网络中用户的账号最好都建立在域控制器的活动目录内。

有关域账户的具体问题，将在项目 3 中介绍。

2.2.2　系统内置本地账户

Windows Server 2012 在系统安装完成时，就提供了两个内置账户供使用，分别是 Administrator 和 Guest。

打开"服务器管理器→工具→计算机管理→本地用户和组→用户"界面，就可以看到当前计算机系统的全部用户账户，如图 2.1 和图 2.2 所示。

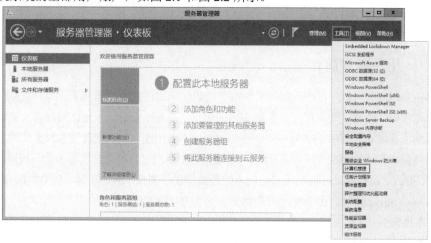

图 2.1　打开"计算机管理"页面

图 2.2 "计算机管理—本地用户和组"界面

1. Administrator

Administrator 通常被称为超级管理员账户,该账户对计算机具有完全控制权限,换句话说,它在系统中拥有"至高无上"的权力,并可以根据需要向用户分配用户权利和访问控制权限,例如:用户账号与组的建立、更改、删除,建立打印机、设置安全策略、设置用户账号的权限、分配资源等。由于大家都知道 Administrator 账户存在于许多版本的 Windows 系统上,它也会理所当然的成为恶意攻击的目标,因此强烈建议将此账户设置为使用强密码。

2. Guest

Guest 通常称为来宾账户,主要用于在这台计算机上没有实际账户的人使用,默认权限很少。默认情况下处于禁用状态,但也可以启用它;默认不需要密码,但也可以设置密码。可以像任何用户账户一样,为 Guest 账户设置权限。

提示:这两个内置账户都可以被更名、禁用,但是都不能被删除。出于规避恶意攻击等安全因素考虑,建议将 Administrator 的权限分散授权给其他账户,并将 Administrator 更名且禁用。平时登录系统,尽量使用专门授权的最低权限账户进行工作等活动。建议 Guest 账户也保持禁用状态。但即使已禁用 Administrator 账户,仍然可以在安全模式下使用该账户访问计算机。

网络管理员往往利用命令来维护和管理网络,这是因为命令对系统的依赖性很小。与图形界面相比,占用 CPU 和内存等资源也较少,因此,从本项目开始,将逐渐介绍部分系统管理和维护操作的命令行,打开命令提示符窗口的方法是按"Win+R"组合键打开运行窗口,输入"cmd"后,单击"确定"按钮。查看本地用户账户的命令:

```
net user
```

net user 命令查看本地账户的结果如图 2.3 所示。

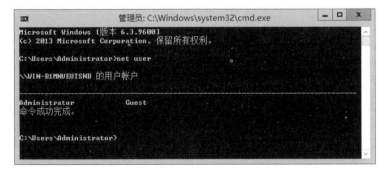

图 2.3 net user 命令查看本地账户

2.2.3　账户的命名

用户通过账户名和密码来登录系统，因此，创建用户账户要遵循账户命名规则。

- 账户名必须唯一：本地账户必须在本地计算机上唯一，不区分大小写。
- 账户名不能包含以下字符：?+*/\[]=<>等特殊字符。
- 账户名最长不能超过 20 个字符，输入时可超过 20 个字符，但只识别前 20 个字符。
- 不能与用户组的组名相同

为加强用户管理，在企业应用环境下，通常采用职工的真实姓名作为用户全名，便于管理员查找用户账户，用户的登录名一般要符合方便记忆和具有安全性的特点，一般采用姓的拼音加名的首字母。理论上可以使用汉字作用户登录名，只是汉字的用户名在命令提示符下操作起来比较麻烦，因此，不建议使用汉字作用户名。

在 Windows Server 2012 系统中，系统会为每一个用户账户建立一个唯一的安全标识码（Security Identifier，SID），Windows Server 2012 系统都是利用这个 SID 来代表该用户，有关的权限设置等都是通过 SID 来设置的，而不是利用用户的账户名称。

SID 不会被重复使用，即使将某个账户删除后，再添加一个相同名称的账户，它也不会拥有原来该账户的权限，因为它们的 SID 不同，对 Windows 2012 系统而言，它们是不同的账户。查看当前用户账户的 SID，可以使用如下命令：

```
whoami /logonid
```

查看登录账户的 SID 结果如图 2.4 所示。

图 2.4　查看登录账户的 SID

2.2.4　密码原则及本地安全策略

系统默认账户密码要符合复杂性要求，具体如下。

- 请勿包含使用者账户名称的全部或任何超过两个字符的部分。
- 密码最多可由 128 个字符组成，推荐最小长度为 6 个字符。
- 包含下列 4 种字符中的 3 种：
  - 英文大写字符（A 到 Z）。
  - 英文小写字符（a 到 z）。
  - 10 进位数字（0 到 9）。
  - 非英文字母字符（如!、$、#、%）、扩充型 ASCII、符号或语音字符。

用户可通过 Windows Server 2012 的本地安全策略来设置用户账户登录和密码的复杂性要求。

2.2.5　组账户

组是 Windows Server 2012 中对用户账户的一种逻辑单位，将具有相同特点和属性的用户组合成一个组，其目的是方便管理和使用。组账户是计算机的基本安全组件，是用户账户的集合，但是组账户并不能用于登录计算机。通过使用组，管理员可以同时向一组用户分配权限。同一个用户账户可以同时为多个组的成员。

Windows Server 2012 独立服务器上的组又称为本地组。Windows Server 2012 内置本地组主要包括 Administrators、Backup Operators、Guests、Power Users、Print Operators、Remote Desktop Users、Users 等。如果将特定角色添加到计算机，还将创建额外的组，用户可以执行与该组角色相对应的任务。

打开"计算机管理"窗口，在"本地用户和组"树中的"组"目录里，可以查看本地内置的所有组账户，如图 2.5 所示。

查看本地组的命令是：

```
net localgroup
```

命令行下查看本地内置组的结果如图 2.6 所示。

图 2.5　计算机管理—内置组　　　　图 2.6　命令行查看本地内置组

Windows Server 2012 内置的组账户和之前版本的系统相比，有了很大的变化，划分得更细致，具体的组和默认权限如表 2.1 所示。管理员可以根据自己的需要向默认组添加成员或删除默认组成员，也可以重命名默认组，但不能删除默认组。

表 2.1　内置本地组及其默认权限

默 认 组	描 述
Access Control Assistance Operators	此组的成员可以远程查询此计算机上资源的授权属性和权限
Administrators	管理员对计算机/域有不受限制的完全访问权。Administrator 是此组的默认成员。应该严格谨慎地控制此组内的账户数
Backup Operators	备份操作员为了备份或还原文件可以替代安全限制
Certificate Service DCOM Access	允许该组的成员连接到企业中的证书颁发机构
Cryptographic Operators	授权成员执行加密操作
Distributed COM Users	成员允许启动、激活和使用此计算机上的分布式 COM 对象
Event Log Readers	此组的成员可以从本地计算机中读取事件日志
Guests	按默认值，来宾跟用户组的成员有同等访问权，但来宾账户的限制更多。Guest 账户（默认禁用）是该组的默认成员

续表

默 认 组	描 述
Hyper-V Administrators	此组的成员拥有对 Hyper-V 所有功能的完全且不受限制的访问权限
IIS_IUSRS	Internet 信息服务使用的内置组
Network Configuration Operators	此组中的成员有部分管理权限来管理网络功能的配置
Performance Log Users	该组中的成员可以计划进行性能计数器日志记录、启用跟踪记录提供程序，以及在本地或通过远程访问此计算机来收集事件跟踪记录
Performance Monitor Users	此组的成员可以从本地和远程访问性能计数器数据
Power Users	包括高级用户以向下兼容，高级用户拥有有限的管理权限
Print Operators	成员可以管理在域控制器上安装的打印机
RDS Endpoint Servers	此组中的服务器运行虚拟机和主机会话，用户 RemoteApp 程序和个人虚拟桌面将在这些虚拟机和会话中运行。需要将此组填充到运行 RD 连接代理的服务器上。在部署中使用的 RD 会话主机服务器和 RD 虚拟化主机服务器需要位于此组中
RDS Management Servers	此组中的服务器可以在运行远程桌面服务的服务器上执行例程管理操作。需要将此组填充到远程桌面服务部署中的所有服务器上。必须将运行 RDS 中心管理服务的服务器包括到此组中
RDS Remote Access Servers	此组中的服务器使 RemoteApp 程序和个人虚拟桌面用户能够访问这些资源。在面向 Internet 的部署中，这些服务器通常部署在边缘网络中。需要将此组填充到运行 RD 连接代理的服务器上。在部署中使用的 RD 网关服务器和 RD Web 访问服务器需要位于此组中
Remote Desktop Users	此组中的成员被授予远程登录的权限
Remote Management Users	此组的成员可以通过管理协议（例如，通过 Windows 远程管理服务实现的 WS-Management）访问 WMI 资源。这仅适用于授予用户访问权限的 WMI 命名空间
Replicator	支持域中的文件复制
Users	为防止用户进行有意或无意的系统范围的更改，默认在系统创建的账户都将成为该组的成员，可以运行大部分应用程序，执行一些常见的任务
WinRMRemoteWMIUsers__	此组的成员可以访问 WMI 资源（如 WS 管理通过 Windows 远程管理服务）的管理协议。这仅适用于向用户授予访问权限的 WMI 命名空间

除了上述默认内置组及管理员自己创建的组外，系统中还有一些特殊身份的组。这些组的成员是临时和瞬间的，管理员无法通过配置改变这些组的成员。例如：

- Anonymous Logon：代表不使用账户名、密码或域名而通过网络访问计算机及其资源的用户和服务。
- Everyone：代表所有当前网络的用户，包括来自其他域的来宾和用户。所有登录到网络的用户都将自动成为 Everyone 组的成员。不包括 Anonymous Logon 组。
- Network：代表当前通过网络访问给定资源的任何用户（不是通过本地登录到资源所在的计算机来访问资源的用户）。
- Interactive：代表当前登录到特定计算机上并且访问该计算机上给定资源的所有用户（不是通过网络访问资源的用户）。

2.3　方案设计

1．项目规划

公司内有 5 位员工，为了完成项目任务，需要为每一位员工，在他们所可能使用的所有计算机上创建账户。由于所属部门不同，职位不同，为了今后分配权限的便利，还需要根据用户所属部门分别创建用户组。部门经理拥有更多的资源权限，因此，为两位部门经理也设置了专门的账户组。每位员工的用户账户初始规划等信息见表 2.2 所示。

表 2.2　公司员工账户规划一览表

部门	姓名	用户账户名称	职位描述	初始密码	用户组
销售部	张三	Xiaosbjl	销售部经理	Zhangsan123	Sales Department Manager
销售部	李四	Xiaosbyg1	销售部员工	Lisi123	Sales Department
财务部	王五	Caiwbjl	财务部经理	Wangwu123	Finance Department Manager
财务部	马六	Caiwbyg1	财务部员工	Maliu123	Finance Department
销售部	赵七	Xiaosbygl1	销售部员工（临时）	Zhaoqi123	Sales Department

2．材料清单

PC 1 台，安装有 Windows Server 2012 操作系统，作为独立服务器使用。

2.4　项目实施

2.4.1　创建本地用户账户

1．使用计算机管理界面创建本地用户账户

以创建用户账户 Xiaosbjl 为例来介绍创建的过程。

（1）以 Administrator 身份登录系统，只有拥有管理员权限的账户才有权创建新的账户。

（2）打开"计算机管理"界面，如图 2.1 和图 2.2 所示。依次展开左侧的树形列表"计算机管理（本地）→系统工具→本地用户和组→用户"。右击"用户"，在弹出的快捷菜单中选择"新用户…"命令，打开"新用户"对话框。分别在"用户名"、"全名"、"描述"等文本框中依照表 2.2 输入账户的相关信息，并设置账户的初始密码，如图 2.7 所示。

用户名必须满足在 2.2.3 小节中介绍的命名要求，而 Windows Server 2012 系统默认开启密码复杂性要求检查，因此，密码的设置也必须要满足在 2.2.4 小节中介绍的有关密码复杂性的要求。

（3）填写完毕后，按需要勾选密码选项，单击"创建"按钮，一个本地账户就创建完毕了。

注：表 2.3 列出了各个用户密码选项的详细说明。

图 2.7　创建新的本地账户

表 2.3　用户账户密码选项说明

选　项	说　明
用户下次登录时须更改密码	用户第一次登录系统会弹出修改密码的对话框，要求用户更改密码
用户不能更改密码	系统不允许用户修改密码，只有管理员能够修改用户密码
密码永不过期	默认情况下 Windows Server 2012 系统用户账户密码最长可以使用 42 天，若选择该项则可以突破该限制继续使用
账户已禁用	禁用用户账户，使用户账户不能再登录，除非管理员取消该项

其中，"用户下次登录时须更改密码"与"用户不能更改密码"及"密码永不过期"互相排斥，不能同时选择。

一般出于安全考虑，账户创建后会要求使用者登录后亲自修改密码，但一些公用账户例如访客账户则应禁止用户修改密码并勾选密码永不过期。另外，为了保证一些服务和程序的正常使用，系统服务账户、应用程序所使用的账户，也会勾选密码永不过期。如果是批量创建用户账户，但并不一定马上全部启用，则建议将创建好的新账户直接禁用。

2．使用 net user 命令创建本地用户账户

作为系统管理员，创建并管理系统账户是基本职责之一。虽然使用计算机管理界面创建用户账户的操作很简单，但假如要成百上千地批量创建用户账户，就会非常麻烦。在这种情况下，使用 net user 命令就更加合适了。命令语法规则如下：

```
net user [用户名 {密码|*} /add [其他选项]]
```

其中可以直接输入密码，也可以输入"*"产生一个密码提示，在密码提示行处输入密码时不显示密码。/add 表示该命令是创建账户。可以指定创建账户命令行的其他选项。表 2.4 列出了常用的命令行选项。

表 2.4　net user 命令行选项

命令行选项语法	说　明
/fullname :"text"	指定用户的全名（不是用户名）
/comment:"text"	提供关于用户账户的描述性说明，最多 48 个字符

续表

命令行选项语法	说　　明
/active:{no|yes}	禁用或启用用户账户，默认设置是 yes
/passwordchg:{yes|no}	指定用户是否可以更改自己的密码，默认设置是 yes
/passwordreq:{yes}no}	指定用户账户是否必须有密码，默认设置是 yes

还是以用户账户 Xiaosbjl 为例，则可以在命令行输入：

```
net user Xiaosbjl Zhangsan123  /fullname:"张三" /comment:"销售部经理" /add
```

执行结果如图 2.8 所示。

图 2.8　net user 命令创建本地账户

如果管理员想要大批量地创建用户账户，只须使用记事本，写入所有用户账户的创建命令，并将该记事本文件另存为扩展名为 ".bat" 的批处理文件，再双击运行即可，如图 2.9 所示。此外，这个批处理文件也可以保存起来以备不时之需。

图 2.9　批量创建本地账户

2.4.2　管理本地用户账户的属性

管理员对用户账户的管理，不仅限于创建用户账户和密码，还包括可以管理账户的其他属性信息，例如，用户账户的禁用和启用、解除锁定、配置文件管理、隶属于用户组等设置。打开账户属性页面的方法是：在"计算机管理界面"，打开"本地用户和组"中的"用户"界面，右击一个用户账户并在弹出的快捷菜单中选择"属性"命令，如图 2.10 所示。

下面将分别介绍几个常用的用户账户属性设置。

1. "常规"选项卡

可以设置与账户有关的描述信息，例如全名、描述及账户密码选项。管理员可以通过设置密码选项禁用或启用账户，也可以在账户被系统锁定（如连续输错密码）之后，管理员解除该账户的锁定，如图 2.11 所示。

图 2.10   打开用户账户属性页面

2.   "隶属于"选项卡

选择"隶属于"选项卡，可以设置将该账户加入到其他的本地组中，新增用户默认会被添加到一个名为"Users"的用户组，如图 2.12 所示。为了管理上的方便，通常采用将用户账户加入到用户组中，再针对用户组设置权限的方式来管理用户权限。用户隶属于哪个账户组，就拥有哪个账户组的权限。假设将销售部经理的账户加入管理员组。

图 2.11   账户属性的"常规"选项卡   图 2.12   账户属性的"隶属于"选项卡

单击"添加"按钮，弹出"选择组"对话框，用户可以在文本框内直接输入组的名称，如管理员组的名称"administrators"。输入组名称后，如须检查名称是否正确，则单击"检查名称"按钮，名称会变为"计算机名\组名"的格式，如图 2.13 所示。如果不记得组名，也可以单击"高级"按钮，并单击"立即查找"按钮，在搜索结果列表中选择需要添加的组，

28

如图 2.14 所示。单击"确定"按钮，返回"隶属于"选项卡，就可以看到增加的用户组了，如图 2.15 所示。

图 2.13 "选择组"对话框

图 2.14 在"选择组"对话框中查找组

3. "配置文件"选项卡

选择"配置文件"选项卡，可以设置用户账户的配置文件路径、登录脚本和主文件夹路径，如图 2.16 所示。

图 2.15 添加组后的"隶属于"选项卡

图 2.16 账户属性的"配置文件"选项卡

用户配置文件是存储当前桌面环境、应用程序设置及个人数据的文件夹和数据的集合，还包括所有登录到某台计算机上所建立的网络连接。

当用户第一次登录到某台计算机上时，Windows Server 2012 自动创建一个用户配置文件并将其保存在该计算机上。

- 配置文件路径：本地用户账户的配置文件保存在本地磁盘%userprofile%文件夹中。
- 登录脚本：登录脚本是希望用户登录计算机时自动运行的脚本文件，脚本文件的扩展名可以是 VBS、BAT 或 CMD。
- 主文件夹：Windows Server 2012 为每个用户提供了用于存放个人文档的主文件夹。

2.4.3 本地用户账户安全管理

1．重设密码

正常情况下，每一个用户都应该自己维护自己的账户密码。但假如出现用户忘记了密码，又没有创建密码重置盘的情况下，管理员可以为其重新设置密码。方法是在"计算机管理"界面，打开"本地用户和组"中的"用户"界面，右击一个须重设密码的用户账户并在弹出的快捷菜单中选择"设置密码"命令，如图 2.17 所示。

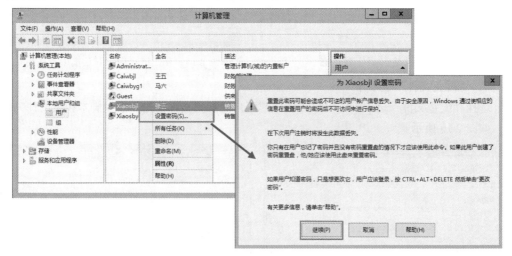

图 2.17　重设账户密码

系统会给出警告提示，如图 2.17 所示。如果确定要由管理员重设密码，则单击"继续"按钮。

注意：重设密码存在一定风险，可能会导致该用户的某些信息不能访问。因此，还是建议用户自己修改密码或者使用密码重置盘修改密码。

在设置密码的对话框中，输入新的用户账户密码，再单击"确定"按钮即可，如图 2.18 所示。注意，新的密码依然要遵守密码复杂性要求。

也可以使用命令行来重设用户密码，命令行语法可以写为：

```
net user 用户名 密码|*
```

例如，重设 Xiaosbjl 的密码，给出输入密码的提示，不显示密码明文，则可以写为：

```
net user Xiaosbjl *
```

执行结果如图 2.19 所示。系统会要求输入两次密码以确认命令成功执行。

| 图 2.18 设置新的账户密码 | 图 2.19 重设账户密码命令的执行结果 |

2. 创建密码重置盘

前面提到，管理员直接重设密码可能会造成一定风险，那么为了让用户在忘记密码的情况下保护用户账户，用户应该为自己的账户创建密码重置盘并将它保存在安全的地方。这样，当用户忘记自己的密码时，就可以使用密码重置盘来重设密码，从而继续访问计算机。

提示： 每一个网管员都应当为管理员账户创建密码重置盘，以防因为忘记密码而导致无法进入系统或引起关键数据丢失。

创建方法是：用户首先使用自己的账户登录计算机，如图 2.20 所示。进入系统后，从"开始"菜单，进入"控制面板"，选择"用户账户"后，点击"创建密码重置盘"选项，如图 2.21 所示。进入"忘记密码向导"对话框，单击"下一步"按钮，如图 2.22 所示。可以选择软盘或者 U 盘作为密码重置盘的载体，如图 2.23 所示。选择后单击"下一步"按钮。创建密码重置盘一般不会影响其他数据的存储，但保险起见，还是应该为密码重置盘单独准备一个载体。接下来，输入当前账户的密码，单击"下一步"按钮，如图 2.24 所示。读完进度条后，密码重置盘的创建就完成了，如图 2.25 所示。单击"下一步"按钮，最后单击"完成"按钮。

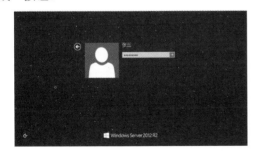

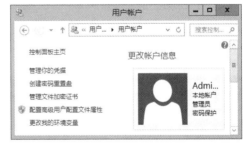

| 图 2.20 用户自行登录系统 | 图 2.21 控制面板-用户账户-创建密码重置盘 |

3. 使用密码重置盘重设密码

假如用户登录计算机时，输入了错误的密码，系统就会出现密码提示和"重置密码"的按钮，如图 2.26 所示。单击"创建密码重置盘"按钮，就会打开"重置密码向导"对话框，如图 2.27 所示。将密码重置盘插入计算机，单击"下一步"按钮，选择密码重置盘，再单击"下一步"按钮，如图 2.28 所示。然后就可以输入新的用户账户密码了，如图 2.29 所示。输入完成后，就可以使用新的密码登录系统了。

图 2.22　"忘记密码向导"对话框

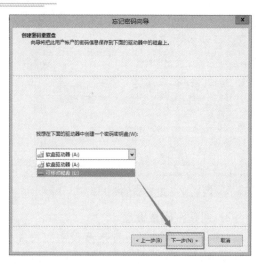

图 2.23　选择要创建的重置盘

图 2.24　输入当前账户密码

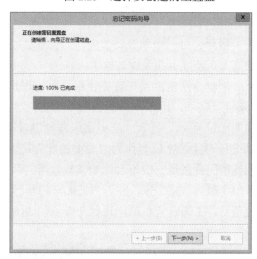

图 2.25　密码重置盘创建完成

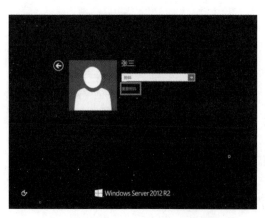

图 2.26　输错密码后出现"重置密码"

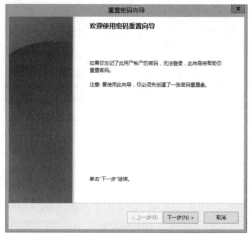

图 2.27　"重置密码向导"对话框

图 2.28　选择密码重置盘

图 2.29　输入新的密码

4．密码策略和账户锁定策略设置

打开"服务器管理器→工具→本地安全策略→账户策略"界面，即可查看和修改密码策略。如图 2.30 和图 2.31 所示。这些策略是用于对用户密码设置做出安全性检查，或者对用户账户登录错误尝试做出一定的约束限制，从而增强系统的安全性。

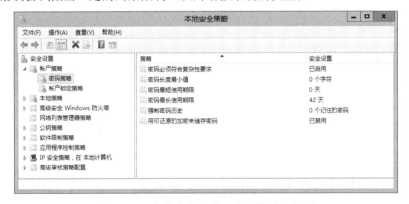

图 2.30　"本地安全策略—密码策略"界面

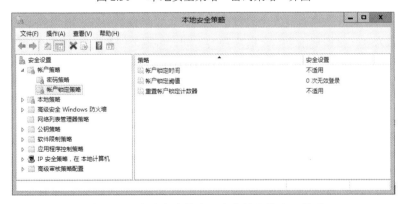

图 2.31　"本地安全策略—账户锁定策略"界面

其中，密码策略包括以下几项。

- 密码必须符合复杂性要求：启用此策略，用户账户使用的密码必须符合复杂性的要求。

默认开启。

- 密码长度最小值：该项安全设置确定用户账户的密码包含的最少字符个数。设置范围 0～14，将字符数设置为 0，表示不要求密码。
- 密码最短使用期限：此安全设置确定在用户更改某个密码之前至少使用该密码的天使。可以设置一个介于 1 和 998 天之间的值，或者将天数设置为 0 表示可以随时更改密码。密码最短使用期限必须小于密码最长使用期限，除非密码最长使用期限设置为 0。如果密码最长使用期限设置为 0，那么密码最短使用期限可以设置为 0～998 天之间的任意值。
- 密码最长使用期限：指密码使用的最长时间，单位为天。设置范围为 0～999，默认设置为 42 天，如果设置为 0 天，表示密码永不过期。
- 强制密码历史：指多少个最近使用过的密码不允许再使用，设置范围为 0～24 之间，默认值为 0，代表可以随意使用过去使用的密码。此策略使管理员能够通过确保旧密码不被连续重新使用来增强安全性。
- 用可还原的加密来储存密码：此安全设置确定操作系统是否使用可还原的加密来储存密码。此策略为某些应用程序提供支持，这些应用程序使用的协议需要用户密码来进行身份验证。使用可还原的加密储存密码与储存纯文本密码在本质上是相同的。因此，除非应用程序需求比保护密码信息更重要，否则绝不要启用此策略。默认禁用。

账户锁定策略包括以下几项。

- 账户锁定时间：此安全设置确定锁定账户在自动解锁之前保持锁定的分钟数。可用范围从 0 到 99 999。如果将账户锁定时间设置为 0，账户将一直被锁定直到管理员明确解除对它的锁定。如果定义了账户锁定阈值，则账户锁定时间必须大于或等于重置时间。
- 账户锁定阈值：此安全设置确定导致用户账户被锁定的登录尝试失败的次数。在管理员重置锁定账户或账户锁定时间期满之前，无法使用该锁定账户。可以将登录尝试失败次数设置为介于 0 和 999 之间的值。如果将值设置为 0，则永远不会锁定账户。在使用 "Ctrl+Alt+Del" 组合键或密码保护的屏幕保护程序锁定的工作站或成员服务器上的密码尝试失败将计作登录尝试失败。默认值为 0。
- 重置账户锁定计数器：此安全设置确定在某次登录尝试失败之后将登录尝试失败计数器重置为 0 次错误登录尝试之前需要的时间。可用范围是 1 到 99 999 分钟。如果定义了账户锁定阈值，此重置时间必须小于或等于账户锁定时间。

2.4.4 本地账户其他管理

1. 删除账户

假如公司有员工离职了，为了防止其继续使用账户登录计算机系统，也为了避免出现太多的垃圾账户，系统管理员可以采取删除账户的方式来回收他的账户。删除方法是在 "计算机管理" 界面，打开 "本地用户和组" 中的 "用户" 界面，右击一个用户账户并在弹出的快捷菜单中选择 "删除" 命令，如图 2.32 所示。注：系统内置账户 Administrator 和 Guest 无法被删除。

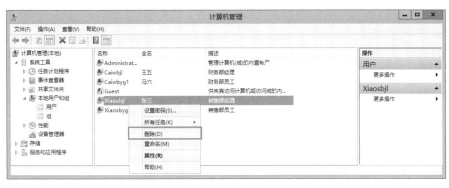

图 2.32　删除账户

删除账户的操作是不可逆的，也就是说，不能恢复一个已经删除了的账户。因此，删除操作应该特别谨慎。因为每一个账户在创建的时候会由系统自动生成一个唯一的安全标识符（SID），这个 SID 是独立于用户名存在的。一旦删除账户，即使原名重建账户，SID 也不会是原来的那一个，因此，并不能获得原账户的权限。系统也会在删除账户的时候，特别提醒此风险，如图 2.33 所示，如果确定要删，则单击"是"按钮。

而更为保险的做法是，员工离职后，先保留账户一段时间，可以先禁用，不删除。确信没有该员工的信息可供利用，确信删除账户不会引起问题后，才可以放心地删除该账户。

删除账户的命令行语法是：

```
net user 账户名 /delete
```

以删除账户 Xiaosbjl 为例，执行命令如图 2.34 所示。

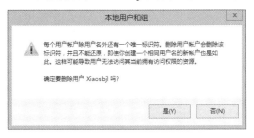

图 2.33　删除账户风险提示　　　　　　图 2.34　命令行删除账户

2. 重命名账户

由于账户的所有权限、信息、属性等实际上是绑定在 SID 上而不是用户名上的，因此，对账户重命名并不会影响账户自身的任何用户权利。

如果公司员工离职，同时该岗位还需要招聘新员工来补充，那么，可以不必删除离职员工的账户，只需要通过重命名的方式直接将账户传递给新员工使用，这样可以保证用户账户数据不受损失。

另外，重命名系统管理员账户 Administrator 和来宾账户 Guest，可以使未授权的人员猜测此特权用户的用户名和密码时增大难度，提高系统安全性。

账户重命名的方法是：在"计算机管理"界面，打开"本地用户和组"中的"用户"界面，右击一个用户账户并在弹出的快捷菜单中选择"重命名"命令，之后填写新的账户名即可，如图 2.35 所示。

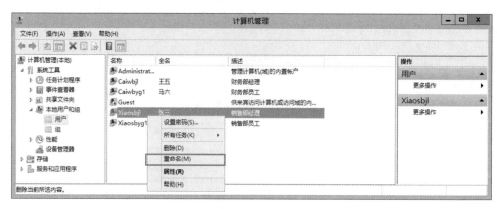

图 2.35　账户重命名

2.4.5　创建本地用户组

通常情况下，系统内置的用户组可以满足某些方面的系统管理需要，但无法同时满足安全性和灵活性两方面的需要，因此，管理员可以根据需要新增一些用户组，即用户自定义用户组。这些组创建之后，可以像系统内置本地组一样赋予其权限，也可以对组成员进行增减。只有 Administrators 组和 Power Users 组成员才有权创建本地组。

自定义用户组的组账户命名规则与用户账户的命名规则类似。第一，不能和已有的用户组名、用户名相同。第二，不能含有"/\[]:;|=,+*?<>@等特殊字符，允许有空格，但不能只由句点（.）和空格构成。

1．使用计算机管理界面创建本地组

在"计算机管理"界面，打开"本地用户和组"中的"组"界面，右击一个"组"并在弹出的快捷菜单中选择"新建组"命令，打开"新建组"对话框，之后填写新的组名和描述，单击"创建"按钮即可。以销售部 Sales Department 为例创建组账户，如图 2.36 所示。

图 2.36　新建组

2. 使用 net localgroup 命令创建本地组

与创建本地账户一样，本地组也可以使用命令来创建。语法是：

```
net localgroup 组名 [/comment：描述信息] /add
```

其中，描述信息这一项可以省略。组名如果是汉字，或者是由多个单词中间带有空格的结构构成，则要注意使用引号（"）将组名引起来。以财务部的组账户 Finance Department 为例，命令可写为：

```
net localgroup "Finance Department" /comment:"财务部" /add
```

执行结果如图 2.37 所示。

图 2.37　使用命令创建本地组

2.4.6　管理本地用户组

1. 本地组成员管理

可以在创建本地用户组的同时为其添加成员，也可以在创建组之后再添加成员用户。本地组的成员可以是用户账户，也可以是其他组。

在"计算机管理"界面，打开"本地用户和组"中的"组"界面，双击一个用户组，例如销售部 Sales Department，就可以打开该用户组的"属性"页面，如图 2.38 所示。单击"添加"按钮，可以打开"选择用户"对话框，如图 2.39 所示。可以直接在文本框内输入用户账户名或组名，如果同时输入多个账户名，用分号（;）隔开。也可以点击"高级"按钮搜索系统内的本地账户。输入完毕，单击"检查名称"按钮，则输入正确的名称会转换成"计算机名\账户名"的格式。单击"确定"按钮，即可添加这些成员进组。

图 2.38　添加组成员

图 2.39　选择组成员

如果要删除某个组成员，则只需要在组的"属性"页面，选择要删除的成员，然后单击"删除"按钮即可。

添加组成员的命令是：

```
net localgroup 组名 用户名或其他组名 [用户名2 用户名3...] /add
```

例如，为财务部用户组 Finance Department 添加成员的命令可以写为：

```
net localgroup "Finance Department" Caiwbjl Caiwbyg1 /add
```

执行结果如图2.40所示。

图2.40　使用命令添加组成员

删除组成员的命令是：

```
net localgroup 组名 用户名或其他组名 [用户名2 用户名3...] /delete
```

2．删除本地组账户

对于系统不再需要的本地组，系统管理员可以将其删除。但只能删除自建本地用户组，不能删除系统内置的本地组。因为每一个组账户也有唯一标识符（SID），所以同删除本地账户一样，删除组的操作也是不可逆的。注：删除组账户，并不会导致组内成员账户被删除。

在"计算机管理"界面，打开"本地用户和组"中的"组"界面，右击一个自建用户组，在弹出的快捷菜单里选择"删除"命令，系统会弹出一个与删除用户账户类似的提示窗口，告知风险，如图2.41所示。如果确定要删除，则单击"是"按钮。

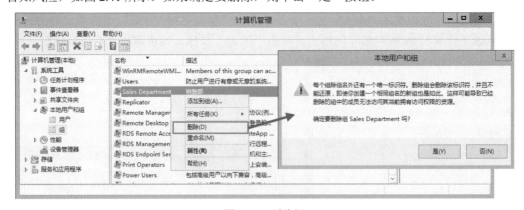

图2.41　删除组

3．重命名本地组账户

与重命名本地账户非常类似，本地组重命名的方法是：在"计算机管理"界面，打开"本地用户和组"中的"组"界面，右击一个用户组并在弹出的快捷菜单中选择"重命名"命令，之后填写新的组名即可。

习题

一、填空题

1. 拥有_____是用户登录到网络并使用网络资源的基础。

2. 系统管理员的用户名是_____。

3. 管理员可以通过取得文件夹或文件的_____的方法，来管理其他用户创建的文件夹或文件。

二、选择题

1. 在安装 Windows Server 2012 系统的服务器上，下面哪个用户账户有重新启动服务器的权限？（   ）

    A．Guest   B．User   C．Admin   D．Administator

2. 为了保护系统安全，下面哪个账户应该被禁用？（   ）

    A．Guest   B．Anonymous   C．User   D．Administator

3. 本地用户和组的信息存储在"%windir%\system32\config"文件夹的（   ）文件中。

    A．SAM   B．data   C．user   D．ntds.dit

4. 在本地计算机上使用管理工具中的（   ）工具来管理本地用户和组。

    A．系统管理   B．计算机管理   C．服务   D．数据源

5. 公司某员工出国学习 3 个月，这时管理员最好是将该员工的用户账户（   ）。

    A．删除   B．禁用   C．关闭   D．不须做处理

三、技能训练项目

1. 创建本地账户 user1、user2 和 user3。

2. 设置密码策略（如启用密码复杂性要求、最短密码长度为 10 等）。

3. 更改本地账户 user1、user2 和 user3 的密码。

4. 创建 ceshi 组。

5. 将本地账户 user1 和 user3 分别归到 Administrators 和 ceshi 组。

项目 3
活动目录和域的组建

3.1 项目内容

1. 项目目的

通过安装活动目录，理解活动目录和域的关系，了解域、域树和域林的概念，并掌握域控制器的安装和配置，以及成员服务器的设置。

2. 项目任务

某公司组建了单位内部的办公网络，该局域网是一个基于工作组的对等网。近期公司的发展很快，新增了许多员工，计算机用户数量激增，网络的管理和安全都出现了问题，这时考虑将基于工作组的网络升级为基于域的网络，现在需要将一台计算机升级为域控制器，并将其他所有计算机加入到域成为成员服务器。

3. 任务目标

（1）学会规划和安装局域网中的活动目录。

（2）学会在 Windows Server 2012 中创建域。

（3）学会在 Windows Server 2012 中添加和管理各种域服务器。

（4）学会将局域网中的计算机加入在 Windows Server 2012 系统下的域服务器中。

3.2 相关知识

3.2.1 域、域树、域林

1. 域

在主从式网络中，资源集中存放在一台或几台服务器上，如果只有一台服务器，管理比较简单，在服务器上为每一个用户建立一个账户即可，用户只须登录该服务器就可以使用服务器中的资源。然而资源如果分布在多台服务器上，如图 3.1 所示，就需要在每台服务器（共 M 台）上分别为每一个用户建立一个账户（共 M×N 个），用户则需要在每台服务器上登录。那么能否解决用户多次登录不同的服务器，以及在不同的服务器上为同一用户多次创建账户的问题呢？这时就出现了域模型。

如图 3.2 所示，服务器和用户的计算机都在同一个域中，用户在域中只要拥有一个账号，只需要在域中用该账户登录一次就可以访问域中任何一台服务器上的资源。在每一台存放资源的服务器上并不需要为每一用户创建账户，而只需要把资源的访问权限分配给用户在域中的账户即可。

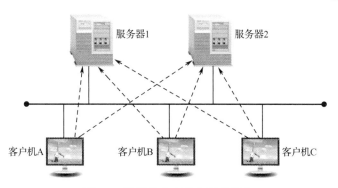

图 3.1　资源分布在多台服务器上

在图 3.2 所示的域中有多台服务器，这时域中的账户信息（如用户名和密码等）放在一台称为域控制器（Domain Controller，DC）的服务器上。在一个域中，可以选定一台或多台服务器作为域控制器。此时每个域控制器是平等的，每个域控制器上都有所在域的全部用户的信息，其他不是域控制器的服务器仅仅提供资源。

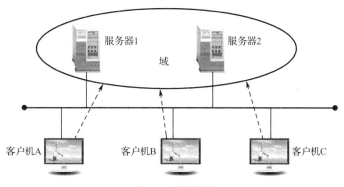

图 3.2　域的模式

随着网络的发展，企业网络越来越大。当网络有上万个用户甚至更多时，图 3.2 中的域控制器存放的用户数量将很大，并且如果用户频繁登录，对作为域控制器的服务器的性能要求也越来越高，可能因此而不堪重负，并且用户账户的管理更是无法由一个部门来解决。这时需要分成多个域，每个域的规模都控制在一定的范围内，各个域分别管理自己的账户，如图 3.3 所示。

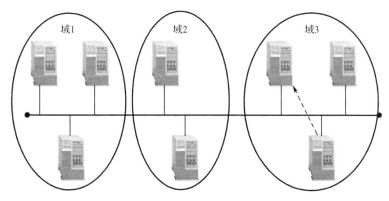

图 3.3　网络划分成多个域

在图 3.3 中，域 1 中的用户登录后可以访问域 1 中的服务器上的资源，域 2 的用户可以访问域 2 中的服务器上的资源；域 1 的用户访问不了域 2 中的服务器上的资源，域 2 的用户也访问不了域 1 中的服务器上的资源。

为了解决用户跨域访问资源的问题，可以在域之间引入信任。信任关系有单向和双向两种。如图 3.4（a）是单向的信任关系，箭头指向被信任的域，即 A 域信任 B 域，A 称为信任域（Trusting Domain），B 称为被信任域（Trusted Domain），因此 B 域的用户可以访问 A 域中的资源。图 3.4（b）是双向的信任关系，A 域信任 B 域，同时 B 域信任 A 域，因此 A 域中的用户可以访问 B 域中的资源，反之亦然。有了信任关系，在图 3.3 中，如果域 1 的用户要访问域 2 中的资源，让域 2 信任域 1 就行了。

图 3.4　信任关系

信任关系有可传递和不可传递之分。A 信任 B，B 又信任 C，如果信任关系是可传递的，那么 A 就信任 C；如果信任关系是不可传递的，那么 A 就不信任 C。

2. 域树

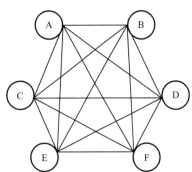

图 3.5　多个域的资源互访需要多个信任关系

在一个企业中可能会有分布在各地的分公司，分公司下又有各种部门存在，企业可能有数万个用户、成百上千台服务器及上百个域，资源的访问常常可能跨越多个域。在 Windows NT 4.0 时代，域和域之间的信任关系是不可传递的，如果一个网络中有很多域，要互相跨域访问资源，必须创建多个双向信任关系。如果有 n 个域，那么所需的双向信任关系的数量为 $n(n-1)/2$，如图 3.5 所示。

之所以会这样，是因为 A、B、C、D、E 域被看成是独立的域，所以信任关系被看成不可传递，而实际上 A、B、C、D、E 域都是在同一企业中，很可能 B 是 A 的主管单位，C 又是 B 的主管单位。从 Windows Server 2000 起，域树开始出现，如图 3.6 所示。

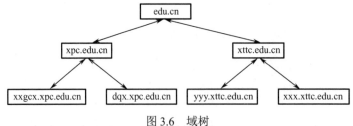

图 3.6　域树

图 3.6 的域树中的域以树的形式出现，最上层的域名为 edu.cn，是这个域树的根域。根域下有两个子域：xpc.edu.cn 和 xttc.edu.cn。xpc.edu.cn 和 xttc.edu.cn 子域下又有自己的子域。在域树中，父域和子域的信任关系是双向可传递的，因此域树中的一个域隐含地信任域树中所有的域。图 3.6 中共有 7 个域，所有域相互信任也只需要 6 个信任关系。

3. 域林

域树中，域的名字是从父域派生出来的。在一个域树中，域的名字是连续的。如果某个企业同时拥有 edu.cn 和 gov.cn 两个域名，这时就需要单独创建两个域树，如图 3.7 所示，这两个域树就构成了域林。在同一域林中的域树的信任关系也是双向可传递的。

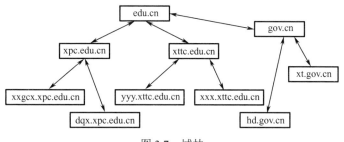

图 3.7 域林

3.2.2 信任关系

信任是域之间建立的关系，它可使一个域中的用户由处在另一个域中的域控制器来进行验证。Windows Server 2012 域之间的信任关系建立在 Kerberos 安全协议上，Kerberos 信任是可传递的、分层次和结构的。Windows Server 2012 域树和域林中的所有信任都是可传递的、双向信任的，因此，信任关系中的两个域都是相互受信任的。如图 3.8 所示，如果域 A 信任域 B，并且域 B 信任域 C，则域 C 中的用户（授予适当权限时）可以访问域 A 中的资源。只有域管理员组的成员可以管理信任关系。

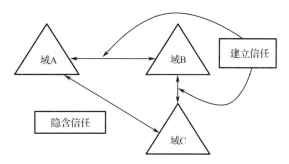

图 3.8 一个域树和它的信任关系表示

1. 信任协议

运行 Windows Server 2012 的域控制器使用 Kerberos V5 和 NTLM 两种协议之一来验证用户和应用程序。Kerberos V5 协议是运行 Windows 计算机的默认协议。如果事务中所涉及的任何计算机都不支持 Kerberos V5，则将使用 NTLM 协议。

2. 信任类型

域和域之间的通信是通过信任发生的。信任是为了使一个域中的用户访问另一个域中的资源而必须存在的身份验证管道。使用"Active Directory 安装向导"时，将会创建两个默认信任。默认情况下，当使用"Active Directory 安装向导"在域树或林根域中添加新域时，系统会自动创建双向的可传递信任。如表 3.1 所列为两种默认信任类型。

表3.1　两种默认信任类型

信任类型	传递性	方向	说　　明
父子	可传递	双向	默认情况下，当在现有域树中添加新的子域时，将建立一个新的父子信任。来自从属域的身份验证请求将通过其父域向上传递到信任域中
树根	可传递	双向	默认情况下，当在现有林中添加新的域树时，将建立一个新的树根信任

使用"新建信任向导"可创建另外4种类型的信任，如表3.2所列。

表3.2　其他信任类型

信任类型	传递性	方向	说　　明
外部	不可传递	单项或双向	使用外部信任可访问域中的资源，或单独（未经林信任连接）的林内某个域中的资源
领域	可传递或不可传递	单项或双向	使用领域信任可建立非 Windows Kerberos 领域和 Windows Server 2012 域之间的信任关系
林	可传递	单项或双向	使用林信任可在各个林之间共享资源。如果林信任是双向信任，则任一个林中的身份验证请求都可以到达另一个林
快捷	可传递	单项或双向	使用快捷信任可改善 Windows Server 2012 林内的两个域之间的用户登录时间

3．委托

委托是活动目录最重要的安全特性之一，委托使得较高级的管理员对个人或组授予对容器和子树特定的管理权。这样就通过取消大部分用户组的权利而消除了对"域管理员"的需求。

4．继承

继承是授予用户或组权限的对象自由访问控制列表（DACL）中的一个项目，也是对象的系统访问控制列表（SACL）中的项目，该列表指定用户或组要审核的安全事件，访问控制项也被称为ACE。继承使得一个给定的ACE可以从它应用的容器传播到其所有子孙的容器。继承可以与委托相结合，从而保证对目录中整个子树的某一单一操作的管理权。

5．复制

活动目录提供多主版本复制。多主版本复制意味着给定分区的所有复制都是可写的，这就使得给定分区的任意复制的更新都可以完成。活动目录复制系统将一个给定复制的改变传递给所有其他复制。复制是自动且透明的。

6．可传递的双向信任

当一个域加入一个 Windows Server 2012 域树中时，在加入域与该树中父代之间的可传递双向信任关系就自动建立了。由于信任是可传递的和双向的，所以域成员之间的其他附加信任关系是不需要的。

3.2.3　活动目录

1．活动目录的概念

我们的电话本、地址本是一种目录，微软的活动目录（Active Directory，AD）也是一种存放信息的方式。在域控制器（Domain Controller，DC）上存放有域中所有用户、组、计算机等的信息。域控制器就把这些信息存放在活动目录中，因此活动目录实际上就是一个特殊的数据库。一台域中的服务器如果安装了活动目录，它就成为域控制器。反之，域控制器就是安装了活动目录的服务器。

活动目录是 Windows Server 2012 系统中提供的目录服务，用于存储网络上各种对象的相关信息，以便于管理员查找和使用。所谓目录服务其实就是提供了一种按层次结构组织的信息，然后按名称关联检索信息的服务方式。目录是一个用于存储用户感兴趣的对象信息的信息库。

活动目录存储着本网络上各种对象的相关信息，并使用一种易于用户查找及使用的结构化的数据存储方法来组织和保存数据。在整个目录中，通过登录验证及目录中对象的访问控制，将安全性集成到活动目录中。通过一次登录，管理员可以管理整个网络中的目录数据和单位，而且获得授权的网络用户可访问网络上所有的资源。

2．活动目录和 DNS

在 TCP/IP 网络中，DNS 是用来解决域名和 IP 地址的映射关系的。Windows Server 2012 的活动目录和 DNS 是紧密不可分的，它使用 DNS 服务器来登记域控制器的 IP 地址、各种资源的定位等，因此在一个域林中至少要有一个 DNS 服务器存在。Windows Server 2012 中域的命名也是采用 DNS 的格式来命名的。

3．活动目录中的组织单位

（1）对象。在 Windows Server 2012 的活动目录存放着各种对象的信息，这些对象有用户、计算机、打印机和组等。每个对象都有自己的属性及属性值。对象实际上就是属性的集合，例如，一个名为 ds0523 的账户就是一个对象类的具体实例，该对象类有姓、名、电话号码、地址等属性。

（2）组织单位。组织单位（Organization Unit，OU）用来组织对象，如账户、打印机、服务器、组和应用程序等，组织单位把这些对象按逻辑进行分组，便于管理、查找、授权和访问。组织单位是类型为容器的对象，容器是可以包含其他对象的对象。但组织单位是在某个域下的，不能包含有域。组织单位有许多划分方法，也可以根据地理位置进行划分。

4．全局编录

有了域林之后，同一域林中的域控制器有一个活动目录，这个活动目录是分散存放在各个域的域控制器上的，每个域中的域控制器存有该域的对象的信息。如果一个域的用户要访问另一个域中的资源，这个用户要能够查找到另一个域中的资源才行。为了让每一个用户都能够快速查找到另一个域中的对象，微软设计了全局编录（Global Catalog，GC）。全局编录包含了整个活动目录中每一个对象的最重要的属性（即部分属性，而不是全部），这使得用户或者应用程序即使不知道对象位于哪个域内，也可以迅速找到被访问的对象。

5．域控制器、成员服务器与独立服务器

（1）域控制器：域控制器是运行活动目录的 Windows Server 2012 服务器。在域控制器上，活动目录存储了所有的域范围内的账户和策略信息，如系统的安全策略、用户身份验证数据和目录搜索等。正是由于有活动目录的存在，域控制器不需要本地安全账户管理器（SAM）。

一个域可以有一个或多个域控制器。通常单个局域网的用户可能只需要一个域就能满足要求。由于一个域比较简单，所以整个域也只要一个域控制器。为了获得高可用性和较强的容错能力，具有多个网络位置的大型网络或组织可能在每个部分都需要一个或多个域控制器。

（2）成员服务器：一个成员服务器是一台运行 Windows Server 2012 的域成员服务器，由于不是域控制器，因此成员服务器不执行用户身份验证，并且不存储安全策略信息。这样可以让成员服务器以更高的处理能力来处理网络中的其他服务。所以，在网络中通常使用成员服务器作为专用的文件服务器、应用服务器、数据库服务器或者 Web 服务器，专门用于为网络中的用户提供一种或几种服务。

（3）独立服务器：独立服务器既不是域控制器，也不是某个域的成员，也就是说它是一台具有独立安全边界的计算机，它维护本机独立的用户账户信息，服务于本机的身份验证。独立服务器以工作组的形式与其他计算机组建成对等网。

6．用户访问资源的过程

（1）访问本地域中的资源。当用户在某一台计算机上登录域时，域控制器必须验证用户的身份。用户输入账户名和密码，被域控制器确认后，域控制器会替用户建立一个"访问令牌（Access Token）"，这个访问令牌包含有用户的 SID、用户隶属的所有组的 SID 等数据。用户取得这个访问令牌后，在他要访问计算机的资源时（例如文件夹）出示该令牌。

如图 3.9 所示，工作站、域控制器和服务器均在 xpc.edu.cn 域中，其流程如下。

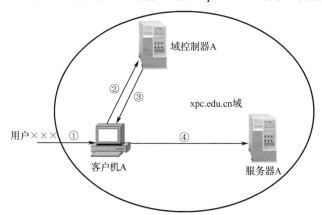

图 3.9　访问本地域中的资源

① 当用户×××从客户机 A 登录到域 xpc.edu.cn 时，首先输入账户名和密码。

② 客户机 A 向所属域内扮演 KDC 角色的域控制器 A 索取一个用来与服务器 A 沟通的服务票据。

③ 域控制器 A 检查其数据库后，发放服务票据给客户机 A。

④ 客户机 A 取得服务票据后，会将服务票据发送给服务器 A，服务器 A 读取服务票据内的用户身份数据后，会根据这些数据决定用户可以访问的资源。

（2）访问跨域的资源。如图 3.10 所示，根域 edu.cn 下有两个子域 xpc.edu.cn 和 xttc.edu.cn。×××是 xpc.edu.cn 的用户，而服务器 B 位于 xttc.edu.cn 域中，×××要访问服务器 B 上的资源，×××的计算机必须取得用来与服务器 B 沟通的服务票据，其流程如下。

① 用户×××在客户机 A 登录，输入账户名和密码。

② 客户机 A 向其所属的域控制器 A 索取一个用来与服务器 B 沟通的服务票据。

③ 域控制器 A 检查活动目录后发现服务器 B 不在自己的域内（xpc.edu.cn），就转向全局编录，询问服务器 B 位于哪一个域。

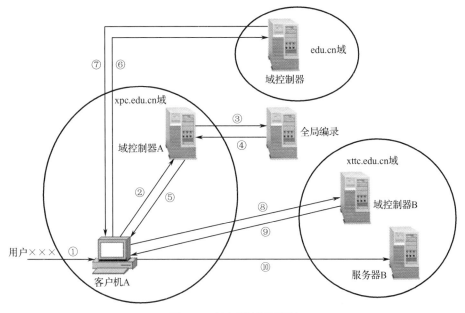

图 3.10　访问跨域的资源

④ 全局编录根据数据库内的数据，告知域控制器 A 服务器 B 位于 xttc.edu.cn 域中。

⑤ 域控制器 A 根据信任路径，通知客户机 A 向 edu.cn 的域控制器进行查询。

⑥ 客户机 A 向 edu.cn 的域控制器查询 xttc.edu.cn 的域控制器。

⑦ edu.cn 的域控制器通知客户机 A 向 xttc.edu.cn 的域控制器 B 进行查询。

⑧ 客户机 A 向 xttc.edu.cn 的域控制器 B 索取一个能够与服务器 B 进行沟通的服务票据。

⑨ 域控制器 B 发放服务票据给客户机 A。

⑩ 客户机 A 取得服务票据后，将服务票据传给服务器 B，服务器 B 将根据服务票据授予用户×××访问资源的权利。

3.3　方案设计

1．设计

有两个域树：edu.cn 和 gov.cn。其中 edu.cn 域树下有 xpc.edu.cn 子域，在 edu.cn 域中有两个域控制器；在 xpc.edu.cn 域中有一个域控制器和有一个成员服务器。要求先创建 edu.cn 的域树，然后再创建 gov.cn 的域树。根据以上要求，本项目实施的网络拓扑图如图 3.11 所示。

2．材料清单和设备

为了搭建图 3.11 所示的网络环境，需要如下设备：

（1）安装 Windows Server 2012 系统的 PC 5 台；

（2）安装 Windows 7 系统的 PC 1 台；

（3）Windows Server 2012 系统安装光盘。

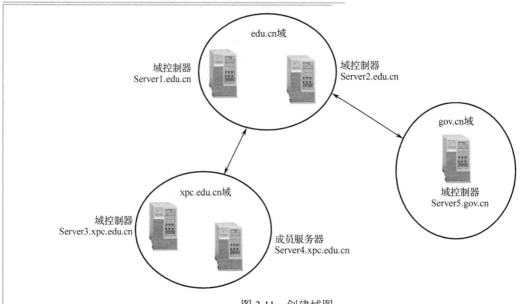

图 3.11 创建域图

3.4 项目实施

步骤 1：创建第一个域 edu.cn

相比 Windows Server 2008 的活动目录域服务部署，Windows server 2012 发生了一些新变化：不支持 Dcpromo，可以用脚本进行安装和卸载等。

创建域可以把一台已经安装 Windows Server 2012 的独立服务器升级为域控制器。一般情况下，如果域中没有 DNS 服务器存在，可以在创建域时把 DNS 服务一起安装在该服务器上。在这里把域 edu.cn 中的 Server1 升级为域林中的第一台域控制器，步骤如下。

（1）首先将计算机名设置为 Server1、确认"本地连接"属性 TCP/IP 中首选 DNS 指向了自己（假设 IP 地址为 192.168.11.100），然后单击"任务栏"上的"服务器管理器"图标，打开"服务器管理器—仪表板"窗口，单击如图 3.12 所示的"2 添加角色和功能"选项，打开"添加角色和功能向导—开始之前"窗口，这是向导开始页面，建议用户在添加服务器角色之前必须完成的那些工作，如果都按要求完成了，就可以单击"下一步"按钮继续。

图 3.12 "服务器管理器"窗口

注意： 在添加服务器角色之前，Windows Server 2012 建议网管员必须完成以下的操作。

• 管理员账户"Administrator"设置为强密码，即密码不少于 6 位，必须包括大小写字母、数字和其他打印字符，如"#、!"等。

- 配置服务器的网络设置。Windows Server 2012 默认的网络设置是"自动获得 IP 地址"，建议网管员将服务器设置为静态 IP 地址。网管员应规划企业的 IP 地址，并预留一些地址用于各种服务器。
- Windows Server 2012 还建议用户在添加服务器角色之前，安装 Windows Update 中的最新安全更新。

（2）打开"添加角色和功能向导—选择安装类型"窗口，采用默认的"基于角色或基于功能的安装"，单击"下一步"按钮继续。

（3）打开"添加角色和功能向导—选择目标服务器"窗口，采用默认的"从服务器池中选择服务器"单选项，如图 3.13 所示。单击"下一步"按钮继续。

图 3.13 选择目标服务器

（4）打开"添加角色和功能向导—选择服务器角色"窗口，勾选"Active Directory 域服务"复选框，弹出"添加角色和功能向导—添加 Active Directory 域服务所需功能？"对话框，如图 3.14 所示。单击"添加功能"按钮，单击"下一步"按钮继续。

（5）打开"添加角色和功能向导—选择功能"窗口，单击"下一步"按钮继续。

（6）打开"添加角色和功能向导—Active Directory 域服务"窗口，阅读"Active Directory 域服务简介和注意事项"后，单击"下一步"按钮继续。

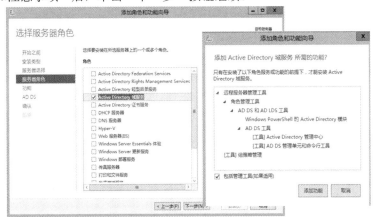

图 3.14 选择服务器角色

（7）打开"添加角色和功能向导—确认安装所选内容"窗口，单击"安装"按钮开始安装"Active Directory 域服务"。安装完成后如图 3.15 所示。单击"关闭"按钮，则退出向导，后续再升级为域控制器；如果此时单击"将此服务器提升为域控制器"选项，如图 3.15 所示，则打开域控制器安装向导。

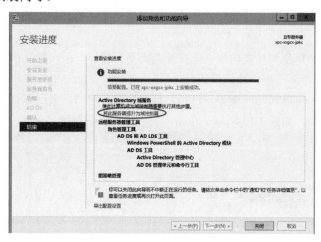

图 3.15　安装进度

如果单击"关闭"按钮，则在"服务器管理器"窗口中单击"AD DS"，单击"SERVER1中的 Active Directory 域服务所需的配置"右侧"更多…"选项，打开"所有服务器任务详细信息"窗口，在该窗口中单击"将此服务器提升为域控制器"选项，如图 3.16 所示。

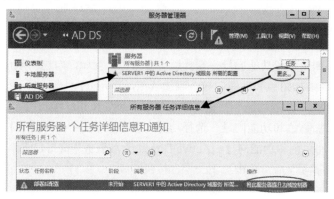

图 3.16　提升域控制器

（8）打开"Active Directory 域服务配置向导-部署配置"窗口，如图 3.17 所示。如果是整个组织中的第一个域或者想让该域完全独立于原有的林，则选择"添加新林"单选项；若想让该域成为原来的域中的子域，则应选择"将域控制器添加到现有域"单选项；若不想让该域成为现有域的子域，则选择"将新域添加到现有林"单选项。这里选择"添加新林"单选项，"根域名"处输入"edu.cn"。单击"下一步"按钮继续。

（9）打开"Active Directory 域服务配置向导-域控制器选项"窗口，如图 3.18 所示。选择林功能级别和域功能级别，在"键入目录服务还原模式密码"和"确认密码"栏输入相同的密码。单击"下一步"按钮继续。

图 3.17　部署配置

Active Directory 林功能级别：改设置只会影响到该林内的所有域。林功能级别分为以下 4 种模式。

① Windows Server 2003：域控制器可以是 Windows Server 2003、Windows Server 2008、Windows Server 2008 R2、Windows Server 2012。

② Windows Server 2008：域控制器可以是 Windows Server 2008、Windows Server 2008 R2、Windows Server 2012。

③ Windows Server 2008 R2：域控制器可以是 Windows Server 2008 R2、Windows Server 2012。

④ Windows Server 2012：所有域控制器都必须是 Windows Server 2012。

Active Directory 域功能级别：改设置只会影响到该域，不会影响到其他域。域功能级别分为以下 4 种模式。

① Windows Server 2003：域控制器可以是 Windows Server 2003、Windows Server 2008、Windows Server 2008 R2、Windows Server 2012。

② Windows Server 2008：域控制器可以是 Windows Server 2008、Windows Server 2008 R2、Windows Server 2012。

③ Windows Server 2008 R2：域控制器可以是 Windows Server 2008 R2、Windows Server 2012。

④ Windows Server 2012：域控制器只能是 Windows Server 2012。

（10）打开"Active Directory 域服务配置向导—DNS 选项"窗口，如图 3.19 所示。出现警告提示，目前不会有影响（因为这是第一个域控制器），因此不必理会它，直接单击"下一步"按钮。

（11）打开"Active Directory 域服务配置向导—其他选项"窗口，如图 3.20 所示。默认接受将 EDU 作为默认"域 NetBIOS 名"。单击"下一步"按钮。

（12）打开"Active Directory 域服务配置向导—路径"窗口，如图 3.21 所示。单击"下一步"按钮，弹出"数据库、日志文件和 SYSVOL 文件夹"对话框，接受默认设置。单击"下一步"按钮。

图 3.18　域控制器选项　　　　　　　　图 3.19　DNS 选项

图 3.20　其他选项　　　　　　　　　图 3.21　路径

- "数据库文件夹"：用来存储 Active Directory 的数据库。
- "日志文件文件夹"：用来存储 Active Directory 更改的记录，此记录文件可用来修复 Active Directory 的数据库。
- "SYSVOL 文件夹"：用来存储域共享文件（例如组策略相关的文件）。

如果计算机内有多个硬盘，建议将数据库与日志文件文件夹，分别设置到不同硬盘内，因为两个硬盘分别操作可以提高运行效率，而且分开存储可以避免两份数据因硬盘故障同时出现问题，以提高修复 Active Directory 的能力。

（13）打开"Active Directory 域服务配置向导—查看选项"窗口，显示"检查你的选择"中列举了前几步设置的所有信息，检查无误后单击"下一步"按钮。

（14）打开"Active Directory 域服务配置向导—先决条件检查"窗口，如果检查成功通过，则单击"安装"按钮，否则根据窗口提示信息先排除问题，然后安装。安装完成后会自动重新启动。如图 3.22 所示。

步骤 2：检查 DNS 服务器内的记录是否完备

域控制器将自己扮演的角色注册到 DNS 服务器内，以便让其他计算机能够通过 DNS 服务器来找到这台域控制器，因此先检查 DNS 服务器内是否已经存在这些记录。此时须通过域系统管理员（SYSMS\Administrator）登录。

（1）检查主机记录。检查域控制器是否已经将其主机名与 IP 地址注册到 DNS 服务器内。步骤：打开"服务器管理器"窗口，选择窗口右上方"工具"菜单中的"DNS"命令，如

图 3.23 所示，则会出现一个名称为"edu.cn"的区域，图中的"主机（A）"记录表示域控制器"Server1.edu.cn"已经正确地将其主机名与 IP 地址注册到 DNS 服务器内。

图 3.22　先决条件检查　　　　　　　　　图 3.23　DNS 管理器

（2）检查_tcp、_udp 等文件夹。单击"_tcp"文件夹后，可以看到如图 3.24 所示的窗口。其中数据类型为"服务位置（SRV）"的"_ldap"记录，表示 Server1.edu.cn 已经正确注册为域控制器。从图中"_gc"记录还可以看出"全局编录"服务器角色也是由 Server1.edu.cn 扮演的。

图 3.24　检查 DNS 管理器

DNS 区域内包含这些数据后，其他要加入域的计算机就可以通过此区域来得到域控制器为 Server1.edu.cn。这些加入域的成员（域控制器、成员服务器、Windows 8、Windows 10、Windows Vista 等）也会将其主机与 IP 地址数据注册到此区域内。

（3）排除注册失败的问题。如果因为域成员本身的设置有误或者网络问题，造成它们无法将数据注册到 DNS 服务器，则可以在问题解决后，重新启动这些计算机或利用以下方法手动注册。

如果某域成员计算机的主机名与 IP 地址没有正确注册到 DNS 服务器，可在此计算机上运行"ipconfig / registerdns"命令手动注册完成后，到 DNS 服务器检查是否已有正确记录。例如，域成员主机名为 Server1.edu.cn，IP 地址为 192.168.11.100，检查 edu.cn 域内是否有"主机（A）"记录，其 IP 地址是否为 192.168.11.100。

如果发现域控制器并没有将其扮演的角色注册到 DNS 服务器内，也就是并没有类似图 3.24 所示的"_tcp、_gc"等文件夹与相关记录，那么重新启动在此台域控制器的 Netlogon 服务。步骤：选择"开始"→"管理工具"→"服务"→"Netlogon"服务并单击右键在弹出的快捷菜单中选择"重新启动"命令来注册。还可以在命令提示符窗口通过命令"net stop netlogon"和"net start netlogon"停止和重启 Netlogon 服务。

步骤 3：添加额外的域控制器

在一个安装 Windows Server 2012 系统组成域中可以有多个地位平等的域控制器，它们都有所属域的活动目录的副本，多个域控制器可以分担用户登录时的验证任务，同时还能防止因单一域控制器的失败而导致网络的瘫痪问题。在域中的某一个域控制器上添加用户时，域控制器会把活动目录的变化复制到域中别的域控制器上。在域中安装额外的域控制器，需要把活动目录从原有的域控制器复制到新的服务器上。下面以图 3.11 中的 Server2 服务器为例来说明添加额外域控制器的过程。

（1）将计算机名设置为 Server2、确认"本地连接"属性 TCP/IP 中首选 DNS 指向 Server1（假设 IP 地址为 192.168.11.101），然后单击"任务栏"上的"服务器管理器"图标，打开"服务器管理器—仪表板"窗口，单击如图 3.25 所示的"2 添加角色和功能"选项，打开"添加角色和功能向导—开始之前"窗口，单击"下一步"按钮继续。

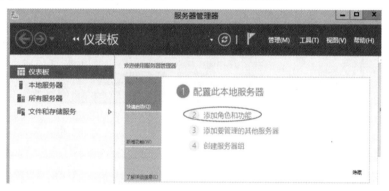

图 3.25　服务器管理器窗口

（2）打开"添加角色和功能向导—选择安装类型"窗口，采用默认的"基于角色或基于功能的安装"，单击"下一步"按钮继续。

（3）打开"添加角色和功能向导—选择目标服务器"窗口，采用默认的"从服务器池中选择服务器"单选项，如图 3.26 所示。单击"下一步"按钮继续。

（4）打开"添加角色和功能向导—选择服务器角色"窗口，勾选"Active Directory 域服务"复选框，弹出"添加角色和功能向导—添加 Active Directory 域服务所需功能？"对话框，单击"添加功能" 按钮，单击"下一步"按钮继续。

（5）打开"添加角色和功能向导—选择功能"窗口，单击"下一步"按钮继续。

（6）打开"添加角色和功能向导—Active Directory 域服务"窗口，阅读"Active Directory 域服务简介和注意事项"后，单击"下一步"按钮继续。

（7）打开"添加角色和功能向导-确认安装所选内容"窗口，单击"安装"按钮开始安装"Active Directory 域服务"，安装完成后如图 3.27 所示。单击"将此服务器提升为域控制器"选项，如图 3.27 所示，则打开域控制器安装向导。

图 3.26　目标服务器选择

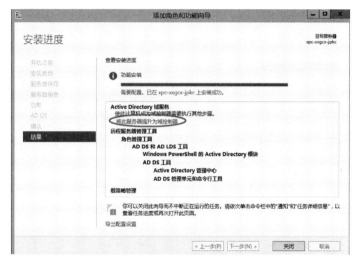

图 3.27　安装进度

（8）打开"Active Directory 域服务配置向导—部署配置"窗口，如图 3.28 所示。选择"将域控制器添加到现有域"单选项，在"域"处输入"edu.cn"。单击"更改"按钮，打开"Windows 安全"对话框，输入有权限添加域控制器的账户（edu\administartor）与密码。单击"确定"按钮，关闭"Windows 安全"对话框，单击"下一步"按钮继续。

（9）打开"Active Directory 域服务配置向导—域控制器选项"窗口，如图 3.29 所示。确认默认设置，在"键入目录服务还原模式密码"和"确认密码"栏输入相同的密码。单击"下一步"按钮继续。

选择是否在此服务器上安装 DNS 服务器（默认会）。

选择是否将其设定为全局编录服务器（默认会）。

选择是否将其设置为只读域控制器（默认不会）。

（10）打开"Active Directory 域服务配置向导—DNS 选项"窗口，如图 3.30 所示。出现警告界面，不用理会，单击"下一步"按钮继续。

图 3.28　部署配置

图 3.29　域控制器选项

（11）打开"Active Directory 域服务配置向导—其他选项"窗口，如图 3.31 所示。会直接从其他任何一台域控制器来复制 Active Directory，单击"下一步"按钮继续。

图 3.30　DNS 选项

图 3.31　其他选项

（12）单击"下一步"按钮，随后的步骤和创建域林中的第一个域控制器时的步骤一样，在这里不再详述。最后单击"确定"按钮后，安装向导从原有的域控制器上开始复制活动目录。完成安装后，重新启动计算机。

（13）用管理员登录，在"开始→服务器管理→工具→Active Directory 用户和计算机"窗口中，可以看到 edu.cn 域有两个域控制器，如图 3.32 所示。或者检查 DNS 服务器内是否有 Server1.edu.cn 和 Server2.edu.cn 两条记录和 DNS 服务器内的记录是否完备，如图 3.33 所示。

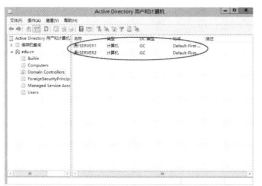

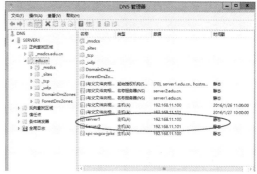

图 3.32　Active Directory 用户和计算机　　　　图 3.33　查看 DNS 管理器

步骤 4：创建子域

同样，创建子域要先安装一台独立服务器，然后将这台服务器提升为子域的域控制器。下面以图 3.11 中建立 xpc.edu.cn 子域为例来说明创建步骤。

（1）将计算机名设置为 Server3、IP 地址设为 192.168.11.102，首选 DNS 指向用来支持父域 edu.cn 的 DNS 服务器 Server1。设置 TCP/IP 协议确保 Server3 服务器和 Server1 服务器能够通信。

（2）在"开始→运行"对话框中输入"dcpromo"命令，在 Server3 计算机上安装 Active Directory（活动目录）服务的过程和步骤 1 的前 7 部分的过程类似，在这里不再详述。安装完成后，单击"将此服务器提升为域控制器"选项。

（3）打开"Active Directory 域服务配置向导—部署配置"窗口，如图 3.34 所示。选择"将新域添加到现有林"单选项，在"父域名"处输入"edu.cn"，"新域名"处输入"xpc"。单击"更改"按钮，打开"Windows 安全"对话框，输入有权限添加域控制器的账户（edu\administartor）与密码（父域的账户和密码）。单击"确定"按钮，关闭"Windows 安全"对话框，单击"下一步"按钮继续。

（4）打开"Active Directory 域服务配置向导—域控制器选项"窗口，域功能级别选择默认的"Windows Server 2012 R2"设置，在"键入目录服务还原模式密码"和"确认密码"栏输入相同的密码。单击"下一步"按钮继续。

（5）打开"Active Directory 域服务配置向导—DNS 选项"窗口，如图 3.35 所示，单击"下一步"按钮。

（6）打开"Active Directory 域服务配置向导—其他选项"窗口，如图 3.36 所示，输入子域的 NetBIOS 名，单击"下一步"按钮。

图 3.34 子域服务器部署配置

图 3.35 子域服务器 DNS 选项

图 3.36 子域服务器其他选项

（7）随后的步骤和创建域林中的第一个域控制器时的步骤一样，在这里不再详述。依次单击"确定"按钮后，安装向导开始安装活动目录，通常需要几分钟才能完成。完成安装后，重新启动计算机。

（8）用管理员登录 Server3，检查 DNS 服务器内记录是否完备。

（9）用管理员登录 Server1，在"开始→管理工具→DNS 管理器"窗口中，可以看到 edu.cn 域下有 xpc.edu.cn 子域了。

步骤 5：创建域林中的第二颗域树

仍然以图 3.11 中的 Server1 作为 Server5 的 DNS 服务器为例来介绍。

（1）设置 TCP/IP 协议保证 Server5 服务器和 Server1 服务器能够通信，并且配置 TCP/IP 协议的首选 DNS 指向了 DNS 服务器 Server1。

（2）单击"任务栏"上的"服务器管理器"图标，打开"服务器管理器—仪表板"窗口，单击如图 3.25 所示的"2 添加角色和功能"选项，启动活动目录安装向导。在 Server5 计算机上安装 Active Directory（活动目录）服务的过程和步骤 1 的前 7 部分的过程类似，在这里不再详述。安装完成后，单击"将此服务器提升为域控制器"选项。

（3）打开"Active Directory 域服务配置"向导窗口，选择"添加新林"选项，输入新域树根域的 DNS 名，这里应为"gov.cn"，单击"下一步"按钮，弹出"NetBIOS 域名"对话框，输入新域的 NetBIOS 名，单击"下一步"按钮。

（4）随后的步骤和创建域林中的第一个域控制器时的步骤一样，在这里不再详述。依次单击"确定"按钮后，安装向导开始安装活动目录，通常需要几分钟才能完成。完成安装后，重新启动计算机。

（5）用管理员登录，打开"开始→管理工具→Active Directory 域和信任关系"窗口，可以看到 gov.cn 域已经存在了。

步骤 6：域控制器降级为成员服务器

Windows Server 2012 服务器在域中可以有 3 种角色：域控制器、成员服务器和独立服务器。

当一台 Windows Server 2012 成员服务器安装了活动目录后，服务器就成为域控制器，域控制器可以对用户的登录等进行验证；然而 Windows Server 2012 成员服务器可以仅仅加入到域中，而不安装活动目录，这时服务器的主要目的是为了提供网络资源，这样的服务器称为成员服务器。严格说来，独立服务器和域没有什么关系，如果服务器不加入到域中也不安装活动目录，服务器就称为独立服务器。服务器的这 3 种角色可以发生改变，如图 3.37 所示。

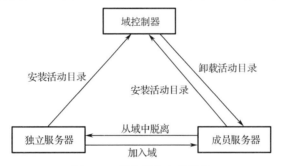

图 3.37　服务器角色的转化

在域控制器上把活动目录删除，域控制器就降为成员服务器了。下面以图 3.11 中的 Server2.edu.cn 降级为例来介绍其步骤。

（1）单击任务栏"服务器管理器→添加角色和功能"选项，打开如图 3.38 所示"添加角色和功能向导"窗口。单击图中所圈的"启动删除角色和功能向导"选项，打开"删除角色和功能向导"窗口。单击"下一步"按钮。

图 3.38　"添加角色和功能向导"窗口

（2）打开"删除角色和功能向导—删除服务器角色"窗口。勾选要删除的角色"Active Directory 域服务"，如图 3.39 所示。打开删除 Active Directory 域服务确认对话框，单击"删除功能"按钮。单击"下一步"按钮。

图 3.39 "删除服务器角色"窗口

（3）打开"Active Directory 域服务配置向导—凭据"窗口，单击"下一步"按钮。打开"Active Directory 域服务配置向导—警告"窗口，如图 3.40 所示勾选"继续删除"复选框，单击"下一步"按钮。打开"Active Directory 域服务配置向导—新管理员密码"窗口，输入活动目录服务还原模式的管理员密码。单击"下一步"按钮。

（4）打开"Active Directory 域服务配置向导—查看选项"窗口，单击"降级"按钮，如图 3.41 所示。

图 3.40 继续删除   图 3.41 降级

（5）打开"Active Directory 域服务配置向导—降级"窗口，安装向导从该计算机删除活动目录，如图 3.42 所示。

（6）删除完毕后，重新启动计算机，这样就把域控制器降为成员服务器，如图 3.43 所示。

图 3.42　降级过程　　　　　　　　　图 3.43　降级结果

步骤 7：独立服务器提升为成员服务器

下面以图 3.11 中的 Server4 服务器加入到 xpc.edu.cn 域为例说明独立服务器提升为成员服务器的步骤。

（1）将计算机名设置为 Server4、IP 地址为 192.168.11.105，首选 DNS 指向父域 edu.cn 的 DNS 服务器 Server1。设置 TCP/IP 协议确保 Server4 服务器和 Server1 服务器能够通信。

（2）执行"开始→控制面板→系统和安全→系统"命令，弹出"系统"对话框，单击"计算机名、域和工作组设置"下的"更改设置"选项，弹出"系统属性"对话框，选择"计算机名"标签，单击"更改"按钮，弹出"计算机名/域更改"对话框，如图 3.44 所示。

（3）在"隶属于"选项区域中，选择"域"单选按钮，并输入要加入的域的名字"xpc.edu.cn"，单击"确定"按钮，弹出"Windows 安全"对话框，输入要加入的域的账户和密码（域内任何一个用户的账户与密码均可，但此账户须隶属于 Domain Users 组），单击"确定"按钮，如图 3.45 所示。

图 3.44　"计算机名/域更改"对话框

如果出现错误警告，则检查 TCP/IPv4 的设置是否有误，尤其是首选 DNS 服务器的 IPv4 地址是否正确，本例的首选 DNS 是 Server1 的 IP 地址即 192.168.11.100。

（4）出现如图 3.46 所示的对话框，表示已经成功地加入 xpc.edu.cn 域，也就是此计算机账户已经被创建在 Active Directory 数据库内，单击"确定"按钮。

图 3.45　"Windows 安全"对话框　　　　　图 3.46　加入域成功

如果出现错误警告，则检查所输入的账户与密码是否正确，注意不一定需要域系统管理员账户，可以输入 Active Directory 内的其他任何一个用户账户与密码。但在 Active Directory 内最多可以创建 10 个计算机账户。

（5）出现提醒须要重新启动计算机时，单击"确定"按钮。

（6）加入域后，在"系统属性"对话框中可以看到 Server4 完整计算机名后缀就会附上域名"Server4.xpc.edu.cn"，如图 3.47 所示。

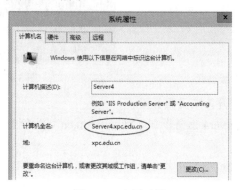

图 3.47　隶属于域

步骤 8：成员服务器降级为独立服务器

执行"开始→控制面板→系统和安全→系统"命令，弹出"系统"对话框，单击"计算机名、域和工作组设置"下的"更改设置"选项，弹出"系统属性"对话框，选择"计算机名"标签，单击"更改"按钮，弹出"计算机名/域更改"对话框，在"隶属于"选项区域中，选择"工作组"单选按钮，并输入从域中脱离后要加入的工作组的名字，单击"确定"按钮，弹出"计算机名更改"对话框，输入要脱离的域的管理员账户和密码，单击"确定"按钮后，重新启动计算机即可。

步骤 9：Active Directory 用户和计算机的管理

Active Directory 用户和计算机的管理主要包括以下几点。

（1）选择"开始→管理工具→Active Directory 用户和计算机"命令，打开"Active Directory 用户和计算机"窗口，如图 3.48 所示。

图 3.48　"Active Directory 用户和计算机"窗口

（2）在"Active Directory 用户和计算机"窗口的左部，选中"Computers"选项，可以显示当前域中的计算机，即成员服务器和客户机。

（3）在"Active Directory 用户和计算机"窗口的左部，选中"Domains Controllers"选项，

可以显示当前域中的域控制器。

（4）在"Active Directory 用户和计算机"窗口的左部，选中"Users"或"Builtin"选项，可以显示当前域中的用户或组等情况。

（5）组织单位可以用来逻辑地组织用户、组、计算机等，反映了企业行政管理的实际框架。创建组织单位的步骤为：在"Active Directory 用户和计算机"窗口左部的域树中选中"edu.cn"选项，单击右键，在弹出的快捷菜单中选择"新建→组织单位"命令，弹出"新建对象－组织单位"对话框，输入组织单位名称，单击"确定"按钮即可。

步骤 10：Active Directory 域和信任关系

（1）域林中的信任。子域和父域的双向信任关系是在安装域控制器时就自动建立的，同时由于域林中的信任关系是可传递的，因此同一域林中的所有域成员都显式或者隐式地相互信任。

① 选择"开始→管理工具→Active Directory 域和信任关系"命令，打开"Active Directory 域和信任关系"窗口，如图 3.49 所示，可以对域之间的信任关系进行管理。

图 3.49 "Active Directory 域和信任关系"窗口

② 在"Active Directory 域和信任关系"窗口的左部，选择"edu.cn"并右击，在弹出的快捷菜单中选择"属性"命令，打开"edu.cn 属性"对话框，选择"信任"选项卡，如图 3.50 所示，可以看到 edu.cn 和其他域的信任关系。在图 3.50 所示对话框的上部列出的是 edu.cn 所信任的域，表明 edu.cn 信任其子域 xpc.edu.cn 和另一域树中的根域 gov.cn；在图 3.50 所示对话框的下部列出的是信任 edu.cn 的域，表明其子域 xpc.edu.cn 和另一域树中的根域 gov.cn 都信任它。也就是说 edu.cn、xpc.edu.cn 和 gov.cn 具有双向信任关系。

③ 选择 xpc.edu.cn 域，查看其信任关系，如图 3.51 所示。可以看出 xpc.edu.cn 域只是显式地信任其父域 edu.cn，而和另一域树中的根域 gov.cn 并无显式的信任关系。

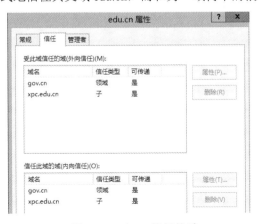

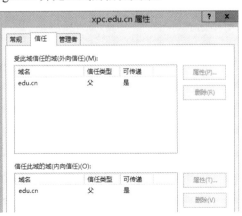

图 3.50 edu.cn 信任关系　　　　　　　　图 3.51 xpc.edu.cn 信任关系

（2）创建新的信任关系。下面以图3.11中的xpc.edu.cn和gov.cn之间创建双向信任关系为例来说明信任关系的创建。

首先来看xpc.edu.cn单向信任gov.cn的关系，如图3.52所示。xpc.edu.cn信任gov.cn，必须在xpc.edu.cn域中创建一个传出信任，用来信任gov.cn；同时在gov.cn域中创建传入信任，用来被xpc.edu.cn信任。

如果要创建的是xpc.edu.cn和gov.cn双向信任，则在xpc.edu.cn和gov.cn两个域都必须分别创建一个传出信任和一个传入信任，步骤如下。

① 在"xpc.edu.cn属性"对话框的"信任"选项卡中，单击"新建信任"按钮，弹出"新建信任向导"对话框，单击"下一步"按钮，弹出"信任名称"对话框，输入域的名称"gov.cn"，如图3.53所示。

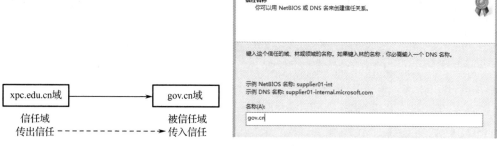

图3.52 单向信任关系　　　　　　　　　　　图3.53 信任名称

② 单击"下一步"按钮，弹出"信任类型"对话框，选择"领域信任"单选按钮，如图3.54所示。

③ 单击"下一步"按钮，弹出"信任传递性"对话框，选择"可传递"单选按钮。

④ 单击"下一步"按钮，弹出"信任方向"对话框，选择"双向"单选按钮。

⑤ 单击"下一步"按钮，弹出"信任密码"对话框，输入gov.cn域和xpc.edu.cn域之间的信任密码，如图3.55所示。

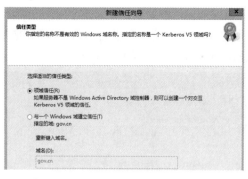 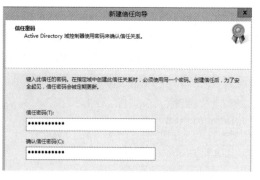

图3.54 信任类型（1）　　　　　　　　　　　图3.55 信任密码

⑥ 单击"下一步"按钮，弹出"选择信任完毕"对话框。

⑦ 单击"下一步"按钮，信任关系成功创建，如图3.56所示。

⑧ 以相同的步骤在"gov.cn属性"对话框中新建对xpc.edu.cn的信任关系，则xpc.edu.cn域和gov.cn域就可以相互信任了，如图3.57所示。

图 3.56　信任类型（2）

图 3.57　信任类型（3）

步骤 11：将计算机加入到域中

局域网中的计算机必须先加入到域中，在域控制器上注册计算机账户后，用户才能使用该计算机登录到域中。

要将网络中的计算机加入到域中，有两种操作方法。第一种方法是具有域管理员权限的网络管理人员亲自到客户计算机上操作，其操作步骤如下。

（1）管理人员打开要加入域的计算机，并且以本地计算机管理员的身份登录，然后在计算机的 IP 设置中，将 DNS 服务器指向能够解析域名的 DNS 服务器，本例中为域控制器。

（2）在"我的电脑"上单击鼠标右键，在弹出的快捷菜单中选择"属性"命令，打开"系统属性"对话框。

（3）选择"计算机名"选项卡，如图 3.58 所示，单击"更改"按钮，打开"计算机名/域更改"对话框，选择隶属于"域"，并输入新的计算机名和要加入的域名，如图 3.59 所示，单击"确定"按钮。

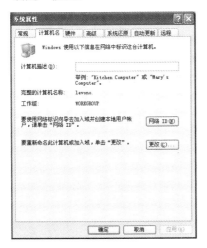
图 3.58　"系统属性"对话框

图 3.59　"计算机名/域更改"对话框

（4）此时计算机将寻找网络中的域控制器，然后打开"计算机名称更改"对话框，输入域管理员的用户名和密码。因默认只有域管理员权限的用户才能将计算机加入到域中。

（5）在域控制器验证通过后，就将该计算机加入到域中，弹出欢迎加入域的对话框，然后重新启动计算机，就可以在此计算机登录进入域了。

在域控制器的"Active Directory 用户和计算机"管理工具中，选择"计算机"，可以看到已经为刚才的客户计算机自动建立了一个计算机账户。

习题

一、名词解释

1．域　　　　2．活动目录　　　　3．域控制器　　　　4．成员服务器　　　　5．独立服务器

二、填空题

1．域采用集中式的管理方式，域中所有用户身份验证和权限管理等操作都是在_____上完成的，它是整个域的核心，简写为 DC。

2．域树中的子域和父域的信任关系是_____、_____。

3．活动目录存放在_____中。

4．Windows Server 2012 服务器的 3 种角色是_____、_____和_____。

5．独立服务器上安装了_____就升级为域控制器。

三、选择题

1．通过下面哪种方法可以在服务器上安装活动目录？（　　　）

    A．管理工具/配置服务器　　　　　　　B．管理工具/计算机管理

    C．管理工具/Internet 服务管理器　　　　D．以上都不是

2．默认情况下，下列（　　　）操作，系统会自动创建双向的可传递信任？

    A．当现有林中添加新的域树时，将建立一个新的树根信任

    B．当使用林信任在各个林之间共享资源时。

    C．当使用外部信任访问域中的资源，或单独的林内某个域中的资源时

    D．当使用领域信任建立非 Windows Kerberos 领域和 Windows Server 2012 域之间的信任关系时

3．要想在域树中添加一个子域，必须是具有（　　　）权限的用户才可以完成。

    A．该子域的父域管理员　　　　　　　　B．当前子域管理员

    C．企业管理员组　　　　　　　　　　　D．活动目录管理员

4．域树中的域通过（　　　）关系连接在一起，相互之间可以访问。

    A．父子　　　　　　B．信任　　　　　　C．层次　　　　　　D．树形

四、简答题

1．什么是 Windows Server 2012 活动目录？它有何特点？

2．什么是域控制器？什么是成员服务器？两者之间有何关系？

3．什么时候需要多个域树？

4．活动目录中存放了什么信息？

五、实训题

在域中新建一个域用户 student，新建一全局组 xxgcx，把 student 加入到全局组 xxgcx 中，并设置域用户只能在 8:30～11:30 登录。

域用户账户、组的管理

4.1 项目内容

1. 项目目的

通过在域模式下对 Windows Server 2012 服务器进行配置和管理，掌握中小型网络环境中对用户、组的管理及安全管理，理解工作组模式和域模式的区别，理解域模式的概念，以及掌握域模式的应用和管理。

2. 项目任务

某公司组建了单位内部的基于域模式的局域网，其中有一台域控制器，有一台文件服务器兼打印服务器的计算机，以及数百台桌面计算机，域控制器管理着公司里众多的用户，现在需要合理地配置文件服务器，使每位员工都能将各自的文件备份到文件服务器上，同时配置打印服务器，对公司的打印机进行有效的管理。

3. 任务目标

（1）学会规划域服务器中的工作组。

（2）学会在域服务器中创建和管理组。

（3）学会在域服务器中添加和管理域用户账户。

（4）学会在域服务器中规划和设置域用户账户的权限。

4.2 相关知识

4.2.1 域用户账户

Active Directory 用户账户和计算机账户代表物理实体，如人或计算机。用户或计算机账户用于：

（1）验证用户或计算机的身份；

（2）授权或拒绝访问域资源；

（3）管理其他安全实体；

（4）审核使用用户或计算机账户执行的操作。

账户的一般管理工作包含：重置密码、禁用（启用）账户、移动账户、删除账户、重命名与解除锁定等。

重置密码：当用户忘记密码或者密码使用期限到期时，系统管理员可以利用此命令为用户设置一个新的密码。

禁用（启用）账户：若某位员工因故在一段时间无法上班，此时可以先将该员工的账户禁用，待该员工回来上班后，再将其重新启用。若用户账户已经被禁用，则该用户账户的图标上会有一个向下的箭头符号。

移动账户：可以将账户移动到同一个域内的其他组织单位或容器。

重命名：重命名以后，该用户原来所拥有的权限与组关系都不会受到影响。例如，当某员工离职时，可以暂时先将该员工的账户禁用，等到新进员工来接替他的工作时，再将此账户名称改为新员工的名称、重新设置密码、更改登录账户名称、修改其他相关个人信息，然后再重新启用此账户。

每一个用户账户创建完成后，系统都会为其建立一个唯一的安全标识符（Security Identifier，SID），而系统是利用这个 SID 来代表该用户的，同时权限设置等都是通过 SID 来记录的，并不是通过用户名称。由于用户账户名称或登录名称更改后，其 SID 并没有被改变，因此用户的权限与组关系都不变。

删除账户：若这个账户以后再也不用时，就可以将此账户删除。当将账户删除后，即使再建立一个同名的用户账户，此新账户也不会继承原账户的权限与组关系，因为系统会给予这个新账户一个新的 SID，而系统是利用 SID 来记录用户的权限与组关系的，不是利用账户名称。因此对于系统来说，这是两个不同的账户权限与组关系没有继承关系。

解除被锁定的账户：可以通过账户策略来设置用户输入密码失败多少次后，就将此账户锁定，而系统管理员可以通过解除被锁定的账户来解除锁定。

4.2.2　域用户组

Active Directory 中的组是驻留在域和组织单位容器对象中的目录对象。Active Directory 在安装时提供了一系列默认的组，它也允许后期根据实际需要创建组。域用户组是在域控制器上建立的，其信息存储在 Active Directory 数据库中，这些用户组能够被使用在整个域中的计算机上。

1．组类型

根据域用户组的权限，Active Directory 中有两种组类型：通讯组和安全组，且它们之间可以相互转换。

（1）通讯组：被用在与安全（权限与权利设置等）无关的工作上，仅用于电子邮件分发列表或简单的管理分组，无法设置该组的权限。

（2）安全组：可以被用来分配权限与权利，例如可以指定安全组对文件具备读取的权限；也可用在与安全无关的工作上，例如可以给安全组发送电子邮件（作为电子邮件实体）。

2．组的作用域

与工作组模式下的组有较大区别，域模式下的组都有一个作用域，用来确定在域树或林中该组的应用范围。Active Directory 域组有三类不同的组作用域：全局组、本地域组和通用组。

（1）全局组。全局组主要用来组织用户，可以将多个权限相似的用户账户加入到同一全局组内。全局组的特点如下。

① 全局组内的成员，只能够包含相同域内的用户账户与全局组，也就是说，只能够将同一域内的用户账户与全局组加入到全局组内。

68

② 全局组可以访问任何一个域内的资源，也就是说，可以在任何一个域内设置某个全局组的使用权限，以便让此全局组具备权限来访问该域内的资源。

（2）本地域组。本地域组主要用来指派其在所属域内的访问权限，以便可以访问该域内的资源。本地域的特点如下。

① 本地域组内的成员，能够包含任何一个域内的用户账户、通用组、全局组；也能够包含同一域内的本地域组，但是无法包含其他域内的本地域组。

② 本地域组只能够访问同一域内的资源，无法访问其他域内的资源。换句话说，在设置本地域组的权限时，只可以设置同一域内的资源的权限，无法设置其他不同域内的资源的权限。

（3）通用组。通用组主要用来指派在所属域内的访问权限，以便可以访问每一域内的资源。通用组的特点如下。

① 通用组内的成员，能够包含任何一个域内的用户账号、通用组、全局组，但是它无法包含任何一个域内的本地域组。

② 通用组可以访问任何一个域内的资源，也就是说，可以在一个域内设置通用组的权限，以便让此通用组具备权限来访问该域内的资源。

以上三类不同组的作用域如表 4.1 所示。

表 4.1　三类不同组作用域

特　性	本 地 域 组	全 局 组	通 用 组
可包含的成员	所有域内的用户账户、全局组、通用组；相同域内的本地组	相同域内的用户账户与全局组	所有域内的用户账户、全局组、通用组
可以在哪一个域内被分配权限	同一个域	所有域	所有域
组转换	可以被转换成通用组（只要原组内的成员不包含本地域组即可）	可以被转换成通用组（只要原组不隶属于任何一个全局组即可）	可以被转换成本地域组；可以被转换成全局组（只要原组内的成员不含通用组即可）

在单一域的网络环境下，利用组来管理网络资源时，为了便于管理，建议采用以下的准则。

- 建立一个全局组，然后将具备相同权限的用户账户加入到该组内。例如，将计算机教研室所有教师的用户账号加入到一个称为"jsjjys"的全局组内。
- 建立一个本地域组，让此组对某些资源具备适当的权限。例如，有一个激光打印机供某些用户来打印，建立一个称为"LJP"的本地域组。
- 将所有需要该资源访问权限的全局组加入到本地域组内。例如，将"jsjjys"全局组加入到"LJP"本地域组内。
- 指定适当的权限给本地域组。例如，授予"LJP"本地域组对此激光打印机具备使用的权限。

也就是将用户账号加入到全局组内，再将此全局组加入到本地域组内，最后指派适当的权限给本地域组。经过这些步骤后，上述用户账号就会具备相应的权限。

3. 内置的域组

在安装完 Windows Server 2012 后，系统会建立一些用户组。通常这些组是为区分系统管理工作的权限所设立的，不同的组有不同的资源存取权限。在 Windows Server 2012 中拥有多种类别的内置组。

（1）本地域组（Domain Local Group）。本地域组本身已经被赋予了一些权利与权限以便让其具备管理 AD DS 域的能力。只要将用户或组账户加入到这些组内，这些账户也会自动具备相同的权利与权限。

- Account Operators（账户操作员）：其成员默认可在容器与组织单位内添加/删除/修改用户、组与计算机账户，不过内置的部分容器例外，如 Builtin 容器与 Domain Controllers 组织单位，同时也不允许在部分内置的容器内添加计算机账户，如 Users。但是该组成员无法修改 Administrators 与任何的 Operators 组。
- Administrators：其成员具备系统管理员的权限，它们对所有域控制器拥有最大控制权，可以执行 AD DS 管理工作。内置系统管理员 Administrator 就是此组的成员，且无法将其从此组内删除。此组默认的成员包括 Administrator、全局组 Domain Admins、通用组 Enterprise Admins 等。
- Backup Operators：该组的成员可使用 Windows Server Backup 工具来备份/还原域控制器内的文件，不论它们是否有权限访问这些文件。其成员也可以对域控制器执行关机操作。
- Guests：其成员无法永久改变其桌面环境，当它们登录时，系统会为它们建立一个临时的用户配置文件，而注销时此配置文件就会被删除。此组默认的成员为用户账 Guest 与全局组 Domain Guests。
- Network Configuration Operators：其成员可在域控制器上执行常规网络配置工作，如变更 IP 地址，但不可以安装、删除驱动程序与服务，也不可以执行与网络服务器配置有关的工作，如 DNS 与 DHCP 服务器的设置。
- Performance Monitor Users：其成员可监视域控制器的运行情况。
- Pre-Windows 2000 Compatible Access：此组主要是为了与 Windows NT4.0（或更旧的系统）兼容。其成员可以读取 AD DS 域内的所有用户与组账户。其默认的成员为特殊组 Authenticated Users。只有在用户的计算机是 Windows NT4.0 或更早版本的系统时，才将用户加入此组内。
- Pinter Operators：该组的成员可以管理域打印机，包括建立、管理及删除网络打印机，也可以将域控制器关闭。
- Remote Desktop Users：该组的成员可从远程计算机通过远程桌面来登录。
- Server Operators：该组的成员可以备份与还原域控制器内的文件，锁定与解锁域控制器，将域控制器上的硬盘格式化，更改域控制器的系统时间，或将域控制器关闭等。
- Users：该组的成员仅拥有一些基本权限，如执行应用程序，但是它们不能修改操作系统的设置，不能修改其他用户的数据，不能将服务器关闭。此组默认的成员为全局组 Domain Users。

（2）全局组（Global Group）。AD DS 内置的全局组本身并没有任何的权利与权限，但是可以将其加入到具备权利或权限的本地域组，或另外直接分配权利或权限给此全局组。这些内置全局群组位于 Users 容器内。

- Domain Admins：域成员计算机会自动将此组加入到其本地组 Administrators 内，因此 Domain Admins 组内的每一个成员，在域内的每一台计算机上都具备系统管理员权限。

此组默认的成员为域用户 Administrator。如果希望某一用户成为域系统管理员，则建议将该用户账户加至 Domain Admins 组中，而不要直接加至 Administrators 组。

- Domain Guests：代表所有域来宾的组，域成员计算机会自动将此组加入到本地组 Guests 内。此组默认的成员为域用户账户 Guest。
- Domain Users：代表所有域成员的组，域成员计算机会自动将此组加入到本地组 Users 内。Domain Users 组的成员将享有本地组 Users 所拥有的权利与权限，如拥有允许本机登录的权利。此组默认的成员为域用户 Administrator，而以后新建的域用户账户都自动隶属于此组。
- Domain Computers：所有域成员计算机（域控制器除外）都会被自动加入到此组内。
- Domain Controllers：域内的所有域控制器都会被自动加入到此组内。

（3）通用组（Universal Group）。

- Enterprise Admins：此组只存在于林根域，其成员有权管理林内的所有域。此组默认的成员为林根域内的用户 Administrator。
- Schema Admins：此组只存在于林根域，其成员具备管理架构（Schema）的权利。此组默认的成员为林根域内的用户 Administrator。

（4）特殊组账户。除了前面介绍的组之外，还有一些特殊组，这些特殊组的成员是无法更改的。

- Everyone：任何一个用户都属于这个组。若 Guest 账户被启用，则在分配权限给 Everyone 组时需要小心，因为若一个在计算机内没有账户的用户，通过网络来登录您的计算机时，他会被自动允许利用 Guest 账户来连接，此时因为 Guest 也隶属于 Everyone 组，所以 Guest 将具备 Everyone 组所拥有的权限。
- Authenticated Users：任何利用有效用户账户来登录此计算机的用户都隶属于此组。为了防止上述在 Everyone 中所描述的问题，可以通过 Authenticated Users 的权限的指定来代替 Everyone 的权限的指定，以防止匿名用户不当存取资源。
- Interactive：任何在本地登录的用户都属于此组。
- Network：任何通过网络来登录此计算机的用户都属于此组。
- Anonymous Logon：匿名进入（未经合法授权）的用户。Anonymous Logon 默认并不属于 Everyone 组。
- Dialup：任何利用拨号连接的用户都属于此组。

4.3 方案设计

1. 设计

为了完成项目任务，设计一个小型网络，拥有 3 台计算机，这 3 台计算机组成一个基于工作组的小型网络，现在需要对这些计算机进行配置，以满足下列要求。

（1）公司内有 5 位员工，需要使用这些计算机，每位用户的部门、用户账户初始密码等信息见表 4.2。

（2）为方便管理，将上述用户组织为具有不同权限的组，见表 4.3。

表 4.2 用户账户

部　门	用户账户名称	用户全名	描　述	初始密码
总经办	zhangzipeng	张紫鹏	总经理	zhang123!
销售部	cuizhijie	崔志杰	销售部经理	cui123!
财务部	liuzhenkun	刘振坤	财务部经理	liuzk123!
财务部	baiqiufeng	白秋丰	财务部员工	bai123!
销售部	qishaotao	祁少涛	销售部员工	qist123!

表 4.3 共享资源的权限分配

组　名	描　述	组类型	作用域	成　员
GeneralMgr	总经理	安全组	全局	张紫鹏
Managers	各部门经理	安全组	全局	崔志杰、刘振坤
Financial	财务部	安全组	全局	刘振坤、白秋丰
Sales	销售部	安全组	全局	崔志杰、祁少涛
Staff	全体员工	安全组	全局	全体员工用户
Colorprinter	彩色打印	安全组	本地域组	GeneralMgr、Managers
Printerhigh	高优先级打印	安全组	本地域组	GeneralMgr
Printerlow	低优先级打印	安全组	本地域组	Staff

① 所有用户在文件服务器上都有一个私有文件夹，用户本人有完全控制权限，其他用户有读权限。

② 打印服务器上安装了两台打印机，一台是彩色激光打印机，打印成本高，供总经理及各部门经理使用，另一台是普通激光打印机，供公司所有员工使用。公司内打印量很大，总经理在普通激光打印机的打印作业应该优先得到满足。

③ 全体员工只有在上班时间才能使用计算机。

（3）本项目实施的网络拓扑结构如图 4.1 所示。

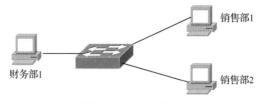

图 4.1 网络拓扑图

2．材料清单

为了搭建图 4.1 所示的网络环境，需要如下设备：

（1）PC 3 台，安装有 Windows Server 2012 操作系统，作为独立服务器，每台计算机的磁盘中有 NTFS 和 FAT32 文件系统的分区；

（2）交换机 1 台；

（3）网络直通线 3 条。

4.4 项目实施

步骤 1：域用户账户创建

必须使用"Active Directory 用户和计算机"管理单元来建立域用户账户。当使用这个管理单元来建立用户账户时，这个账户会被自动建立在 MMC 控制台所找到的第一台域控制器内，以后该账户会被自动复制到此域内的所有域控制器内。

在建立用户账户时，可以选择一个组织单位，以便将用户账户建立到此组织单位内。可以将账户建立在内置的 User 组织单位或其他自行建立的组织单位内。

（1）选择"开始→服务器管理器→工具→Active Directory 用户和计算机"命令，弹出"Active Directory 用户和计算机"窗口，右击"User"组织单元，在弹出的快捷菜单中选择"新建→用户"命令。弹出"新建对象-用户"对话框，如图 4.2 所示，进行如下的设置。

图 4.2　新建域用户账户（用户名设置）

- "姓"与"名"：至少在这两个文本框之一输入信息。
- "姓名"：用户的全名，默认就是前面的姓与名两者的结合。
- "用户登录名"：这是用户用来登录域所使用的名称。在活动目录内，这个名称必须是唯一的。
- "用户登录名（Windows 2000 以前版本）"：这个名称是供使用 Windows 2000 以前版本的用户（如 Windows NT、Windows 9X 等）使用的，也就是用户在这些计算机上登录时，必须使用这个名称。

图 4.3　新建域用户账户

（2）单击"下一步"按钮，弹出如图 4.3 所示的对话框，在"密码"与"确认密码"文本框内输入用户账户的密码。为了避免在输入时被他人看到密码，因此在此对话框中的密码只会以黑点（•）显示。需要再次输入密码来确认所输入的密码是否正确。密码最多 128 个字符，密码的大小写是有区别的。

- 用户密码选项的配置与在本地用户中一样。

（3）单击"下一步"按钮后，提示用户账户的信息，最后单击"完成"按钮，完成用户账户的创建。

所有新创建的域用户账户，可以被用来在网络上从成员服务器登录，却无法直接在域控制器登录，除非被赋予"本地登录"的权限。

步骤2：域用户账户的属性设置

每个域用户都有一些相关的属性可供设置，如地址、电话、传真、电子邮件、账户有效期限等。将用户的这些信息输入完毕后，就可以通过这些信息来查找活动目录内的用户。

设置用户账户的属性时，右击该用户，在弹出的快捷菜单中属性"命令，打开域用户账户的属性对话框，如图4.4所示。

（1）用户个人信息的设置。所谓"用户个人信息"，就是指姓名、地址、电话、传真、移动电话、公司、部门、职称、电子邮件、网页等。

- 常规：用来设置姓、名、显示名称、描述、办公室、电话号码、电子邮件和网页等信息，如图4.4所示。
- 地址：用来设置国家（地区）、省/自治区、县市、街道、邮政信箱和邮政编码等信息。
- 电话：用来设置家庭电话、寻呼机、移动电话、传真、IP电话等信息。
- 单位：用来设置职务、部门、公司、经理和直接下属等信息。

（2）账户信息的设置。选择"账户"选项卡，如图4.5所示。在这里介绍用户账户的"账户过期"、"登录时间"及"登录到"的设置。

图4.4　"常规"选项卡

图4.5　"账户"选项卡

① 账户过期。设置账户的有效期限，默认为账户永不过期，也可以选择"在这以后"单选框，并确定账户过期的时间。

② 登录时间的设置。"登录时间"用来设置允许用户登录到域的时段，默认是用户可以

在任何时段登录域。设置时，单击图 4.5 中"登录时间"按钮，弹出用户登录时间对话框，如图 4.6 所示。

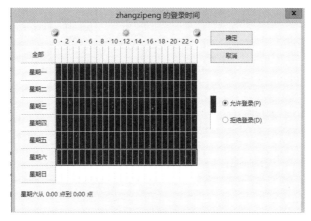

图 4.6　用户登录时间对话框

在图 4.6 中，每一方块代表一小时，横轴每一方块代表一天，填充的方法表示允许此用户登录的时段，空格方块代表该时段不允许此用户登录。

选择要设置的时段，若单击"允许登录"单选按钮，表示允许用户在该时段内登录；若单击"拒绝登录"单选按钮，表示在所选的时段内，不允许用户登录。

当用户在允许使用的时段内登录连接，并且一直连接到超过允许使用的时段时，可能出现下面两种情况。

- 用户可以继续访问已经连接的资源，但是不允许再进行任何新的连接，而且用户注销后，就无法再次登录。
- 强迫中断用户的连接。

至于会发生哪一种情况，需要根据在"组策略→计算机配置→Windows 设置→安全设置→本地策略→安全选项→当登录时间用完时自动注销用户"的设置而定。

③ 限制用户只能够从某些工作站登录。"登录到"用来设置允许用户登录到域的计算机，系统默认为用户可从任何一台计算机登录域，也可以限制用户只能从某些计算机登录域。

设置时单击图 4.5 中的"登录到"按钮，弹出如图 4.7 所示的对话框，若要限制用户只能够从某台计算机登录，则选择"下列计算机"单选框，并在"计算机名"处输入此计算机的计算机名称后单击"添加"按钮，最后单击"确定"按钮完成设置。

步骤 3：管理域用户账户

选择"开始→服务器管理器→工具→Active Directory 用户和计算机"命令，打开"Active Directory 用户和计算机"窗口，选定用户账户并右击，打开如图 4.8 所示的快捷菜单，然后选择相应的命令来管理域用户账户。

（1）复制：可以复制具有相同属性的账户，简化管理员的工作。

（2）禁用账户/启用账户：若账户在某一时间内不使用，则可以将其停用，待需要使用时，再将其重新启用即可。在图 4.8 中看到的是"禁用账户"的命令，如果该账户已被停用，则此处的命令会变为"启用账户"。

（3）重命名：可以将该账户改名，由于其安全识别码（SID）并没有改变，因此其账户的属性、权限设置与组关系都不会受到影响。

图 4.7 "登录工作站"对话框　　　　　图 4.8 管理域用户账户快捷菜单

（4）删除：可以将不再使用的账户删除，以免占用活动目录的空间。将账户删除后，即使再添加一个相同名称的账户，这个新账户也不会继承原账户的权限、权利与组关系，因为它们具有不同的 SID。

（5）重置密码：当用户忘记密码或密码使用期限到期时，可以利用此命令重新为用户设置一个新的密码。

（6）解除被锁定的用户：在账户策略内可以设置用户输入密码失败多次时将该账户锁定。若用户账户被锁定时，可以在"Active Directory 用户和计算机"窗口中选定该用户并单击鼠标右键，再从弹出的快捷菜单中依次选择"属性"→"账户"命令，将"账户被锁定"的复选框清除即可。

步骤 4：域组的添加、删除与更名

（1）添加域组的步骤如下。

图 4.9 "新建对象一组"对话框

① 在"Active Directory 用户和计算机"窗口中选择域名或某个组织单位，单击鼠标右键，从弹出的快捷菜单中选择"新建→组"命令，打开如图 4.9 所示的对话框。

② 在"组名"文本框输入域组的名称，在"组名（Windows 2000 以前版本）"文本框中输入供旧操作系统访问的组名。

③ 在"组作用域"选项中选择组的使用领域："本地域"、"全局"或"通用"。

④ 在"组类型"选项中选择组的类型："安全组"或"通讯组"。

⑤ 单击"确定"按钮，完成域组的建立。

每个组账号添加完成后，系统都会为其建立一个唯一的安全识别码（SID），在 Windows Server 2012 系统内部都是利用这个 SID 来表示该组的，有关权限的设置等都是通过 SID 来设置的。

可以先选择组账户，单击鼠标右键，并从弹出的快捷菜单中选择"重命名"命令，来更改组账户名。由于更改名称后，在 Windows Server 2012 内部的安全识别码（SID）并没有改变，因此，此组账户的属性、权利与权限等设置都不变。

也可以先选择要删除的组账户，单击鼠标右键，并从弹出的快捷菜单中选择"删除"命令，来将组账户删除。将账户删除后，即使添加一个相同名称的组账户（SID 不同），也不会继承前一个被删除账户的属性和权限等设置。

（2）添加域组的成员。将用户账户"zhangzipeng"加入到新建的域组中的步骤如下。

① 打开"Active Directory 用户和计算机"窗口，单击域名，在域内选择新建的组"GeneralMgr"，并在所选的域组"GeneralMgr"上单击鼠标右键，从弹出的快捷菜单中选择"属性"→"成员"→"添加"命令，如图 4.10 所示。

② 打开"选择用户、联系人、计算机、服务账户或组"对话框，如图 4.11 所示。可以直接在该对话框的"输入对象名称来选择"下的文本框中输入用户账户名，也可以单击该对话框下面的"高级"按钮。

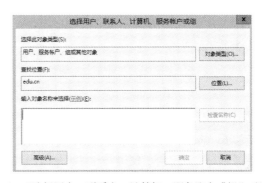

图 4.10 "GeneralMgr 属性"对话框 1   图 4.11 "选择用户、联系人、计算机、服务账户或组"对话框

③ 打开图 4.12 所示的对话框，单击"立即查找"按钮，然后在"搜索结果"下面选定要被加入的成员"zhangzipeng"，单击"确定"按钮。则用户账户"zhangzipeng"被加入到"GeneralMgr"组中。

图 4.12 添加用户账户

④ 再次打开域组"GeneralMgr 属性"对话框，选择"成员"选项卡，如图 4.13 所示，成员是"zhangzipeng"。

也可以打开用户账户"zhangzipeng 属性"对话框，选择"隶属于"选项卡，如图 4.14 所示，成员"zhangzipeng"隶属于域组"GeneralMgr"。

图 4.13 "GeneralMgr 属性"对话框 2　　　　图 4.14 "zhangzipeng 属性"对话框

其他组和用户账户的创建就不再重复说明。

步骤 5：将计算机加入到域中

普通用户可以将自己使用的计算机加入到域中。

（1）管理员打开管理工具中的"Active Diretory 用户和计算机"，然后打开"Computer"，在空白区域单击鼠标右键，在弹出的快捷菜单中选择"新建→计算机"命令，打开"新建对象－计算机"对话框，如图 4.15 所示。

（2）单击"更改"按钮，如图 4.16 所示，打开"选择用户和组"对话框，在其中选择张三的用户账户"zhangsan"，如图 4.17 所示，单击"确定"按钮。

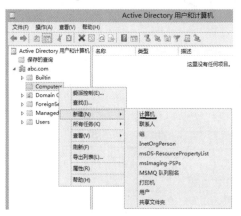

图 4.15　将计算机加入到域　　　　图 4.16　将用户计算机加入域

（3）用户张三在自己的计算机，确认设置了正确的 DNS 服务器，然后打开系统属性对话框，更改主机名为""，选择加入域"abc.com"，然后按照提示输入自己在域中的用户名和密码即可。

图4.17　选择用户

习题

一、填空题

1. 在域用户的属性设置中，用来设置用户只能在特定时间登录的属性是_____，用来设置用户只能在特定计算机上登录的属性是_____。

2. 域采用集中式的管理方式，域中所有用户身份验证、权限管理等操作是在_____上完成的，它是整个域的核心，简写为DC。

二、选择题

1. 小李是公司的网络管理员，公司的计算机处于单域中，他使用的操作系统为Windows Server 2012，由于计算机中有非常重要的资料，因此他想设置一个安全的密码。下面（　　）是比较安全的密码？

　　A. 13810023556　　　B. xiaoli123　　　C. bcdefGhijklm　　　D. cb^9L2i

2. 下列选项中（　　）不是Windows server 2012中的域的新特点？

　　A. 域间可以通过可传递的信任关系建立树状连接

　　B. 域中具有了单一网络登录能力

　　C. 增强了信任关系，扩展了域目录树灵活性

　　D. 域被划分为组织单元，并可再划分下级组织单元

3. 两个域shenyang.dcgie.com和beijing.dcgie.com的共同父域是（　　）？

　　A. www.dcgie.com　　B. beijing.com　　C. home.dcgie.com　　D. dcgie.com

三、简答题

1. 在工作组中，用户账户存放在什么位置？

2. 在域模式中，用户账户存放在什么位置？

四、实训题

在域中新建一个组织单位xxgcx，将一个客户端计算机computer加入到组织单位中，并对该客户端计算机进行存储方面的管理。

磁盘管理

5.1 项目内容

1. 项目目的

在了解磁盘管理概念的基础上，掌握主磁盘分区的创建和管理过程；掌握动态磁盘分区的创建和管理；掌握磁盘管理工具的使用。

2. 项目任务

某公司组建了单位内部的办公网络，配置了多台服务器，为了更好地发挥服务器的性能，需要对服务器的硬盘进行规划和管理。

3. 任务目标

（1）了解磁盘管理的基本概念。

（2）掌握主磁盘分区的创建与管理。

（3）了解什么是动态磁盘、动态磁盘分区的创建与管理。

（4）掌握如何利用 Windows Server 2012 自带的磁盘管理工具管理磁盘。

5.2 相关知识

数据存储是操作系统的重要功能之一，网络管理员的工作之一就是保证用户和应用程序有足够的磁盘空间保存和使用数据，并且保证数据的安全性和可用性。管理员利用 Windows 操作系统中的磁盘管理工具，可以完成磁盘分区和卷的管理、磁盘配额管理和磁盘的日常维护操作。

磁盘内有一个被称为磁盘分区表（Partition Table）的区域，它用来保存这些磁盘分区的相关数据。例如，每个磁盘分区的起始地址、结束地址、是否为活动（Active）的磁盘分区等信息。

在数据能够保存到磁盘之前，该磁盘必须被划分成一个或数个磁盘分区（Partition），磁盘分为 MBR 磁盘与 GPT 磁盘两种磁盘分区样式。

MBR 磁盘：是旧的传统样式，其磁盘分区表保存在 MBR（Master Boot Record）内，MBR 位于磁盘最前端，计算机启动时，使用传统 BIOS（基本输入/输出系统，它是计算机主板上的固件）的计算机，其 BIOS 会先读取 MBR，并将控制权交给 MBR 内的程序代码，然后由此程序代码来继续后续的启动工作。MBR 磁盘支持的硬盘最大为 2.2TB。

GPT 磁盘：是新样式，其磁盘分区表保存在 GPT（GUID Partition Table）内，它也位于磁盘的前端，而且它有主要磁盘分区表与备份磁盘分区表，可以提供容错功能。使用新式 UEFI

BIOS 的计算机，其 BIOS 会先读取 GPT，并将控制权交给 GPT 内的程序代码，然后由此程序代码来继续后续的启动工作。GPT 磁盘支持的硬盘可以超过 2.2TB。

可以利用图像界面的磁盘工具或 Diskpart 命令将空的 MBR 磁盘转换为 GPT 磁盘或将空的 GPT 磁盘转换成 MBR 磁盘。

可以通过磁盘属性对话框中的"卷"选项卡查看"磁盘分区形式"是 MBR 还是 GPT。

Windows 系统又将磁盘分为基本磁盘与动态磁盘两种类型。

5.2.1 基本磁盘

硬盘在存储数据之前，必须被分成一个或多个分区，叫做磁盘分区。分区（Partition）是在硬盘的自由空间（还没有被分区的空间）上创建的，是将一块物理硬盘划分成多个能够格式化和单独使用的逻辑单元。

基本磁盘中的分区又分为主磁盘分区（基本分区）和扩展磁盘分区两种类型。扩展磁盘分区又可以被划分为若干个逻辑驱动器。主磁盘分区和扩展磁盘分区上的逻辑驱动器又被称为基本卷，在"这台电脑"中用盘符来标志不同的卷。卷的盘符表示，受到 26 个英文字母的限制，盘符只能是 26 个英文字母中的一个。由于 A 和 B 已经被软驱占用，因此实际上磁盘可用的盘符是从 C～Z 的 24 个字母。

基本磁盘规定一块硬盘最多可以创建 4 个分区，可以是 4 个主磁盘分区或最多 3 个主磁盘分区加上 1 个扩展磁盘分区。一块硬盘至少要有 1 个主磁盘分区，最多只能有 1 个扩展磁盘分区。Windows 操作系统一般建议安装在主磁盘分区上。在扩展磁盘分区内可以创建多个逻辑分区（逻辑驱动器）。

1. 主磁盘分区（主分区）

主磁盘分区：用来启动操作系统。计算机启动时，MBR 或 GPT 内的程序代码会到活动的主磁盘分区内读取与运行启动程序代码，然后将控制权交给此启动程序代码来启动相关的操作系统。换句话说就是操作系统的引导文件所在的分区。通常每块硬盘的第一个分区都设置为主磁盘分区，也就是大家常说的 C 盘。

每块基本磁盘可以建立 1～4 个主磁盘分区，每个主磁盘分区都可以引导磁盘上的操作系统，但同时只能有一个主磁盘分区处于激活状态。

多个主磁盘分区的优点是可以互不干扰地安装多套不同的操作系统，用户可以通过激活不同的主磁盘分区而引导不同的操作系统。当某一个分区损害时，不会影响其他主磁盘分区引导操作系统。

2. 扩展磁盘分区（扩展分区）和逻辑分区

扩展磁盘分区只可以用来保存文件，无法被用来启动操作系统。也就是说 MBR 或 GPT 内的程序代码不会到扩展磁盘分区内读取与运行启动程序代码。

当主磁盘分区的数量小于 3 个，并且主磁盘分区的容量小于实际物理硬盘的容量时，剩余的物理硬盘空间就可以被划分为扩展磁盘分区。在扩展磁盘分区内部再划分若干个部分，每一部分称为逻辑分区（逻辑驱动器）。如"这台电脑"中的 D:、E: 等。逻辑分区不能用来直接启动操作系统，但可以将操作系统的引导文件放到主磁盘分区上，而操作系统放到逻辑分区上。

但 Windows 系统的一个 GPT 磁盘内最多可以创建 128 个主磁盘分区，而每个主磁盘分区都可以被赋予一个驱动器号（但是最多只有 A～Z 26 个字符可用）。由于可以有多达 128 个主磁盘分区，因此 GPT 磁盘不需要扩展磁盘分区。大于 2.2TB 的磁盘分区必须使用 GPT 磁盘。可是旧版的 Windows 系统（如 Windows 2000、32 位 Windows XP 等）无法识别 GPT 磁盘。

5.2.2 动态磁盘

基本磁盘适用于个人计算机或单硬盘的服务器，功能比较弱。动态磁盘具备更强大的磁盘管理功能。

动态磁盘是从 Windows 2000 时代开始的新特性，在 Windows Server 2012 中得到了更好的支持。相比基本磁盘，它提供更加灵活的管理和使用特性。可以在动态磁盘上实现数据的容错、高速的读写操作、相对随意的修改卷大小等操作，这些是不能在基本磁盘上实现的。

为了便于区分，微软在动态磁盘上的分区称作卷（Volume）。卷的使用方式与基本磁盘的主磁盘分区或逻辑驱动器相似，分配驱动器盘符和格式化过后才能保存数据。动态磁盘没有卷数量的限制，只要磁盘空间允许，可以在动态磁盘中任意建立卷。

在基本磁盘中，分区是不可跨越磁盘的。然而，通过使用动态磁盘，可以将数块磁盘中的空余磁盘空间扩展到同一个卷中来增大卷的容量。动态磁盘不使用分区表，而是把配置数据记录在 1MB 大小的磁盘管理数据库中。

基本磁盘不可容错，如果没有及时备份而遭遇磁盘失败，会造成极大的损失。但在动态磁盘上可以创建镜像卷，所有内容自动实时被复制到镜像磁盘中，即使遇到磁盘失败也不会造成数据损失。在动态磁盘上还可以创建带有奇偶校验的带区卷，来保证提高性能的同时为磁盘添加容错性。

动态磁盘的管理是基于动态卷的管理。卷是一个或多个磁盘上的可用空间组成的存储单元，可以格式化为一种文件系统并分配驱动器号。简单的理解可以认为它和基本磁盘的分区类似，但功能更强大、更复杂。动态磁盘上的卷有简单卷、跨区卷、带区卷、镜像卷、RAID-5 卷等类型。

⬙ 5.3 项目实施

5.3.1 初始化新硬盘

1. 工作任务

公司的顾客购买了一台新计算机，公司要求你负责为客户安装操作系统和软件，完成系统初始化工作。

2. 方案设计

一般在安装操作系统时，只划分出 C 区，系统安装完成后，在"磁盘管理"工具中继续划分剩余的磁盘空间。

一般建议将硬盘分为一个主分区和一个扩展分区，再将扩展分区分为至少 3 个逻辑驱动器。这样至少分出 C、D、E、F 4 个逻辑盘，其中 C 盘安装操作系统和系统软件；D 盘安装各种应用软件；E 盘存储用户的数据；F 盘作为系统备份。

3. 实施过程

步骤 1：安装新磁盘

（1）在计算机内安装新磁盘（硬盘）后，必须经过初始化后才可以使用：选择"开始→

管理工具→计算机管理→存储→磁盘管理"命令,在自动跳出的如图 5.1 所示对话框中勾选要初始化的新磁盘,单击"确定"按钮,就可以在新磁盘内创建磁盘分区了。

(2)如果没有自动跳出此界面,则在图 5.2 中先选中新磁盘并单击鼠标右键在弹出的快捷菜单中选择"联机"命令,再选中此新磁盘并单击鼠标右键在弹出的快捷菜单中选择"初始化磁盘"命令,然后选择 MBR 或 GPR 样式,单击"确定"按钮,接着就可以在新磁盘内创建磁盘分区了。

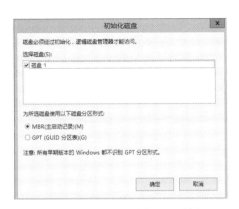

图 5.1 "初始化磁盘"对话框

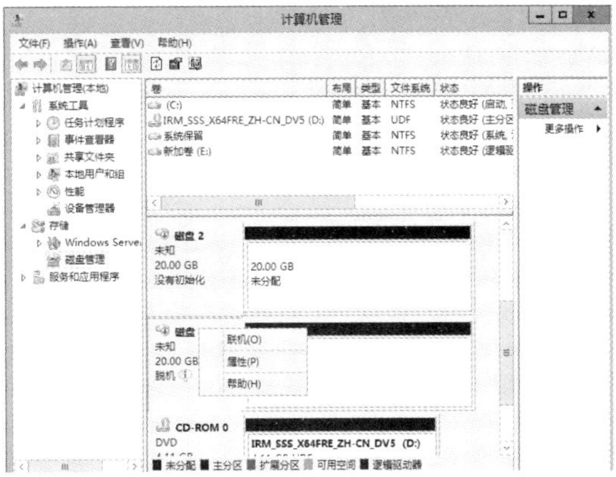

图 5.2 新磁盘初始化磁盘

步骤 2:启动"磁盘管理"管理工具

(1)选择"开始→管理工具→计算机管理"命令,或者右击"这台电脑",在弹出的快捷菜单中选择"管理"命令,打开"服务器管理→工具→计算机管理"控制台窗口,如图 5.3 所示。图中的磁盘 0 为基本磁盘、MBR 磁盘,此磁盘在安装 Windows Server 2012 时就被划分为图中的两个主分区,其中第一个为系统保留区,容量约 350MB(包含 Windows 修复环境:Windows Recovery Envirionment,Windows RE),它是系统卷,活动的卷,没有驱动器号;另一个磁盘分区的驱动器号 C,容量为 40.13GB,它是安装 Windows Server 2012 的启动卷。也可以自行删除此默认分区。

(2)展开"存储"选项,单击"磁盘管理"选项,窗口右半部有"顶端"、"底端" 两个窗格,以不同形式显示磁盘信息。如图 5.3 所示,右侧"底端"窗口中以图形方式显示了当前计算机系统安装了一个物理磁盘,磁盘的物理大小,以及当前分区的结果与状态。"顶端"以列表的方式显示了磁盘的属性、状态、类型、容量及空闲等详细信息。

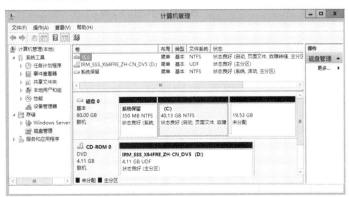

图 5.3 磁盘管理控制台

（3）在图 5.3 中，打开"查看"菜单中的"顶端"、"底端"子菜单，可选择显示磁盘的方式：磁盘列表、卷列表、图形视图等，如图 5.4 所示。

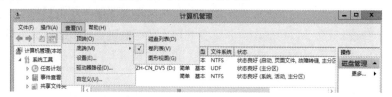

图 5.4　磁盘管理的设置查看属性

（4）在图 5.3 中，选择"查看"菜单的"设置"命令，打开"设置"对话框，如图 5.5 所示，其中"外观"选项卡用来设置显示的颜色，"比例"选项卡用来设置显示的比例，如图 5.6 所示。

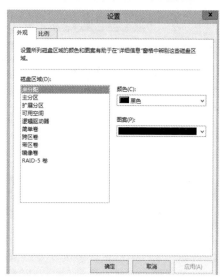

图 5.5　"外观"设置对话框

图 5.6　"比例"设置对话框

步骤 3：新建主分区

对于 MBR 磁盘来说，一个基本磁盘内最多可以创建 4 个主分区，对于 GTP 磁盘来说，一个基本磁盘内最多可以创建 128 个主分区。

在基本磁盘未使用的空间中，可以创建主分区和扩展磁盘分区，但是在一个基本磁盘中只能创建一个扩展磁盘分区和 3 个主磁盘分区。扩展分区创建好后，可以在该分区中创建逻辑磁盘驱动器，并给每一个逻辑磁盘驱动器指派驱动器号。创建扩展磁盘分区的步骤如下。

（1）在磁盘管理控制台中，选取一块未指派的空间，这里选择图 5.3 中磁盘 0 上的未分配空间。鼠标右键单击该空间，在弹出的快捷菜单中选择"新建简单卷（所新建的简单卷会自动被设置为主分区，但是新建第 4 个简单卷时，将自动被设置为扩展分区）"命令，打开"新建简单卷向导"对话框。

（2）单击"下一步"按钮，打开"指定卷大小"对话框，如图 5.7 所示，输入该简单卷大小的容量，

图 5.7　指定分区大小

84

其中显示了磁盘分区可以使用的最小值和最大值。可以根据实际情况确定该分区的大小。在这里输入"5120"MB 的大小。

（3）单击"下一步"按钮，打开"分配驱动器号和路径"对话框，如图 5.8 所示。

- 分配以下驱动器号"：代表此磁盘分区，如 E。
- 将此磁盘分区"装入以下空白 NTFS 文件夹中"：即指定一个空的 NTFS 文件夹（其中不可拥有任何文件）代表此磁盘分区。
- 不分配任何驱动器号或驱动器路径：可以事后再指定。

注意不要任意更改驱动器号，因为有不少应用程序会直接参照磁盘代号来访问数据，如果更改了驱动器号，这些应用程序可能找不到需要的数据；其次当前正在活动的启动卷的驱动器号是无法更改的。

（4）单击"下一步"按钮，打开"格式化分区"对话框，如图 5.9 所示。如果在创建分区时并未顺便将该分区格式化，此时可以格式化。

图 5.8　指定驱动器号和路径

图 5.9　格式化分区

- 文件系统：可以选择将其格式化为 NTFS、ReFS、exFAT、FAT32 或 FAT 的文件系统（分区必须等于或小于 4GB 以下，才可以选择 FAT）。
- 分配单元大小：分配单元是磁盘最小访问单元，其大小必须适当。例如，如果设置为 8KB，则当要保存一个 5KB 的文件时，系统会一次就分配 8KB 的磁盘空间，然而此文件只会用到 5KB，多余的 3KB 空间将被闲置不用，因此会浪费磁盘空间。如果将分配单元缩小到 1KB，则因为系统一次只分配 1KB，则必须连续分配 5 次才够用，这将影响到系统效率。除非有特殊需求，否则建议用默认值，让系统根据分区大小来自动选择适当的分配单元大小。
- 卷标：为此磁盘分区设置一个易于识别的名称。
- 执行快速格式化：只会重新创建 NTFS、ReFS、exFAT、FAT32 或 FAT 表格，但是不会花时间去检查是否有坏扇区，也不会将扇区内数据删除。如果确定磁盘内没有坏扇区，才选择快速格式化。
- 启用文件或文件夹压缩：将此分区设为压缩磁盘，以后新建到此分区的文件和文件夹都会自动压缩。

（5）单击"下一步"按钮，在"正在完成新建简单卷向导"对话框中列出上述设置信息，确认无误后，单击"完成"按钮。结果如图 5.10 所示。

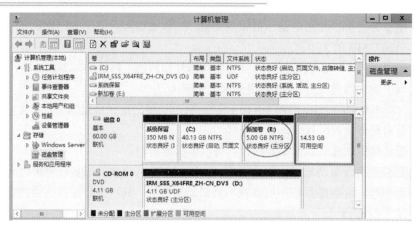

图 5.10　新建主分区结果

步骤 4：新建扩展分区

可以在基本磁盘中尚未使用的空间内，创建扩展分区。一个基本磁盘内仅可以创建一个扩展分区，但是这个扩展分区内可以创建多个逻辑驱动器。

下面将在图 5.10 所示的 14.53GB 未分配空间（可用空间）内，创建一个 10GB（10240MB）的简单卷。在已经有 3 个主分区的情况下，新建第 4 个简单卷时，它会自动被设置为扩展分区。如图 5.10 所示，在创建完第 3 个主分区（新加卷 E）后，第 4 个分区自动被设置为扩展分区（绿色区域）。在如图 5.10 所示的扩展分区内可以新建多个逻辑驱动器，并赋予逻辑驱动器号。

只有在创建 3 个磁盘分区时，第 4 磁盘分区才会自动被设置为扩展分区。如果不希望受限制于第 4 个磁盘分区才是扩展分区，则可以用 Diskpart.exe 程序新建扩展分区。比如利用 Diskpart.exe 程序，在图 5.3 所示的只有两个主分区时（约 19.53GB 的未分配空间内）新建一个 10GB 的扩展分区。此时，需先打开 Windows 命令提示符或 Windows PowerShell 窗口，然后按顺序执行命令："diskpart"、"Select Disk 0"、"create partition extended size=10240"、"exit"、"exit"。

- "Select Disk 0" 选择 0 号磁盘。
- "create partition extended size=10240" 中的 "create partition" 是创建分区，"extended" 是扩展分区（primary 为主分区；logical 为逻辑驱动器），"size=10240" 指的是容量为 10GB。
- 第一个 "exit" 退出 diskpart 命令。
- 第二个 "exit" 退出 Windows PowerShell 窗口。结果如图 5.11 所示。

图 5.11　利用 Diskpart.exe 程序新建扩展分区

步骤 5：创建逻辑驱动器（在扩展分区上创建逻辑驱动器）

在扩展分区的可用空间内创建逻辑驱动器，选中扩展分区（绿色区域）并单击鼠标右键，在弹出的快捷菜单中选择"新建简单卷"的命令，后续步骤与前面创建主分区的步骤类似，此处不再重复。

步骤 6：更改光盘盘符

在创建逻辑驱动器之前，应注意到计算机的光驱此时已经占用了"D:"盘符，而通常习惯于将光驱的盘符放到硬盘的盘符之后，所以，要把光驱的盘符改为"G:"。

（1）在"DVD（D:）"上右击，在弹出的快捷菜单中选择"更改驱动器号和路径"命令，打开"更改 D: 的驱动器号和路径"对话框。

（2）单击"更改"按钮，打开"更改驱动器号和路径"对话框。从"分配以下驱动器号"的下拉列表中选择新的驱动器号，如"G:"。

（3）单击"确定"按钮，可以看到光驱的盘符已经被修改了。

步骤 7：FAT 和 NTFS 文件系统的转换

如果需要将文件系统由原来的 FAT32 格式转换为 NTFS 格式，并且不希望数据丢失，那么可以利用命令"convert 盘符/FS:NTFS"，就可以将特定分区由 FAT32 转换为 NTFS。

例如，将 F 盘由 FAT32 格式转换为 NTFS 格式，命令为：
```
convert F:/FS:NTFS
```

步骤 8：磁盘基本管理

（1）更改驱动器号和路径。一般情况下，绝对不能随意更改驱动器号，以防应用程序找不到所需的数据。正在使用的系统卷与引导卷的驱动器号无法改变。

Windows Server 2012 中还可以将一个分区映射为一个文件夹，这样所有保存在该文件夹中的文件事实上都保存在分区上。

下面的操作步骤将更改光驱的驱动器号和将光驱映射到"E:\光驱文件夹"中。

① 打开"磁盘管理"窗口，右击"光驱"，在弹出的快捷菜单中选择"更改 G:（光驱）驱动器号和路径"命令，在打开的对话框中单击"添加"按钮，打开"更改驱动器号和路径"对话框，如图 5.12 所示。

② 在"装入以下空白 NTFS 文件夹中"文本框中输入"E:\光驱文件夹"或单击"浏览"按钮进行选择。如图 5.13 所示，单击"确定"按钮，完成操作。这时在资源管理器中看到光驱在 E 盘下以文件夹的形式出现。

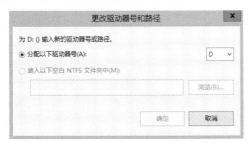

图 5.12　更改 G:（光驱）驱动器号和路径

图 5.13　添加驱动器号和路径

（2）重新格式化分区。打开"磁盘管理"窗口，右击要重新格式化的分区，在弹出的快捷菜单中选择"格式化"命令，弹出"格式化"对话框，如图 5.14 所示。

设置卷标、文件系统。为了提高速度可以选中 "执行快速格式化"复选框。

格式化时也可以选择文件系统为 FAT32 或 NTFS。

（3）删除逻辑驱动器和磁盘分区。在 Windows Server 2012 的磁盘管理工具中，如果要改变某个分区或逻辑驱动器的大小，则必须先删除该分区或逻辑驱动器，然后重新建立分区或逻辑驱动器。

在 "磁盘管理"窗口中，右击要删除的磁盘分区或逻辑驱动器，在弹出的快捷菜单中选择"删除卷"命令，然后在提示对话框中单击"是"按钮就可以了。

图 5.14 "格式化"对话框

步骤 9：扩展基本卷

操作系统安装完后，发现计算机硬盘 E 区空间分配得太小，文件存放有困难，于是希望把 E 区空间变大。

Windows Server 2012 的磁盘管理工具可实现将基本卷扩展，也就是可以将未分配的空间合并到基本卷内，以便扩大其容量，不过需要注意以下两点。

- 只有尚未格式化或已被格式化为 NTFS、ReFS 的卷才可以被扩展。
- 新增加的空间，必须紧跟着此基本卷之后的未分配空间。

例如，要扩展如图 5.15 所示磁盘 E 的容量（当前容量 3GB），将后面 7GB 的可用空间合并到 E 盘内。合并后的 E 磁盘容量将为 10GB。

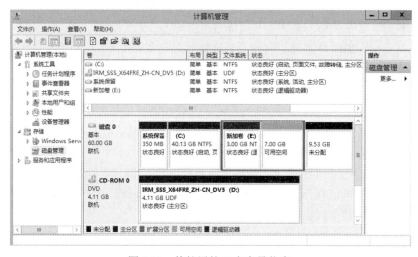

图 5.15 待扩展的 E 盘容量信息

操作过程：选中磁盘 E 并单击鼠标右键，在弹出的快捷菜单中选择"扩展卷"命令，打开"扩展卷向导"对话框。

单击"下一步"按钮，打开"选择磁盘"对话框，设置要扩展的容量（7166MB）与此容量的来源磁盘（磁盘 0），如图 5.16 所示。

单击"下一步"按钮，打开"完成扩展卷向导"对话框，查看列举信息，如果无误，单击"完成"按钮，则完成扩展卷的操作。如图 5.17 所示，可看出 E 磁盘的容量已经被扩大为 10GB。

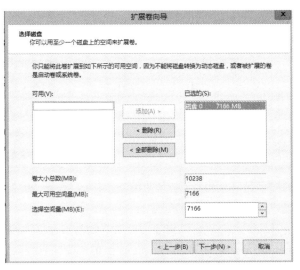

图 5.16　扩展基本卷

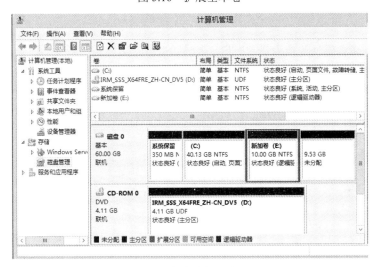

图 5.17　E 盘容量扩展为 10GB

5.3.2　动态磁盘的管理

1．工作任务

公司的顾客购买了一台新计算机，公司要你负责为客户安装操作系统和软件，并使用动态磁盘方式进行管理。

2．实施过程

步骤 1：基本磁盘升级为动态磁盘

动态磁盘支持多种类型的动态卷，它们之中有的可以提高访问效率，有的可以提供容错功能，有的可以扩大磁盘的使用空间，这些卷包含简单卷（Simple Volume）、跨区卷（Spanned Volume）、带区卷（Striped Volume）、镜像卷（Mirrored Volume）和 RAID-5（RAID-5 Volume）。其中简单卷为动态磁盘的基本单位，其他 4 种卷分别具备不同特性，如表 5.1 所示。

表 5.1 动态磁盘特性

卷 类 型	磁 盘 数	可用来保存数据的容量	性能（与单一磁盘比较）	容 错
跨区	2~32 个	全部	不变	无
带区	2~32 个	全部	读写都提高许多	无
镜像	2 个	一半	读提高、写稍微下降	有
RAID-5	3~32 个	磁盘数-1	读提高多、写下降稍多	有

默认状态下磁盘的类型是基本磁盘，必须使用 Windows Server 2012 的磁盘管理工具将指定的磁盘由基本磁盘模式升级到动态磁盘模式。

另外，由基本磁盘升级到动态磁盘，需要注意以下几个问题。

（1）只有属于 Administrator 或 Backup Operators 组的成员才有权限进行磁盘转换操作。

（2）在转换之前，应该关闭所有正在运行的程序。

（3）当基本磁盘升级到动态磁盘后，基本磁盘上的现有分区将转换为动态磁盘上的简单卷。

（4）若要将动态磁盘转换为基本磁盘，则必须先删除磁盘上的所有动态卷，然后再转换，也就是空磁盘才可以被转换回基本磁盘，这会丢失磁盘上的所有数据。

（5）升级到动态磁盘后，Windows 系统从 Windows 2000 开始支持动态磁盘，但是家用版本（如 Windows 7 与 Windows Vista 家用版本）并不支持动态磁盘。

（6）如果一个基本磁盘内同时安装了多套 Windows 操作系统，最好不要将此基本磁盘转换为动态磁盘，因为一旦转换为动态磁盘后，则除当前的操作系统外，可能无法再启动其他操作系统。

图 5.18 "转换为动态磁盘"对话框

将基本磁盘升级到动态磁盘，可参照如下步骤。

（1）关闭所有正在运行的应用程序，打开"计算机管理"窗口中的"磁盘管理"。用鼠标右键单击要升级的基本磁盘，在弹出的快捷菜单中选择"转换到动态磁盘"命令。

（2）打开"转换为动态磁盘"对话框，如图 5.18 所示，可以选择多个磁盘一起升级。

（3）单击"确定"按钮，最后单击"转换"按钮即可。

升级完成后，在管理窗口中可以看到磁盘的类型已改为动态。

步骤 2：创建简单卷

简单卷是动态卷中的基本单位，它的地位与基本磁盘中的主要磁盘分区类似。可以从一个动态磁盘内选择未分配空间来创建简单卷，并且在必要时还可以将此简单卷扩大。

简单卷只使用一个物理磁盘上的可用空间，可以是单个区域，也可以是多个不连续的区域。简单卷可以在同一物理磁盘内扩展空间，如果跨越多个磁盘扩展简单卷，则该卷就成了跨区卷。简单卷可以被格式化为 NTFS、ReFS、exFAT 或 exFAT32 文件系统。但是如果要扩展简单卷（扩大简单卷的容量），就必须是 NTFS 或 ReFS 格式。

（1）在"磁盘管理"窗口中，选中一块动态磁盘中未分配的空间（如磁盘 1），单击鼠标右键，在弹出的快捷菜单中选择"新建简单卷"命令，弹出"新建简单卷向导"对话框。

（2）单击"下一步"按钮，弹出"指定卷大小"对话框，如图 5.19 所示。设置此简单卷的大小。

图 5.19　"指定卷大小"对话框

（3）单击"下一步"按钮，弹出"分配驱动器号和路径"对话框，为该卷指派一个驱动器号，如图 5.20 所示。

（4）单击"下一步"按钮，弹出"格式化分区"对话框，选择合适的文件系统和卷标，如图 5.21 所示。

图 5.20　"分配驱动器号和路径"对话框

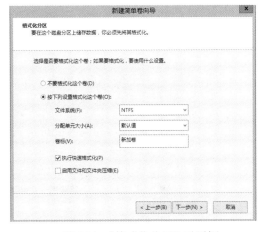

图 5.21　"格式化分区"对话框

（5）单击"下一步"按钮，单击"完成"按钮，系统将对该卷格式化。结果如图 5.22 所示。"新加卷 F"即为创建的简单卷，其右边为剩余的未分配空间。

步骤 3：创建扩展卷

如果要建立的简单卷的空间不能满足需求，可将邻近的未指派空间加入到该简单卷中。但只有尚未被格式化或已被格式化为 NTFS 或 ReFS 的卷才可以被扩展。添加的空间可以是同一个磁盘内的未分配空间，也可以是另一个磁盘内的未分配空间。如果将简单卷扩展到其他的动态磁盘上，就成了跨区卷。简单卷可以成为镜像卷、带区卷或 RAID-5 卷的成员之一，但是在它变成跨区卷后就不具备此功能了。

假如要从图 5.22 的磁盘 1 未分配的 16GB 中取出 4GB，并将其加入到简单卷 F:。也就是将容量为 4GB 的简单卷 F:扩大到 8GB。

在简单卷 F:上右击，在弹出的快捷菜单中选择"扩展卷"命令，打开"扩展卷向导"对话框。单击"下一步"按钮，弹出"选择磁盘"对话框，输入要扩展的容量（4096MB）与此容量的来源磁盘（磁盘 1）。单击"下一步"按钮，单击"完成"按钮。结果如图 5.23 所示，其中 F:磁盘的容量已被扩大到 8GB。

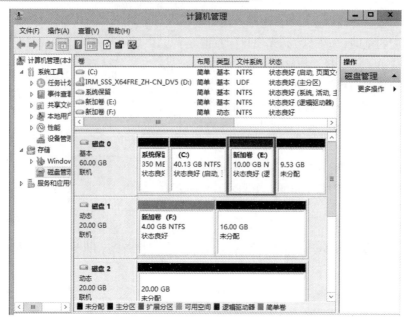

图 5.22　新建简单卷结果

图 5.23　扩展简单卷 F：的容量到 8GB

步骤 4：创建跨区卷

跨区卷是由多个位于不同磁盘的未分配空间组成的一个逻辑卷，也就是说可以将多个磁盘内的未分配空间合并成一个跨区卷，并赋予一个共同的驱动器号。

创建跨区卷的步骤如下。

（1）右击动态磁盘的未分配空间，比如在图 5.24 所示窗口中右键单击磁盘 1 的未分配空间，在弹出的快捷菜单中选择"新建跨区卷"命令，打开"新建跨区卷向导"对话框。

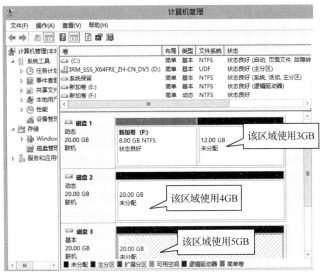

图 5.24　动态磁盘

（2）单击"下一步"按钮，弹出"选择磁盘"对话框，如图 5.25 所示。选择左侧可用的动态磁盘"添加"到右侧列表中，并指定每个磁盘上使用的容量大小。如跨区卷在磁盘 1 上占用了 3GB，在磁盘 2 上占用了 4GB，跨区卷在磁盘 3 上占用了 5GB，卷大小总数为 12GB。

（3）单击"下一步"按钮，弹出"分配驱动器号和路径"对话框，为该跨区卷指派一个驱动器号。本例中指定的驱动器号"H"，如图 5.26 所示。

（4）单击"下一步"按钮，弹出"卷区格式化"对话框，选择合适的文件系统和卷标，如图 5.27 所示。

图 5.25　"选择磁盘"对话框

图 5.26　"分配驱动器号和路径"对话框

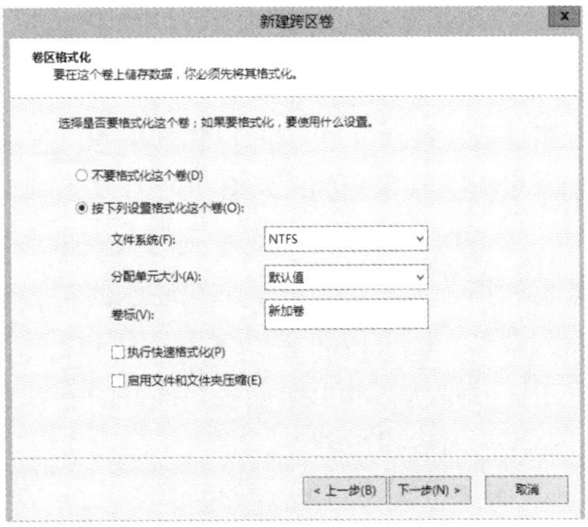

图 5.27　"卷区格式化"对话框

（5）单击"下一步"按钮，弹出"正在完成新建跨区卷向导"对话框，单击"完成"按钮。系统开始创建与格式化此跨区卷，如图 5.28 所示为完成后的界面，图中的 H:磁盘就是跨区卷，它分布在 3 个磁盘内，总容量为 12GB。

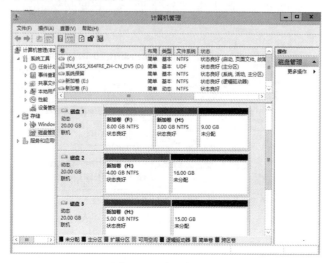

图 5.28　跨区卷 H:

跨区卷有如下特性。

① 组成跨区卷的磁盘数量可以是 2～32 个。

② 组成跨区卷的每个磁盘所使用的空间可以不同。

③ 跨区卷不能是系统卷和引导卷。

④ 在跨区卷中存储数据时，先存到跨区卷占用的第一个磁盘空间，空间用尽后，再存到第二个磁盘的空间，依次类推。

⑤ 跨区卷无容错功能，若成员磁盘中任何一个发生故障，则整个跨区卷的数据都会丢失。

⑥ 跨区卷无法成为镜像卷、带区卷或 RAID-5 卷的成员。

⑦ Windows Server 2012 的跨区卷可以被格式化为 NTFS 或 ReFS 格式。

⑧ 整个跨区卷是一个整体，无法将其中任何一个成员独立出来使用，除非先将整个跨区卷删除。

步骤 5：创建带区卷

由于公司的文件服务器经常要读写大量的数据，希望能尽量提高读写磁盘的效率，这时可以在服务器上创建带区卷。

带区卷同样使用至少两块物理磁盘的空间来存储数据，与跨区卷不同的是带区卷每个成员的容量大小是相同的，且数据交替平均存储于各个磁盘上，如图 5.29 所示。带区卷数据写入时，以 64KB 为单元平均写到每个磁盘上，先将第一块硬盘的第一个单元写满，再写第二块硬盘的第一单元；当最后一块硬盘的第一单元写满后，再回到第一块硬盘的第二单元，依次写入数据。由于带区卷允许并发的 I/O 操作，可以在所有的成员磁盘上同时执行读写，因此，带区卷是所有卷中运行效率最好的卷。

带区卷具备以下特性。

① 组成带区卷的磁盘数量可以是 2～32 个，这些磁盘最好都是相同的制造商和相同的型号。带区卷使用 RAID-0 技术。

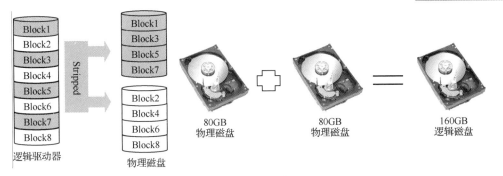

图 5.29　带区卷

② 组成带区卷的每个磁盘的容量大小是相同的。

③ 组成带区卷的成员不可以包含系统卷和引导卷。

④ 系统将数据存储到带区卷时，会将数据分成等量的 64KB，例如，如果是由 4 个磁盘组成的带区卷，则系统会将数据拆成每 4 个 64KB 为一组，每次将一组 4 个 64KB 的数据分别写入 4 个磁盘内，直到所有数据都写入到磁盘位置。这种方式是所有磁盘同时在工作，因此可以提高磁盘的访问效率。

⑤ 带区卷无容错功能，若成员磁盘中任何一个发生故障，则整个带区卷的数据都会丢失。

⑥ 带区卷一旦创建好后，就无法再被扩大，除非将其删除后再重建。

⑦ Windows Server 2012 的带区卷可以被格式化为 NTFS 或 ReFS 格式。

⑧ 整个带区卷是一个整体，无法将其中任何一个成员独立出来使用，除非先将整个带区卷删除。

创建带区卷的步骤如下。

下面利用将图 5.30 中 3 个磁盘内的 3 个未分配空间合并为一个带区卷的方式，说明如何创建带区卷。图中虽然 3 个磁盘的未分配空间的容量各不相同，但在创建带区卷的过程中，将从各个磁盘内选择相同的容量（以 3GB 为例）。

（1）右击动态磁盘的未分配空间，比如在图 5.30 中右键单击磁盘 1 的未分配空间，在弹出的快捷菜单中选择"新建带区卷"命令，打开"新建带区卷向导"对话框。

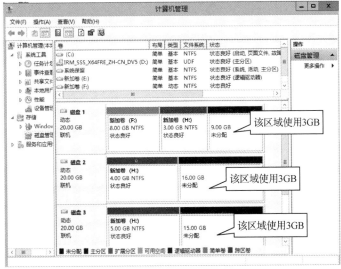

图 5.30　创建带区卷

（2）单击"下一步"按钮，弹出"选择磁盘"对话框，如图5.31所示。选择左侧可用的动态磁盘"添加"到右侧列表中，并指定所有磁盘上使用的容量大小为3GB。卷大小总数为9GB。

（3）单击"下一步"按钮，弹出"分配驱动器号和路径"对话框，为该带区卷指派一个驱动器号。本例中指定的驱动器号"I"，如图5.32所示。

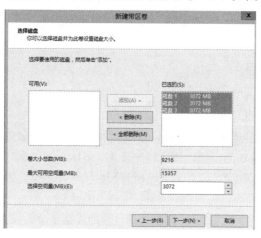

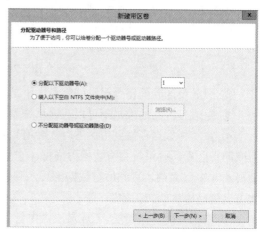

图5.31　为带区卷选择磁盘　　　　　　　　图5.32　为带区卷选择磁盘号

（4）后续的操作步骤与创建跨区卷类似，这里不再重复说明。最终结果如图5.33所示。

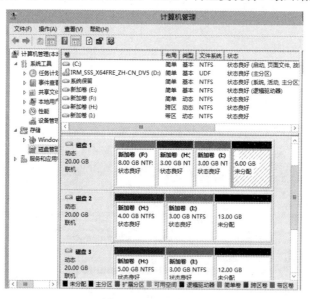

图5.33　带区卷 I:

步骤6：创建镜像卷

公司服务器上的某些数据非常重要，希望能够有一种磁盘容错机制，使得即使某块磁盘发生故障，数据也不会丢失。这时可以考虑用镜像卷来保存这些重要数据。

镜像卷是一种容错卷，它一般由两个物理磁盘上的空间组成。写入数据时，数据会复制为两份同时写到两块磁盘上，如图5.34所示。如果其中一块磁盘发生故障，还可以从剩下的一块磁盘中访问数据，提高了数据的安全性。

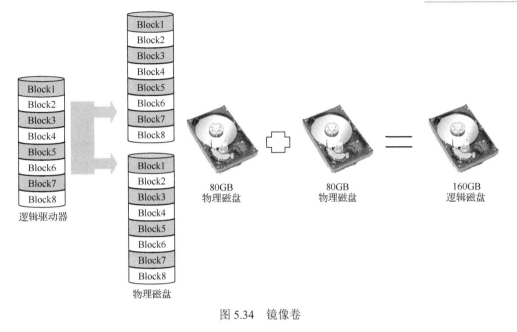

图 5.34　镜像卷

创建镜像卷的步骤如下。

下面利用图 5.33 中磁盘 3 的未分配空间与磁盘 2 的未分配空间组成一个镜像卷的方式（也可以利用一个简单卷和一个分配的空间来创建镜像卷），说明如何创建镜像卷。

（1）选中图 5.33 中磁盘 3 的"未分配"空间并单击鼠标右键，在弹出的快捷菜单中选择"新建镜像卷（如果选中简单卷的空间并单击鼠标右键，则"新建镜像卷"改为"添加镜像"）"命令，打开"新建镜像卷向导"对话框。

（2）单击"下一步"按钮，弹出"选择磁盘"对话框，如图 5.35 所示。选择左侧两块可用的动态磁盘"添加"到右侧列表中，如磁盘 2 和磁盘 3，并指定所有磁盘上使用的容量大小为 4GB。

（3）后续操作与前面创建带区卷类似，这里不再重复说明。

也可以直接为以前创建的简单卷添加镜像。在要镜像的简单卷上右击，在弹出的快捷菜单中选择"添加镜像"命令，然后按向导提示进行操作即可。如果镜像卷中的一个成员发生了故障，则需要先中断镜像或删除镜像。

图 5.35　为镜像卷选择磁盘

镜像磁盘如果没有被转换为动态磁盘，则在创建镜像卷时，系统会自动转换。

整个镜像卷被视为一体，如果要将其中任何一个成员独立出来使用，可以通过以下方法之一来完成。

中断镜像：在镜像卷上右击，在弹出的快捷菜单中选择"中断镜像卷"命令。中断之后，镜像卷中的成员都会独立成简单卷，且其中数据都被保留。其中一个卷的驱动器号会沿用原来的代号，而另一个卷会被改为下一个可用的驱动器号。

删除镜像：在镜像卷上右击，在弹出的快捷菜单中选择"删除镜像"命令来选择将镜像卷中的一个成员删除。被删除成员上的数据也将会被删除，并且释放空间为未分配空间；另一成员独立成简单卷，数据将被保留。

删除镜像卷：在镜像卷上右击，在弹出的快捷菜单中选择"删除卷"命令。删除镜像卷会将两个成员内的数据都删除，并且两个成员都会变成未分配空间。

镜像卷有如下特性。

① 镜像卷的成员只有两个，并且它们必须位于不同的动态磁盘内。可以选择一个简单卷与一个未分配的空间，或两个未分配的空间来组成镜像卷。

② 组成镜像卷的两个卷的容量大小是相同的。

③ 镜像卷使用 RAID-1 技术。

④ 系统卷或引导卷可以作为镜像卷。

⑤ 镜像卷的成员不可用包含 GPT 磁盘的 EFI 系统磁盘分区（ESP）。

⑥ 系统将数据写入镜像卷时，必须稍微多花费一点时间将一份数据同时写到两个磁盘内，镜像卷的写入效率稍微差一点。因此为了提高镜像卷的写入效率，建议将两个磁盘分别连接到不同的磁盘控制器，即采用 Disk Duplexing 架构，此架构可以增强容错功能，因为即使一个控制器发生故障，系统仍然可以利用另一个控制器来读取另一个磁盘内的数据。

在读取镜像卷的数据时，系统可以同时从两个磁盘来读取不同部分的数据，因此可以减少读取的时间，提高读取的效率。若其中一个成员发生故障，则镜像卷的效率将恢复为平常只有一个磁盘时的状态。

⑦ 镜像卷一旦被创建好，就无法再被扩大。

⑧ 写入数据的时间较长，但读取数据时效率较高。

⑨ 磁盘利用率低，只有 50%（因为两个磁盘内存储重复的数据）。

步骤 7：创建 RAID-5 卷

镜像卷虽然提供了较强的容错能力，但它的磁盘空间利用率低，存储成本较高。为了提供磁盘的利用率，可以采用 RAID-5 卷。

RAID-5 卷的数据分布于由三个或更多磁盘组成的磁盘阵列中，写入数据时首先要计算数据的奇偶校验；把数据和相对应的奇偶校验信息存储到组成 RAID-5 卷的各个磁盘上，并且奇偶校验信息和相对应的数据分别存储于不同的磁盘上。当 RAID-5 的一个磁盘数据发生损坏后，可以利用剩下的数据和相应的奇偶校验信息去恢复被损坏的数据。如图 5.36 所示。

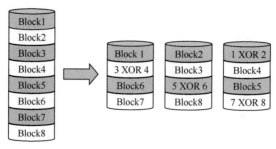

图 5.36　RAID-5 卷

RAID-5 卷有如下特性。

① 可以从 3~32 个磁盘内分别选择未分配空间来组成 RAID-5 卷,这些磁盘最好都是相同的制造商和相同的型号。

② 组成 RAID-5 卷的每个磁盘的容量大小是相同的。

③ RAID-5 卷的成员不包含系统卷和引导卷。

④ 系统将数据存储到 RAID-5 卷时,会将数据分成等量的 64KB。例如,如果是由 5 个磁盘组成的带区卷,则系统会将数据拆成每 4 个 64KB 为一组,每次将一组 4 个 64KB 的数据与其奇偶校验分别写入 5 个磁盘内,直到所有数据都写入到磁盘为止。奇偶校验并不保存在固定磁盘内,而是按顺序分布在每个磁盘内。

⑤ 当某一个磁盘发生故障时,系统可以利用奇偶校验,推算出故障磁盘内的数据,让系统能够继续读取 RAID-5 卷内的数据,即 RAID-5 卷具有容错功能。不过只有一个磁盘发生故障的情况下,RAID-5 卷才提供容错功能,如果同时有多个磁盘发生故障,系统将无法读取 RAID-5 卷内的数据。

⑥ RAID-5 卷的磁盘空间有效利用率为(n-1)/n,n 为磁盘的数目。例如,如果利用 5 个磁盘来创建 RAID-5 卷,则因为必须利用 1/5 的磁盘空间来存储奇偶校验信息,磁盘空间有效使用率仅为 4/5,因此每个 MB 的单元存储成本比镜像卷低。

⑦ RAID-5 卷一旦创建好后,就无法再被扩大,除非将其删除后再重建。

⑧ Windows Server 2012 的 RAID-5 卷被格式化为 NTFS 或 ReFS 格式。

(1)创建 RAID-5 卷。创建 RAID-5 卷的步骤如下。

下面利用图 5.37 中磁盘的 3 个未分配空间组成一个 RAID-5 卷的方式来说明如何创建 RAID-5 卷。虽然目前这 3 个卷的空间大小不同,不过可以在创建卷的过程中,从各磁盘选择相同的容量(以 7GB 为例)。

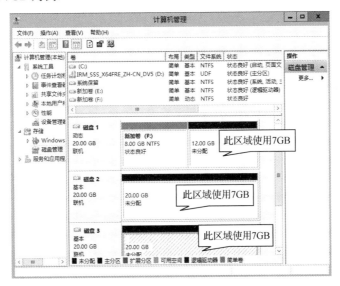

图 5.37 创建 RAID-5 卷

① 选中图 5.37 中磁盘 1 的"未分配"空间并单击鼠标右键,在弹出的快捷菜单中选择"RAID-5 卷"命令,打开"RAID-5 向导卷"对话框,右击动态磁盘的未分配空间,在弹出的快捷菜单中选择"新建卷"命令,打开"新建卷向导"对话框。

② 单击"下一步"按钮，弹出"选择磁盘"对话框，至少需要加入 3 块动态磁盘。如图 5.38 所示，分别从磁盘 1、2、3 选择 7168MB（7GB），不过因为需要用 1/3 的容量来保存奇偶校验信息，因此实际可以保存数据的有效容量为加入磁盘总容量 2/3 的容量。

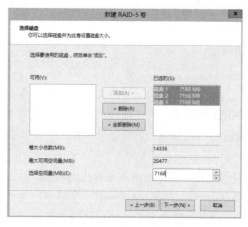

③ 单击"下一步"按钮，弹出"分配驱动器号和路径"对话框，为该 RAID-5 卷指派一个驱动器号。单击"下一步"按钮，弹出"卷区格式化"对话框，选择合适的文件系统和卷标。

④ 单击"下一步"按钮，单击"完成"按钮（后续的操作与前面新建卷类似）。

（2）修复 RAID-5 卷。使用 RAID-5 卷的过程中，如果三块硬盘中的任意一块硬盘损坏，都

图 5.38　选择新建 RAID-5 的磁盘

不会影响用户对整体数据的访问，可以对其进行修复。

对 RAID-5 卷的修复分为不更换原磁盘的修复和更换原磁盘的修复。

① 如果磁盘没有发生物理故障，则修复起来比较简单。首先确认发生故障的磁盘是否已经和计算机正确连接，然后打开磁盘管理窗口，在状态显示为"丢失"、"脱机"或"联机错误"的动态磁盘上右击，在弹出的快捷菜单中选择"重新激活磁盘"命令即可。

② 如果是磁盘出现物理故障，首先要更换一块相同型号的硬盘，并将该磁盘设置为动态磁盘；然后打开磁盘管理窗口，用鼠标在发生故障的 RAID-5 卷上右击，在弹出的快捷菜单中选择"修复卷"命令即可。打开"修复卷"对话框，系统会自动搜索找到一个新的硬盘来替代坏的那个硬盘，只需要单击"确定"按钮，系统就会自动去创建原来那个丢失的磁盘空间，同时自动恢复数据。

5.3.3　管理磁盘配额

1．工作任务

公司的顾客购买了一台新计算机，公司要你负责为客户安装操作系统和软件，完成系统初始化工作。

2．相关知识

Windows Server 2012 提供了磁盘配额功能以限制用户对磁盘空间的无限使用。系统管理员通过磁盘配额管理器，设置用户可以使用的磁盘空间数量。当用户对受保护的磁盘卷进行写入操作时，磁盘配额管理器会根据系统管理员设置的条件，监视用户的写入操作；如果发现用户接近或超过限额时，就会发出警告或者阻止该用户对卷的写入。

Windows Server 2012 的磁盘配额管理是基于用户和卷的，限额的磁盘是 Windows 卷，而不是各个物理硬盘。要在卷上启用磁盘配额，该卷的文件系统必须是 NTFS 格式。

磁盘配额具有如下特性。

- 磁盘配额针对单一用户来控制与追踪。
- 仅 NTFS 磁盘支持磁盘配额。
- 每一个磁盘配额是独立计算的，无论这些磁盘是否在同一块硬盘内。例如，如果第一个

硬盘被分割为 C 与 D 两个磁盘，则用户在磁盘 C 与 D 中分别可以有不同的磁盘配额。

- 系统管理员并不受磁盘配额的限制。

3．实施过程

步骤 1：启用磁盘配额

必须具备管理员的权限，才可以设置磁盘配额。

（1）在需要启用磁盘配额的卷上右击，在弹出的快捷菜单中选择"属性"命令，打开"卷的属性"对话框。

（2）选择"配额"选项卡，选中"启用配额管理"复选框，设置配额限制和警告等级，如图 5.39 所示。

图 5.39　"配额"选项卡

- 拒绝将磁盘空间分给超过配额限制的用户：当某个用户占用的磁盘空间达到了配额的限制时，就不能再使用新的磁盘空间，Windows 会提示用户"磁盘空间不足"。
- 不限制磁盘使用：管理员不限制用户对卷空间的使用，只是对用户的使用情况进行跟踪。
- 将磁盘空间限制为：可以输入限制用户使用的磁盘空间的数量和单位，这是所有用户的默认值。
- 将警告等级设为：当用户使用的磁盘空间超过警告等级时，系统会及时地给用户警告。警告等级的设置应该不大于磁盘配额的限制。
- 用户超出配额限制时记录事件：表示用户使用的磁盘空间超过配额限制时，系统会在本地计算机的日志文件中记录该事件。
- 用户超出警告等级时记录事件：表示用户使用的磁盘空间超过警告等级时，系统会在本地计算机的日志文件中记录该事件。

（3）设置完成后，单击"确定"按钮，系统扫描该卷，为使用该卷的用户创建磁盘配额项。如果有超出配额限制的用户，不会记录到日志中，只是在用户再次存储信息时拒绝其使用。

只有 Administrator 组的用户有权启用磁盘配额，而且 Administrator 组的用户不受磁盘配额的限制。磁盘配额限制的大小与卷本身的大小无关，例如，卷的大小是 2000MB，有 100 个用户要使用该卷，可以为每个用户设置磁盘配额为 100MB。

在卷上启用磁盘配额后，普通用户登录进入系统时，会看到该卷的大小是其被限制使用的空间的大小。

步骤 2：调整磁盘配额限制和警告等级

除了可以为所有用户指定默认的磁盘配额外，还可以单独为某个用户或用户组指定磁盘配额项，以满足某些用户的特定需求。

（1）在卷的"配额"选项卡中，单击"配额项"按钮，打开"新加卷的配额项"窗口，如图 5.40 所示。单击"配额"菜单，选择"新建配额项"命令。

（2）打开"新建配额项"选择用户（需要限制哪个用户）对话框，选定用户并单击"确定"按钮后，打开所选用户的"添加新配额项"对话框，如图 5.41 所示。设置对用户 lixiangyang 限制对磁盘 E 的使用空间为 60MB。

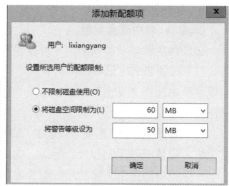

图 5.40　新加卷的配额项　　　　　　　　　图 5.41　用户的配额设置

（3）单击"确定"按钮，即完成对用户 lixiangyang 磁盘限制的使用，如图 5.42 所示。

图 5.42　设置好的用户配额

（4）通过图 5.42 所示的窗口，可以监控每位用户的磁盘配额使用情况，也可以通过它来单独设置/更改每个用户的磁盘配额。

步骤 3：删除磁盘配额项

某用户在服务器的卷上可能创建了很多文件，如果要求把该用户在该卷上的所有文件和文件夹全部移动到其他卷上，或者该用户辞职，要求删除该用户的所有文件时，可以使用删除该用户的磁盘配额项的方法来进行。

在图 5.42 所示的"新加卷的配额项"窗口中，选择"配额"菜单中的"删除配额项…"命令，将删除该用户的磁盘配额。

步骤 4：导入和导出磁盘配额项目

公司有两台文件服务器，其共享的 NTFS 卷要求实施相同的磁盘配额限制。这时管理员可以使用磁盘配额的导入/导出功能，将一个卷的配额项设置复制到另一个卷中。

（1）在图 5.42 所示的"新加卷的配额项"窗口中，选中要导出的配额项。然后打开"配置"菜单，选择"导出"命令。打开保存文件的对话框，可以将当前卷中选中的磁盘配额项设置保存在文件中。

（2）将保存的文件复制到另一台服务器上。打开要设置磁盘配额的卷的"配额项"窗口。

（3）在图 5.42 所示的"新加卷的配额项"窗口中，打开"配置"菜单，选择"导入"命令。在"打开"对话框中，找到刚才保存的文件，单击"打开"即可。

习题

一、填空题

1. 在 Windows Server 2012 服务器的磁盘管理中，将磁盘类型分为基本磁盘和_____。

2. 在 NTFS 卷上，可以通过_____管理来限制用户使用的磁盘空间大小。

二、选择题

1. 一个基本磁盘最多有（　　）个主分区。

    A．1　　　　　　　　B．2　　　　　　　　C．3　　　　　　　　D．4

2. 一个基本磁盘最多有（　　）个扩展区。

    A．1　　　　　　　　B．2　　　　　　　　C．3　　　　　　　　D．4

3. 以下所有动态磁盘卷类型中，运行速度最快的卷是（　　）。

    A．简单卷　　　　　B．带区卷　　　　　C．镜像卷　　　　　D．RAID-5 卷

4. 基本磁盘管理中，扩展分区不能用一个具体的驱动器盘符表示，必须在其中划分（　　）之后才可以使用。

    A．主分区　　　　　B．格式化　　　　　C．逻辑驱动器　　　D．卷

5. 要启用磁盘配额管理，Windows Server 2012 系统中的驱动器必须使用（　　）文件系统。

    A．FAT16 或 FAT32　　　　　　　　　　B．只使用 FAT32

    C．NTFS 或 FAT32　　　　　　　　　　D．只使用 NTFS

三、思考题

1. 基本磁盘和动态磁盘有哪些区别？

2. 为什么带区卷比跨区卷能提供更好的性能？

3. 什么是磁盘配额？

四、实训题

1. 在动态磁盘上创建带区卷。

2. 对磁盘"D:"做磁盘配额操作，所有用户默认的磁盘配额限制为 50MB，其中设置用户 user1 的磁盘配额空间为 100MB。

项目 *6*

文件系统与共享资源管理

6.1　项目内容

1．项目目的

当用户对磁盘内的文件和文件夹拥有适当的权限后，才可以访问这些资源。通过对 Windows Server 2012 文件系统的管理，理解 NTFS 和 FAT32 文件系统的区别，理解文件和文件夹权限与共享权限的区别，掌握使用 NTFS 控制资源访问的方法与设置共享资源和访问共享资源的方法。

2．项目任务

有一家小型公司，组建了单位的局域网，采用了 Windows Server 2012 R2 操作系统，现需要根据公司人员身份的不同创建不同的用户账户，这些账户根据身份不同可使用的计算机资源不同，可访问的文件及文件夹的权限也不同。

3．任务目标

（1）了解文件系统的基本概念。

（2）掌握 NTFS 文件系统的权限设置。

（3）掌握 NTFS 文件系统的压缩和加密文件的方法。

（4）掌握创建共享资源及访问共享资源的方法。

6.2　相关知识

6.2.1　FAT、FAT16、FAT32 文件系统

文件系统是对文件存储设备的空间进行组织和分配，负责文件存储并对存入的文件进行保护和检索的系统。具体地说，它负责为用户建立文件，存入、读出、修改、转储文件，控制文件的存取，当用户不再使用时撤销文件等。FAT、FAT32、NTFS 是目前 Windows 系统中最常见的 3 文件系统。

FAT（File Allocation Table）是"文件分配表"的意思，用来记录文件所在位置的表格。FAT 文件系统最初用于小型磁盘和简单文件结构的简单文件系统。尽管有多种格式的 FAT，但 FAT16 和 FAT32 是常见的两种文件系统。

FAT16 使用 16 位空间来表示每个扇区配置文件的情形，在 DOS 和 Windows 系统中，磁盘文件的分配是以簇为单位的。所谓簇就是磁盘空间的配置单位，就像图书馆内一格格的书架一样。每个要存到磁盘的文件都必须配置足够数量的簇，才能存放到磁盘中。FAT16 最大

可以管理大到 2GB 的分区，但每个分区最多只能有 65 525 个簇。

一个簇只能分配给一个文件使用，不管这个文件占用整个簇容量的多少。而且每簇的大小由硬盘分区的大小来决定，分区越大簇就越大。例如 1GB 的硬盘若只分一个区，那么簇的大小是 32KB，即使一个文件只有 1 字节长，存储时也要占 32KB 的硬盘空间，剩余的空间便全部闲置。这就导致磁盘空间的极大浪费。因此 FAT16 支持的分区越大，磁盘上每个簇的容量也越大，造成的浪费也越大。

FAT32 使用 32 位空间来表示每个扇区配置文件的情形。随着大容量硬盘的出现，从 Windows 98 开始，FAT32 开始流行。它是 FAT16 的增强版本，可以支持磁盘大小达到 2TB。而且 FAT32 还具有一个最大的优点：在一个不超过 8GB 的分区中，FAT32 分区格式的每个簇容量都固定为 4KB，与 FAT16 的 32KB 相比，可以大大减少磁盘空间的浪费，提高磁盘空间利用率。但是这种分区也有它的缺点：首先采用 FAT32 格式分区的磁盘，由于文件分配表的扩大，运行速度比采用 FAT16 格式分区的硬盘要慢。

6.2.2 NTFS 文件系统及 NTFS 权限

1. NTFS 文件系统

NTFS（New Technology File System）文件系统是一个基于安全性的文件系统，它是建立在保护文件和目录数据的基础上，同时照顾节省存储资源、减少磁盘占用量的一种先进的文件系统。

NTFS 的特点主要如下。

（1）可以支持的分区容量可以达到 2TB。如果是 FAT32 文件系统，支持分区的容量最大为 32GB；

（2）是一个可恢复的文件系统。NTFS 通过使用标准的事物处理日志和恢复技术来保证分区的一致性；

（3）支持对分区、文件夹和文件的压缩；

（4）采用了更小的簇，可以更有效地管理磁盘空间；

（5）在 NTFS 分区上，可以为共享资源、文件夹及文件设置访问许可权限；

（6）在 Windows Server 2012 R2 的 NTFS 文件系统下可以进行磁盘配额管理；

（7）使用一个"变更"日志来跟踪记录文件所发生的变更。

FAT32 文件系统只能设置共享方式的访问权限，而没有文件和文件夹的访问权限。NTFS 文件系统拥有更高的安全性，不仅可以设置共享方式的访问权限，还可以设置文件和文件夹的访问权限，因此应该优先选用 NTFS 文件系统。

2. NTFS 权限类型

利用 NTFS 权限，系统管理员或文件拥有者可以指定特定用户和组访问某个文件或文件夹的权限，以此来允许或禁止用户和组对文件或文件夹的操作，实现对数据资源的保护。

在 NTFS 文件系统中，每个文件和文件夹都建立了一个访问控制列表（ACL），其中列出了不同用户和组对该文件或文件夹所拥有的访问权限。当用户访问该资源时，系统首先查看 ACL，检查用户是否有足够的权限完成他所请求的操作。

只有在 NTFS 格式的磁盘上才可以设置 NTFS 权限，而在 FAT16 和 FAT32 格式的磁盘上不能使用 NTFS 权限。

　　NTFS 权限可以针对所有的文件、文件夹、注册表键值、打印机和动态目录对象进行权限的设置。在 NT4.0（Windows NT 使用）许可中包括的内容有完全控制、修改、读并且执行、读和写，称之为普通权限。

　　（1）文件夹的 NTFS 权限。选择一个文件夹，右击并在弹出的快捷菜单中选择"属性"命令，在弹出的"文件夹属性"对话框中选择"安全"选项卡，如图 6.1 所示。

- 完全控制：用户可以修改、增加、移动或者删除文件及其属性和目录。用户能够修改所有文件和子目录的权限设置。
- 修改：用户可以查看并修改文件或者文件属性，包括在目录下增加或删除文件，以及修改文件属性。
- 读取和执行：用户可以运行可执行文件，包括脚本。
- 列出文件夹内容：可以浏览文件夹与其子文件夹的目录内容，但不具有在该文件夹内建立子文件夹的权利。
- 读取：用户可以查看文件和文件属性。
- 写入：用户可以对一个文件进行写操作。

　　在新的 NTFS 中，微软对这些权限进行了升级，在普通权限的基础上进行了加强，称之为特殊权限。例如，在特殊 NTFS 权限中把标准权限中的"读取"权限分为"读取数据"、"读取属性"、"读取扩展属性"和"读取权限" 4 种更加具体的权限。在图 6.1 所示的对话框中单击"高级"按钮，然后在弹出的"高级安全设置"对话框中选择一个用户账户并单击"编辑"按钮，即可设置特殊的 NTFS 权限，如图 6.2 所示。

图 6.1　"文件夹属性"对话框　　　　　　　　　　图 6.2　特殊权限选择

　　下面就来介绍这些特殊 NTFS 权限的功能。

- 遍历文件夹/执行文件："遍历文件夹"可以让用户即使在无权访问某个文件夹的情况下，仍然可以切换到该文件夹内。这个权限设置只适用于文件夹，不适用于文件。这个权限只有当用户在"本地计算机策略"或在"组策略"中没有被赋予"绕过遍历检查"权限时，对文件夹的遍历才会生效。默认情况下，Everyone 组具有"绕过遍历检查"的用户权限，所以此处的"遍历文件夹"权限设置不起作用。"执行文件"让用户可以运行程序文件，该权限设置只适用于文件，不适用于文件夹。
- 列出文件夹/读取数据："列出文件夹"让用户可以查看该文件夹内的文件名称与子文件夹的名称；"读取数据"让用户可以查看文件内的的数据。

- 读取属性：该权限让用户可以查看文件夹或文件的属性，如只读、隐藏等属性。
- 读取扩展属性：该权限让用户可以查看文件夹或文件的扩展属性。扩展属性是由应用程序自行定义的，不同的应用程序可能有不同的设置。
- 创建文件/写入数据："创建文件"让用户可以在文件夹内创建文件；"写入数据"让用户能够更改文件内的数据。
- 创建文件夹/附加数据："创建文件夹"让用户可以在文件夹内创建子文件夹；"附加数据"让用户可以在文件的后面添加数据，但是无法更改、删除、覆盖原有的数据。
- 写入属性：该权限让用户可以更改文件夹或文件的属性，如只读、隐藏等属性。
- 写入扩展属性：该权限让用户可以更改文件夹或文件的扩展属性。扩展属性是由应用程序自行定义的，不同的应用程序可能有不同的设置。
- 删除子文件夹及文件：该权限让用户可以删除该文件夹内的子文件夹与文件，即使用户对这个子文件夹或文件没有"删除"的权限，也可以将其删除。
- 删除：该权限让用户可以删除该文件夹与文件。即使用户对该文件夹或文件没有"删除"的权限，但是只要他对其父文件夹具有"删除子文件夹及文件"的权限，他还是可以删除该文件夹或文件的。
- 读取权限：该权限让用户可以读取文件夹或文件的权限设置。
- 更改权限：该权限让用户可以更改文件夹或文件的权限设置。
- 取得所有权：该权限让用户可以夺取文件夹或文件的所有权。文件夹或文件的所有者，不论对该文件夹或文件权限是什么，永远具有更改该文件夹或文件权限的能力。

图 6.3　文件 NTFS 权限

（2）文件的 NTFS 权限。应用在文件上的 NTFS 权限来控制用户对文件的访问，如图 6.3 所示。下面列出了文件所具有的 NTFS 权限类型。

- 读取：允许查看文件内容、所有者、属性和权限。
- 写入：改写文件、更改文件属性及查看所有权和权限。
- 读取和执行：具有"读取"权限，并可以运行应用程序。
- 修改：包括"写入"及"读取和执行"权限，允许修改、删除文件。
- 完全控制：运行全部的权限，可以获得文件的所有权。

3．NTFS 权限的设置

NTFS 权限设置就是指定特定用户和组对某个文件或文件夹的访问权限。只有文件或文件夹的所有者、系统管理员或者具有"完全控制"权限的用户才可以设置文件或文件夹的 NTFS 权限。

（1）分配文件权限。给用户分配文件权限的步骤：鼠标右键单击要设权限的文件，在弹出的快捷菜单中选择"属性"命令，在弹出的对话框中选择"安全"标签，如图 6.3 所示。灰色对勾表示 SYSTEM 已经拥有的权限。将权限赋予其他用户的步骤：单击如图 6.3 所以对话框中的"编辑"按钮，在随后出现的对话框中单击"添加"按钮，打开"选择用户或组"对话框，如图 6.4 所示。单击图 6.4 中的"位置"按钮选择用户账户的来源，通过"高级"→

"立即查找"→从列表中选择用户账户或组，来选择用户账户。如图 6.5 所示是完成设置后的界面，本地用户"lujw"的默认权限是"读取和执行"与"读取"权限。如果要修改权限，只需勾选图 6.5 中权限右方的"允许"或"拒绝"复选框即可。

（2）分配文件夹权限。给用户分配文件夹权限的步骤：鼠标右键单击要设权限的文件夹，在弹出的快捷菜单中选择"属性"命令，在弹出的对话框中选择"安全"标签。之后的步骤和分配文件的步骤雷同。

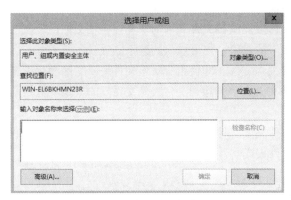

图 6.4　添加用户对话框

图 6.5　文件权限分配

注意：首先，只有 Administrators 组内的成员、文件/文件夹的所有者、具备完全控制权限的用户，才有权限为其他用户来分配这个文件/文件夹的权限。

其次，文件/文件夹从父项继承来的权限，不能直接将其灰色对勾删除，仅仅可以增加勾选。如果要修改继承权限，则需先删除继承。删除继承的步骤：单击图 6.1 中的"高级"按钮，单击随后打开的对话框的左下方底部的"禁用继承"按钮，即可断开文件夹的继承；单击图 6.3 中的"高级"按钮，单击随后打开的对话框的左下方底部的"禁用继承"按钮，即可断开文件的继承。

4．对象的所有权

Windows 中任何一个对象都有所有者，所有者与其他权限是彻底分开的。对象的所有者拥有一项特殊的能力——更改对象的权限设置。

在默认情况下，创建文件和文件夹的用户是该文件和文件夹的所有者，拥有对象的所有权。除了用户自行新建的对象外，Windows Server 2012 R2 中其他对象的所有者都是本地 Administrators 组的成员。

Administrators 组的成员可以取得系统中任意对象的所有权，这是操作系统为了管理的需要，而给予管理员组成员的特权。

5．NTFS 权限的规则

NTFS 权限设置是一项复杂而细致的工作。用户账户可能属于多个组，每个组可能对同一对象有不同权限；用户对父文件夹和子文件夹的权限要求可能不尽相同；用户可能通过其他途径得到他不应该拥有的权限。网络中 70%的安全问题都是因为管理员操作不当造成的。下面是 NTFS 权限的几个重要规则，在设置权限时，一定要全面考虑，注意用户最终的有效权限是什么，避免由于不恰当设置造成安全隐患。

（1）NTFS 权限的继承规则。

① 子文件夹和文件默认继承父文件夹的权限。

② 用户继承其所属组的权限，并且这种权限是累加的。

（2）文件权限优先于文件夹权限规则。虽然文件总是位于文件夹内，但是文件的 NTFS 权限设置优先级要高于文件夹的 NTFS 权限设置。如果在文件夹中的某文件上设置了用户有访问的权限，即使用户对文件夹没有访问的权限，用户也可以使用文件的物理路径来直接访问该文件。

（3）拒绝权限优先于允许权限规则。出于安全考虑，NTFS 权限规定拒绝权限优先于允许权限。例如，对于用户"Xiaosbygl1"，是"Everyone"组的成员，具有"读"的权限，但他同时是"Temp"组的成员，还有"拒绝"的权限，那么"拒绝"权限的优先级最高。

（4）NTFS 权限的应用规则。

① 同级权限的组合（权限是有累加性的）。当一个用户属于多个用户组时，而且该用户与这些组分别对某个文件（或文件夹）拥有不同的权限设置时，则该用户对这个文件的最后有效权限是所有权限来源的总和。例如，若用户 UserA 同时属于销售部和经理部（两个不同的组），销售部对 FileA 文件的权限是"读取"，经理部对 FileA 文件的权限是"读取和执行"，UserA 本人对 FileA 文件的权限是"写入"，则用户 UserA 最后对 FileA 文件的有效权限为这 3 个权限的总和，即"写入+读取+执行"。

同级权限的组合原则：同级权限的组合取最大权限，但拒绝权限优先级最高。

② 不同级权限的组合。当用户通过共享方式访问另一台计算机上的资源时，可能会出现既有文件和文件夹权限设置，同时又有共享权限设置的情况，这时的原则是：不同级权限的组合取最小权限。

由此可以得出结论：同级权限的组合取最大权限，不同级权限的组合取最小权限，拒绝权限优先级最高。

（5）移动和复制操作对权限操作的影响。

① 在同一个分区内移动文件或文件夹时，此文件或文件夹会保留在原位置的一切 NTFS 权限；在不同的 NTFS 分区之间移动文件或文件夹时，文件或文件夹会继承目的分区中文件夹的权限。

② 在同一个分区内复制文件或文件夹时，文件或文件夹会继承目的位置中的文件夹的 NTFS 权限；在不同的 NTFS 分区之间复制文件或文件夹时，文件或文件夹将继承目的位置中文件夹的权限。

③ 从 NTFS 分区向 FAT 分区中复制或移动文件和文件夹，都将导致文件和文件夹的权限丢失。

6．NTFS 压缩

将文件压缩后可以减少它们占用的磁盘空间。系统支持 NTFS 压缩和压缩（Zipped）文件夹两种不同的压缩方法。其中 NTFS 压缩仅 NTFS 磁盘支持。

将 NTFS 磁盘内的文件压缩的步骤：右击要压缩的文件→选择"属性"命令，打开"属性"对话框→单击"高级"按钮→勾选"压缩内容以便节省磁盘空间"复选框，如图 6.6 所示。

将 NTFS 磁盘内的文件夹压缩的步骤：右击要压缩的文件夹→选择"属性"命令，打开"属性"对话框→单击"高级"按钮→勾选"压缩内容以便节省磁盘空间"复选框→单击"确定"按钮→单击"应用"按钮，打开如图 6.7 所示对话框。

- 仅将更改应用于此文件夹：以后在此文件夹内添加的文件、子文件夹与子文件夹内的文件都会被自动压缩，但不会影响到此文件夹内现有的文件与文件夹。

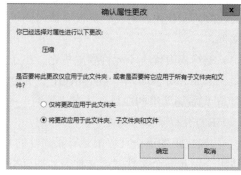

图 6.6　文件压缩　　　　　　　　　　　　　　　图 6.7　文件夹压缩

- 将更改应用于此文件夹、子文件夹和文件：不但以后在此文件夹内添加的文件、子文件夹与子文件夹内的文件都会被自动压缩，同时会将已经存在于此文件夹内的现有文件、子文件夹与子文件夹内的文件一起压缩。

也可以针对整个磁盘进行压缩：右键单击需压缩的磁盘→选择"属性"命令→选择"压缩此驱动器以节约磁盘空间"选项。

当用户或应用程序要读取压缩文件时，系统会将文件由磁盘内读出、自动将压缩后的内容提供给用户或应用程序使用，然而存储在磁盘内的文件仍然处于压缩状态。当用户或应用程序要将文件写入磁盘时，它们也会被自动压缩后再写入磁盘内。这些操作都是自动完成的。

系统默认会以蓝色来显示被压缩的磁盘、文件夹和文件。已加密的文件与文件夹无法压缩。

7. NTFS 加密文件系统

加密文件系统（Encrypting File System，EFS）提供文件加密的功能，文件经过加密后，只有当初将其加密的用户或被授权的用户才能够读取，因此可以提高文件的安全性。只有 NTFS 磁盘内的文件、文件夹才可以被加密，如果将文件复制或移动到非 NTFS 磁盘内，则此新文件会被解密。

文件压缩与加密无法并存。如果要加密已压缩的文件，则该文件会自动被解压缩。如果要压缩已经加密的文件，则该文件会自动被解密。

加密的操作步骤与压缩类似。

6.2.3　Windows Server 2012 R2 资源共享

在网络环境中，管理员和用户除了可以使用本地资源外，还可以使用其他计算机上的资源。在资源使用的过程中，对于用户来说，不需要知道资源的位置；而对于共享资源来说，也不需要知道用户的位置，双方都是透明的，用户只要了解到网络中有自己所需要的资源，并且有资源的使用权限，就可以使用该资源。从这个意义上来说，同一个资源可以被多个用户使用，因此称为"资源共享"。

利用共享文件夹来进行共享的资源主要是指计算机的软件资源。计算机的软件资源是指程序和数据，在网络中表现为文件夹和文件。软件资源的共享实质上是文件和文件夹的共享。

位于 NTFS、FAT32、FAT 或 exFAT 磁盘内的文件夹，都可以被设置为共享文件夹，然后通过共享权限来设置网络用户的访问权限。

1. 共享权限

网络用户必须拥有适当的共享权限才可以访问共享文件夹。共享权限只有三种：读取、更改和完全控制。

- 读取权限：读取权限是指派给 Everyone 组的默认权限。可以查看文件名和子文件夹名；查看文件中的数据；运行程序文件。
- 更改权限：更改权限不是任何组的默认权限。更改权限除允许所有的读取权限外，还增加添加文件和子文件夹、更改文件中的数据、删除子文件夹和文件等权限。
- 完全控制权限：完全控制权限是指派给本机上的 Administrators 组的默认权限。完全控制权限除允许全部读取权限外，还具有更改权限。

2. 共享文件夹的访问权限

（1）复制和移动对共享权限的影响。

当共享文件夹被复制到另一位置后，原文件夹的共享状态不会受到影响，复制产生的新文件夹不会具备原有的共享设置。

当共享文件夹被移动到另一位置后，原文件夹将失去原有的共享设置。

（2）共享权限和 NTFS 权限。

共享权限仅对网络访问有效，当用户从本机访问一个文件夹时，共享权限完全派不上用场。NTFS 权限对网络访问和本地访问都有效，但是要求文件或文件夹必须在 NTFS 分区上，否则无法设置 NTFS 权限。

当一个共享文件夹设置了共享权限和 NTFS 权限后，就要受到两种权限的控制：如果希望用户能够完全控制共享文件夹，首先要在共享权限中添加此用户（组），并设置完全控制的权限，然后在 NTFS 权限设置中添加此用户（组），并设置完全控制权限。只有两个地方都设置了完全控制权限，才能最终拥有完全控制权限。

当用户从网络访问一个存储在 NTFS 文件系统上的共享文件夹时会受到两种权限的约束，而有效权限是最严格的权限（也就是两种权限的交集）。而当用户从本地计算机直接访问文件夹的时侯，不受共享权限的约束，只受 NTFS 权限的约束。

例如，若用户 UserA 对共享文件夹 C:\FileA 的有效共享权限是"读取"，用户 UserA 对此文件夹的有效 NTFS 权限是"完全控制"，则用户 UserA 对文件夹 C:\FileA 的最后有效共享权限是两者中最严格的"读取"权限。

3. 新建共享文件夹

在 Windows Server 2012 R2 中，并非所有用户都可以设置文件夹共享。首先，具备文件夹共享的用户必须是 Administrators、Server Operators、Power Users 等内置组的成员；其次，如果该文件夹位于 NTFS 分区，该用户必须对被设置的文件夹具备"读取"的 NTFS 权限。所以要新建共享文件夹，需用 Administrator 的身份或 Administrators 组成员的身份登录系统。

新建共享文件夹的步骤如下。

步骤 1：鼠标右键单击需要共享的文件夹→"共享"→"特定用户"。

步骤 2：如图 6.8 所示，单击向下箭头选择要共享的用户或组（此处选择用户"lujw"），单击"添加"按钮，则被选择的用户或组被添加到共享用户或组列表中，被选择的用户"lujw"的默认共享权限为"读取"。如果要更改，单击用户右边的向下箭头，然后从显示的列表中进行选择，完成后单击"共享"按钮。

图6.8　新建共享文件夹

步骤3：如果此计算机的网络位置为"公用网络"，则出现图6.9所示对话框。选择是否要在所有公用网络启用网络发现和文件共享，如果选择"否"，则此计算机的网络位置被更改为"专用网络"。

步骤4：出现"你的文件夹已共享"界面时，单击"完成"按钮。

4．停止共享

如果要停止将文件夹共享，只需鼠标右键单击要停止的共享文件夹（已被共享的文件夹）→选择"共享"→"停止共享"→"停止共享"命令即可。

5．添加共享名

每个共享文件夹都有共享名，网络上的用户通过共享名来访问共享文件夹内的文件，共享名默认即是文件夹名称。添加共享名的步骤：鼠标右键单击"作业"文件夹→选择"属性"命令→单击"共享"选项卡→单击"高级共享"按钮。如图6.10所示，单击"添加"按钮，在"共享名"下的文本框中输入网络上用户使用的共享名"共享作业"后，单击"确定"按钮。

6．隐藏共享文件夹

如果共享文件夹有特殊使用目的，不想让用户在网络上浏览到它，只要在图6.10中的共享名后加上"$"符号，如"共享作业$"，则将"共享作业"这个共享文件夹隐藏。

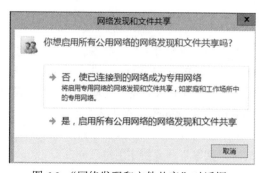

图6.9　"网络发现和文件共享"对话框

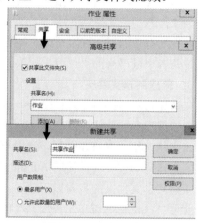

图6.10　添加共享名

6.3 方案设计

1. 设计

为了完成项目任务，设计一个小型网络，拥有 3 台计算机，这 3 台计算机组成一个基于工作组的小型网络，现在需要对这些计算机进行配置，应满足下列要求。

（1）公司内有 5 位员工，需要使用这些计算机，每位用户的部门、用户账户初始密码等信息见表 6.1 所示。

表 6.1　用户账户

部　　门	用户账户名称	用户全名	描　　述	初始密码
销售部	Xiaosbjl	张三	销售部经理	Xiaosbjl
销售部	Xiaosbyg1	李四	销售部员工	Xiaosbyg1
财务部	Caiwbjl	王五	财务部经理	Caiwbjl
财务部	Caiwbyg1	马六	财务部员工	Caiwbyg1
销售部	Xiaosbygl1	赵七	销售部员工（临时）	Xiaosbygl1

（2）销售部有一台计算机，由销售部的 3 位员工共用，财务部有两台计算机，由财务部的两位员工各自使用。每台计算机都有本部门的共享目录，设置合适的目录访问权限，见表 6.2 所示。

表 6.2　共享资源的权限分配

计算机	使用人	文件夹名	共享目录名	文件夹权限	共享权限
销售部 1	销售部全体员工	xiaoswd	xswd		全体员工拥有读写权限
		Xiaosht		销售部经理拥有读写权限，其他员工不可访问	不共享
财务部 1	王五	Cwwd1	Cwwd1		财务部员工拥有读权限
财务部 2	马六	Cwwd2	Cwwd2		财务部员工拥有读写权限；销售部员工拥有读权限
		Cwwd3	Cwwd3		部门经理拥有完全权限；全体员工拥有读权限；临时工没有任何权限

（3）根据以上要求，本项目实施的网络拓扑结构如图 6.11 所示。

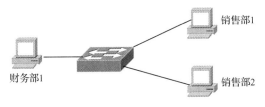

图 6.11　网络拓扑图

2．材料清单

为了搭建图 6.11 所示的网络环境，需要如下设备：

（1）PC 3 台，安装有 Windows Server 2012 R2 操作系统，作为独立服务器，每台计算机的磁盘中有 NTFS 和 FAT32 文件系统的分区；

（2）交换机 1 台；

（3）网络直通线 3 条。

6.4　项目实施

步骤 1：硬件安装

按照图 6.11 所示用 3 条网络直通线将 3 台计算机连接到交换机上，检查网卡和交换机的指示灯的连接状态，判断网络是否连通。

步骤 2：TCP/IP 配置

（1）配置财务部 1 的 IP 地址为 192.168.1.10，子网掩码为 255.255.255.0；配置财务部 2 的 IP 地址为 192.168.1.20，子网掩码为 255.255.255.0；配置销售部 1 的 IP 地址为 192.168.1.30，子网掩码为 255.255.255.0。

（2）财务部 1、财务部 2 和销售部 1 之间通过 ping 命令检查网络的连通性。

步骤 3：更改计算机名

为组内的 3 台计算机分别设置计算机名称：销售部 1、财务部 1、财务部 2。

（1）右击"这台电脑"，在弹出的快捷菜单中选择"属性"命令，打开"系统"窗口单击"高级系统设置"选项，打开"系统属性"对话框。

（2）单击"计算机名"选项卡下的"更改"按钮，打开"计算机名/域更改"对话框，如图 6.12 所示。在"计算机名"文本框中输入计算机名称，如"销售部 1"。

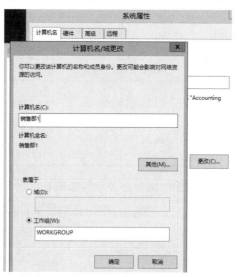

图 6.12　"计算机名/域更改"对话框

（3）单击"确定"按钮，返回到"系统属性"对话框，再次单击"确定"按钮，系统会要求重新启动，这样设置才能生效。

步骤 4：创建本地用户账户

以创建用户账户 Xiaosbjl 为例来介绍创建的过程。

（1）以"Administrator"身份登录。建立本地账户可以用"计算机管理"中的"本地用户和组"管理单元来创建本地用户账户，而且必须拥有管理员权限。

（2）选择"服务器管理器→工具→计算机管理"选项，弹出"计算机管理"窗口，依次展开"系统工具→本地用户和组→用户"。

（3）右击"用户"，从弹出的快捷菜单中选择"新用户"命令，弹出"新用户"对话框，输入用户名、全名、描述和密码。为了避免在输入时被他人看到密码，因此在对话框中的密码只会以星号（*）显示。需要再次输入密码来确认所输入的密码是否正确。

（4）设置完成后，单击"创建"按钮新增用户账户。创建完用户后，单击"关闭"按钮返回"计算机管理"窗口。

按照表 6.3 的要求分别在 3 台计算机上创建新用户，同一员工可能需要在不只一台计算机上创建用户。

表 6.3　用户的创建

计算机名	使用者	远程访问者	需要的用户
销售部 1	销售部共用	全体员工	张三、李四、王五、马六、赵七
财务部 1	王五	财务部员工	王五、马六
财务部 2	马六	全体员工	张三、李四、王五、马六、赵七

（5）设置用户账户的属性。打开"服务器管理器→工具→计算机管理→系统工具→本地用户和组→用户"窗口，双击一个用户（右击一个用户并选择"属性"命令），弹出"用户属性"对话框，如图 6.13 所示。

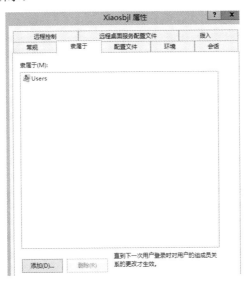

图 6.13　"账户属性"对话框

① 常规"选项卡。可以设置与账户有关的一些描述信息，如全名、描述、账户选项等。

②　"隶属于"选项卡。选择"隶属于"选项卡，打开"隶属于"选项对话框，可以设置将该账户加入到其他的本地组中。单击"添加"按钮，弹出"选择组"对话框，用户可以直接输入组的名称，如管理员组的名称"Administerators"。输入组名称后，如需要检查名称是否正确，则单击"检查名称"按钮。

如果不希望手动输入组名称，也可以选择单击"高级"按钮，再单击"立即查找"按钮，从列表中选择一个或多个组。

步骤 5：创建组账户

通常情况下，系统默认的用户组已经能够满足需要，但有时不能满足特殊安全和灵活性的需要，管理员需要新增一些组。这些组创建以后，就可以像内置组一样，赋予其权限和进行组成员的增加。

以在计算机销售部 1 上创建组 Sales 为例来介绍组的创建和用户的加入。

（1）选择"服务器管理器→工具→计算机管理"选项，弹出"计算机管理"窗口，依次展开"系统工具→本地用户和组→组"，在"计算机管理"窗口右侧列出已经存在的本地组。

（2）右击"组"，在弹出的快捷菜单中选择"新建组"命令，弹出"新建组"对话框。在"组名"框中输入新组的名称如 Sales，在"描述"框中输入新组的说明，如销售部所有员工，如图 6.14 所示。

（3）若要向新组添加一个或多个成员，则在"新建组"对话框中单击"添加"按纽，弹出"选择用户"对话框。

（4）如果不希望手动输入用户账户名称，可以单击"高级"按钮。在随后的对话框中再单击"立即查找"按钮，系统会自动搜索在"查找位置"中的所有用户，选择用户"Xiaosbjl"，单击"确定"按钮。返回"新建组"对话框，刚才添加的用户账户已经添加到了成员栏中，如图 6.15 所示

图 6.14　新建组

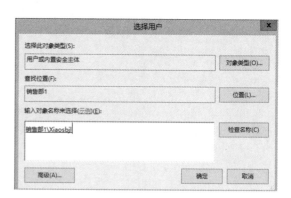

图 6.15　将用户加入组

（5）单击"创建"和"关闭"按钮，即可完成创建。

按照表 6.4 的要求分别在 3 台计算机上创建组，并将用户加入到组中。每台计算机上的组是各自独立的，只能将本地计算机上的用户加入其中。

表6.4 组的创建

计算机名	组 名	成 员
销售部1	Sales	销售部全体员工
财务部1	Sales	销售部全体员工
	Financial	财务部全体员工
财务部2	Manager	各部门经理
	Tempemp	临时工，赵七

步骤6：设置文件夹权限

对于重要的资源应该设置访问权限。例如，在计算机"销售部 1"上，该计算机可以由销售部的所有员工共用，文件夹"xsht"只能由销售部经理访问，其他员工即使从本机登录也不能访问。为实现该目的，需要按如下步骤操作。

（1）以管理员身份登录，在"资源管理器"中，在 E 盘上创建 xsht 文件夹，选择该文件夹并右击，在弹出的快捷菜单中选择"属性"命令，打开"xsht 属性"对话框，单击"安全"选项卡（如果该文件夹在 FAT32 文件系统中，则没有"安全"选项卡，无法继续），如图 6.16所示。

（2）单击"高级"按钮，打开"xsht 的高级安全设置"对话框，单击"添加"按钮，如图 6.17 所示，打开"xsht 的权限项目"对话框。单击"选择主体"选项，打开"选择用户或组"对话框，选择用户"Xiaosbjl"。单击"确定"按钮，再次单击"确定"按钮，返回文件夹"xsht 的权限项目"对话框，则主体为"Xiaosbjl（销售部 1\Xiaosbjl）"，设置"Xiaosjl"的权限为"完全控制"，如图 6.18 所示。依次单击"确定"、"应用"、"确定"按钮。则用户"Xiaosbjl"对 E 盘上的 xsht 文件夹具有"完全控制"权限设置完成，如图 6.19 所示。

图 6.16 "xsht"属性对话框

图 6.17 "xsht 的权限项目"设置对话框

（3）为防止其他用户的访问，必须删除"Users"组的权限。Users 组是一个内置组，所有新建的用户都将自动成为该组的成员，因此，其他用户将可以通过 Users 组的授权而访问"xsht"文件夹。该组的权限是通过继承而来的，因此从"组或用户名称"列表中删除"Users"

之前，必须先取消该目录的继承权限选项。

图 6.18　Xiaosbjl 用户权限设置　　　　　　图 6.19　账户 Xiaosbjl 权限

（4）权限设置完成，注销当前用户，分别以"Xiaosbjl"、"Xiaosbyg1"身份登录，可以发现前者有权访问"xsht"文件夹，而后者无法访问。

步骤 7：设置共享权限

用户若希望服务器上的程序和数据能被网络上的其他用户所使用，则必须创建共享文件夹。在"这台电脑"和"文件资源管理器"窗口中，用户可随时创建共享文件夹。

（1）利用"共享文件夹向导"创建共享文件夹。在 Windows Server 2012 R2 中，可以通过"共享文件夹向导"设置共享文件夹。

① 执行"服务器管理器→工具→计算机管理"命令。弹出"计算机管理"窗口，展开"共享文件夹"，在窗口的右边显示出了计算机中所有共享文件夹的信息。右击"共享"选项，在弹出的快捷菜单中选择"新建文件共享"命令，弹出"共享文件夹向导"对话框。单击"下一步"按钮，输入要共享的文件夹路径。

② 单击"下一步"按钮，弹出"名称、描述和设置"对话框，设置共享名和描述。

③ 单击"下一步"按钮，弹出"权限"对话框，用户可以根据自己的需要设置网络用户的访问权限。或者选择"自定义"来定义网络用户的访问权限。

④ 单击"完成"按钮完成共享文件夹的设置。

（2）在"这台电脑"或"文件资源管理器"中创建共享文件夹。

下面以计算机"销售部 1"中的"xswd"文件夹为例，介绍设置共享的操作步骤。

① 以管理员身份登录，在"文件资源管理器"中，在 E 盘创建 xswd 文件夹，选择该文件夹并右击，在弹出的快捷菜单中选择"属性"命令，打开"xswd 属性"对话框，单击"共享"选项卡，如图 6.20 所示。单击"高级共享"按钮，打开"高级共享"对话框，如图 6.21所示，勾选"共享此文件夹"选项，可以进行如下的设置。

- 共享名：可以将"共享名"设置为希望的共享名称，共享名默认为文件夹名，即为 xswd，并在"注释"部分为该共享文件夹进行简单的说明。
- 将同时共享的用户数限制为根据需要可以选择"允许的用户数量"单选按钮，并在其前设置具体数值加以限制。

② 单击图 6.21 中"权限"按钮,打开"xswd 的权限"对话框,如图 6.22 所示。Everyone 的权限默认只有读取权限。单击"添加"按钮,可以设置该文件夹可以共享的用户及权限。

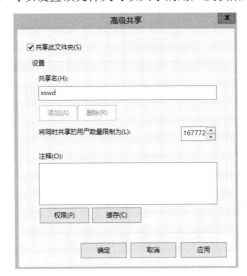

图 6.20 "xswd 属性"对话框中设置共享　　　　图 6.21 "高级共享"对话框

图 6.22 "xswd 的权根"对话框中设置共享权限

③ 以同样的方式在计算机"财务部 1"和"财务部 2"上设置共享文件夹,其共享权限见表 6.5 所示。

表 6.5 共享权限设置

计算机名	共享文件夹	用户或组	身　份	完全控制	更　改	读　取
销售部 1	xswd	Everyone	所有用户		允许	允许
财务部 1	Cwwd1	Everyone		从列表中删除		
		Financial	财务部			允许
财务部 2	Cwwd2	Everyone		从列表中删除		
		Financial	财务部		允许	允许
		Sales	销售部			允许

续表

计算机名	共享文件夹	用户或组	身　份	完全控制	更　改	读　取
财务部2	Cwwd3	Everyone	所有用户			允许
		Manager	部门经理	允许	允许	允许
		Tempemp	临时人员	拒绝	拒绝	允许

④ 设置完成后用不同的身份登录测试。

⑤ 管理共享文件夹。可以通过"计算机管理"工具来管理所有的共享。如图 6.23 显示了计算机"销售部1"上的所有共享的文件夹，其中前面几个是 Windows 默认设置的，共享名后的符号$将会隐藏共享，使该共享在"网上邻居"中不可见。从"会话"中可以监视当前哪些用户分别从哪些计算机访问共享；从"打开的文件"中可以监视当前哪些文件被哪个用户访问，以及访问的类型（读或写）。在"共享"中也可以新建共享，在"会话"中也可以中断正在进行中的共享连接，在"打开的文件"中也可以关闭打开的文件。

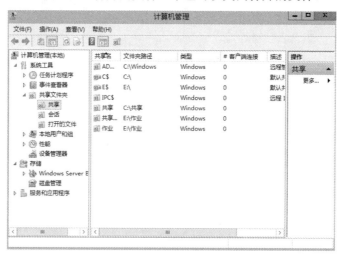

图 6.23　"计算机管理"窗口

步骤8：禁止从本机登录

用户"赵七"需要通过远程访问计算机"财务部2"上的"Cwwd3"共享资源，因此，在计算机"财务部2"上存在"赵七"这个账户，这是很不安全的，需要禁止该用户在该计算机上登录，从而避免直接访问该计算机。

（1）在计算机"财务部2"上，以管理员身份登录。

（2）选择"服务器管理器→工具→本地安全策略"命令，打开"本地安全设置"窗口，展开"本地策略→用户权限分配"，在"本地安全设置"窗口右侧列出用户权限分配的策略，如图 6.24 所示。

（3）设置"拒绝本地登录"。双击"拒绝本地登录"，打开"拒绝本地登录 属性"对话框。单击"添加用户或组"添加拒绝本地登录的用户或组。在此名单中的用户或组将不能在计算机"财务部2"上通过本地登录的方式访问，可仍然可以通过共享方式访问计算机"财务部2"上的资源。

步骤9：访问共享文件夹

当用户知道网络中某台计算机上有需要的共享信息后，就可在自己的计算机上像使用本地资源一样使用这些资源。在 Windows Server 2012 R2 中，提供了多种快速访问网络资源的方式。下面介绍 3 种访问共享文件夹的方法。

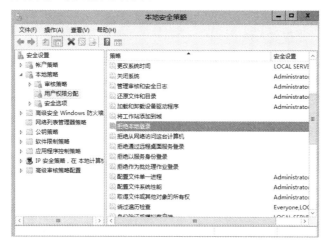

图 6.24　"本地安全策略"窗口

（1）利用网络发现访问共享文件夹。

如果客户端计算机的网络发现尚未启用（以下通过 Windows 10/Windows Server 2012）进行说明），右键单击任务栏"Internet 访问"→单击"打开网络和共享中心"→"更改高级共享设置"→"所有网络"→选择"启用共享以便可以访问网络的用户可以读取和写入公用文件夹中的文件"。之后就可以在文件资源管理器的网络窗口中看到网络里的计算机并访问其共享文件夹。

当用户要访问某台计算机时，如果知道该计算机的名称或 IP 地址，可直接利用"搜索计算机"功能在整个网络中进行搜索。

① 在"文件资源管理器"窗口中单击"网络"，在"搜索"文本框中输入要搜索的计算机名称或 IP 地址。输入完后，按"Enter"键，系统会将搜索到的计算机列在窗口右边的列表框中，如图 6.25 所示。

图 6.25　搜索网络计算机

② 搜索到计算机后并双击该计算机，即可访问该计算机上的共享资源（有时需要输入账户名和密码）。

（2）映射网络驱动器。

若用户在网上共享资源时，需要频繁访问网上的某个共享文件，可以为他设置一个逻辑驱动器号——网络驱动器。网络驱动器设置好后，就会出现在"这台电脑"窗口和"文件资源管理器"中，双击网络驱动器的图标，即可直接访问该驱动器下的文件或文件夹。

① 打开"文件资源管理器"→右击"网络"，在弹出的快捷菜单中选择"映射网络驱动器"命令，打开"映射网络驱动器"对话框。

② 在"驱动器"下拉列表框中选择一个要显示的驱动器符号。默认情况下，将映射网络驱动器分配给高可用驱动器号，开头驱动器 Z，以避免驱动器号冲突。

③ 在"文件夹"下拉列表框通过单击"浏览"按钮查找共享文件夹，也可直接输入共享文件夹路径，格式为\\server\share，如图 6.26 所示。

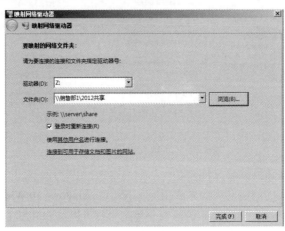

图 6.26 "映射网络驱动器"对话框

④ 单击"完成"按钮，就可映射网络驱动器。被映射的网络驱动器将出现在"文件资源管理器"的"这台电脑"中 。在"这台电脑"窗口中双击代表该共享文件夹的网络驱动器的图标，即可直接访问该驱动器下的文件和文件夹。

⑤ 需要断开网络驱动器时，只需选择"文件资源管理器"中的"工具"菜单下的"断开网络驱动器"命令，然后选择要断开连接的网络驱动器，并单击"确定"按钮即可。

也可使用 net 命令来映射网络驱动器，将网络驱动器映射到特定驱动器号。例如，将\\server\share 映射到驱动器 G，在命令提示符下键入命令"net use g: \\server\share"，然后按回车键即可。

习题

一、填空题

1. 拥有_____是用户登录到网络并使用网络资源的基础。

2. 系统管理员的用户名是_____。

3. 管理员可以通过取得文件夹或文件的_____的方法，来管理其他用户创建的文件夹或文件。

二、选择题

1. 在 NTFS 文件系统的分区中，对一个文件夹的 NTFS 权限进行如下的设置：先设置读取，后设置为写入，再设置为完全控制，则最后，该文件夹的权限类型是（　　）。

　　A. 读取　　　　　　B. 写入　　　　　　C. 读取和写入　　　　　　D. 完全控制

2. 使用（　　）可以把 FAT32 格式的分区转化为 NTFS 分区，且用户的文件不受损害。

A．change.exe　　　　B．convert.exe　　　　C．cmd.exe　　　　D．config.exe

3．某 NTFS 分区上有一个文件夹 A1，其中有一个文件"file1.doc"和一个应用程序"notepad.exe"。A1 的 NTFS 安全选项中仅设置了用户组 G1 具有读取权限，用户组 G2 具有写入权限。某用户 user1 同时属于 G1 和 G2，则下面说法不正确的是（　　　）。

A．user1 可以运行程序 notepad.exe　　　　B．user1 可以打开文件 file1

C．user1 可以修改文件 file1 的内容　　　　D．user1 可以在 A1 中创建子文件夹

4．某 NTFS 分区上有一个文件夹 A1，其中有一个文件"file1.doc"。A1 的 NTFS 权限中仅设置了用户组 G1 具有读取权限；A1 的共享权限中设置用户组 G1 具有完全控制权限。某用户 user1，当 user1 在局域网中通过网上邻居访问文件夹 A1 时，下面说法正确的是（　　　）。

A．user1 可以删除文件 file1　　　　B．user1 不能打开文件 file1

C．user1 不能重命名 file1　　　　D．user1 可以修改文件 file1 的内容

三、思考题

1．文件夹和文件的 NTFS 权限分别有哪些？

2．共享文件夹的权限有几种类型？

3．如何隐藏磁盘的分区共享？

四、实训题

1．NTFS 权限的设置。

请自行创建一个目录，分数次进行不同的 NTFS 权限设置，并在每次设置完毕后，分别从服务器和工作站上观察与测试在该目录下分别能进行什么样的文件操作，并将结果记录于表 6.6 中。

表 6.6　NTFS 权限设置

指定的共享权限	在服务器端所能进行的操作	在工作站端所能进行的操作

2．创建隐藏共享文件夹。

在本部分实验中，要求创建一个名为"secret"的共享文件夹并隐藏共享名，相应的操作步骤可参考如下。

（1）隐藏共享文件夹的创建。

① 打开 Windows Server 2012 R2 资源管理器，选择驱动器 E。

② 在"文件"菜单中，选择"新建文件夹"，创建一个新的文件夹。

③ 输入"secret"为目录名，按回车键。

④ 选中"secret"文件夹，单击鼠标右键，在弹出的快捷菜单中选择"共享"命令。

⑤ 选择"共享为"选项。

⑥ 在共享名中，输入"secret $"（$表示对网络用户隐藏共享名）。

⑦ 在描述中输入系统实用程序，单击"确定"按钮。

（2）测试具有隐藏共享名的文件夹的可视性。

① 单击开始菜单，选择"运行"命令项。

② 在打开文本框中，输入网络路径"\\studentx"，单击"确定"按钮。

③ 观察"secret $"有没有出现。

④ 退出所有应用程序。

⑤ 同隐藏的共享文件夹建立连接。

⑥ 单击"开始"菜单，选择"运行"命令项。

⑦ 在打开文本框中，输入"\\studentx\secret$"，单击"确定"按钮。

⑧ 观察此时能否访问 secret $共享文件夹。

⑨ 退出 Windows Server 2012 R2 资源管理器，并注销用户。

3．共享权限与 NTFS 权限的联合操作。

利用共享权限与 NTFS 权限进行文件系统的访问管理。

（1）文件系统的创建。在 NTFS 格式的磁盘上创建如图 6.27 所示的目录结构，并拷贝一些文件到 Foldba、Foldbb、Foldbc、Foldbd、Foldbe 目录下。

（2）完成文件系统的访问管理请综合利用前面所学的共享权限和目录与文件属性的方法，对上述文件系统中的目录与文件进行必要的设置，使得：

① 从 Windows 10 或 Windows Server 2008 平台都可以看到共享文件名；

② Administrators 组对所有文件、目录具有完全控制权限；

③ 所有 User 组的用户都可以运行 Foldbc 目录中的程序，但不能修改 Foldbc 目录中的文件；

④ 只有 Accounting managers 组的成员能访问 Foldbd 和 Foldbe 目录，但不能修改这些目录中的文件；

⑤ 所有 User 组的用户在 Foldaa 目录中都可以创建和修改他们自己的文件，但不能修改其他用户的文件；

⑥ 所有 User 组的用户不能修改 Foldaa\ Foldba 目录中的文件；

⑦ 只有用户 UserA 能修改 Foldaa\ Foldbb 目录下的文件。

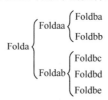

图 6.27　Folda 目录等级

网络打印的配置与管理

7.1　项目内容

1．项目目的

在了解逻辑打印机、打印驱动程序和打印服务器的概念的基础上，掌握本地打印机的添加和网络打印机的添加过程；掌握网络打印机的配置与管理。

2．项目任务

某公司组建了单位内部的办公网络，但办公设备（尤其是打印设备）不能每人配备一台，需要在同一办公室内配置网络打印机供办公室的人员使用。

3．任务目标

（1）了解打印驱动程序和打印服务器的概念。

（2）掌握本地打印机的添加过程。

（3）掌握在 Windows Server 2012 R2 系统下配置网络打印服务的方法。

7.2　相关知识

7.2.1　打印系统的基本概念

打印系统是网络管理的重要组成部分，在介绍网络打印的配置之前，先了解打印系统的相关基本概念。

1．打印设备（物理打印机）

打印设备指的是可以放置打印纸的硬件设备。

（1）本地打印设备：指的是连接在打印服务器物理端口的打印设备。

（2）网络打印设备：指的是通过网络而不是通过物理端口连接到打印服务器的打印设备。

网络打印设备要求有它们自己的网络适配器和网络地址，或者将它们连接在某个外部的网络适配器上。

2．打印机（逻辑打印机）

打印机指的是介于客户端应用程序和打印设备之间的软件接口。打印机定义文档何时到达打印设备，以及通过什么方式到达打印设备。

3．打印服务器

打印服务器指的是特定的计算机，打印机和客户机驱动程序就在该计算机上。打印服务器接收和处理来自客户计算机的文档。需要在打印服务器上建立和共享与本地打印设备和网络接口打印设备相关联的网络打印机。

4．打印机驱动程序

打印机驱动程序指的是接收到用户送来的打印文档后，打印驱动程序就负责将文档转换为打印设备能够识别的格式，然后送往打印设备打印。不同型号的打印设备各有其不同的打印机驱动程序。

7.2.2　网络打印共享方案

Windows Server 2012 R2 系统为用户提供了强大的打印管理功能，用户可以在网络上共享打印资源。网络打印要求有专门的服务器来管理打印机，网络中的其他计算机作为客户机使用网络打印服务。

要实现一台打印设备供给多台计算机使用，现在主要有两种解决方案。

（1）打印设备直接连接在一台计算机上，通过在计算机上设置打印机共享，可以实现网络打印，网络拓扑图如图 7.1 所示。由于作为打印服务器的计算机一般还要进行其他工作，故占用资源较多，打印效率较低。

（2）打印机通过专业的打印服务器直接连接到网络上，打印机不再是计算机的外部设备，而是网络中的独立成员，用户可以通过网络直接访问该打印机，打印效率更高，更适合企业级局域网应用，网络拓扑图如图 7.2 所示。打印服务器又分为外置打印服务器和内置打印服务器两种。

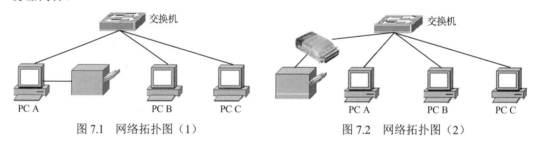

图 7.1　网络拓扑图（1）　　　　　　　图 7.2　网络拓扑图（2）

7.2.3　配置网络打印机的基本要求和准则

在 Windows Server 2012 R2 网络中设置打印机时，有一定的硬件要求。

（1）至少有一台计算机作为打印服务器。如果打印服务器要管理大量的作业，则推荐使用专用的打印服务器。

（2）足够的 RAM。如果打印服务器管理大量的打印机或者许多大的文档，则服务器需要的 RAM 可能比 Windows Server 2012 R2 为处理其他任务所要求的 RAM 更多。

（3）足够的硬盘空间。打印服务器上应有足够的磁盘空间，以保证 Windows Server 2012 R2 能够存储发送给打印服务器的文档，直到打印服务器将数据发送给打印设备。

作为计算机网络管理员，在配置网络打印机时应掌握以下准则。

1．选择打印机名称

Windows Server 2012 R2 支持使用长打印机名称，这允许用户创建包括空格和特殊字符的打印机名。但是如果在网络上共享打印机，某些客户端将无法识别或不能处理长文件名称，并且用户可能遇到打印问题。而且某些程序不能打印到名称超过 32 个字符的打印机。所以如果与网络上的许多客户端共享打印机，应使用 32 个或更少的字符作为打印机名称，而且在名称中不能包括空格和特殊字符。

2．确定放置打印机的位置

检查网络的基础结构，尽量防止打印作业跳过多个互联网络设备。如果有一组需要较高打印量的用户，可以让他们只使用其所在网段中的打印机来将其隔离，使其对别的用户的影响降到最低。

3．为打印机位置确定命名约定

需要进行打印机位置跟踪，并使用下列规则来设置打印机的命名约定。

（1）位置名称的格式为：name/name/…（必须使用斜杠（/）作为分隔符）。

（2）名称可以由除斜杠（/）之外的任意字符组成，名称的等级数限制为 256。

（3）name 的最大长度是 32 个字符，整个位置名称的最大长度是 260 个字符。

（4）因为位置名称由最终用户使用，所以位置名称应当简单且容易识别。避免使用只有设备管理人员知道的特殊名称。

◤ 7.3　方案设计

1．设计

为了模拟本项目的任务，假定用 3 台计算机组成一个局域网，但只有一台 HP Color LaserJet 1600 打印机，现在需要把这台打印机安装到一台计算机 PC A 上，并共享到局域网上，且设置打印机的使用时间为上班时间。

根据以上要求，本项目实施的网络拓扑图如图 7.3 所示。3 台计算机的 IP 地址也如图 7.3 所示。

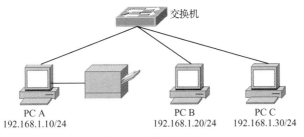

图 7.3　网络拓扑图

2．设备与材料清单

为了搭建如图 7.3 所示的网络拓扑图，需要如下设备：

（1）PC 3 台，其中 PC A 安装 Windows Server 2012 R2 操作系统，其余两台分别为 Windows 10 和 Windows Server 2008 操作系统；

（2）交换机 1 台；

（3）网络直通线 3 条。

（4）打印机 1 台。

7.4 项目实施

步骤 1：硬件安装

按照图 7.3 所示用 3 条网络直通线将 3 台计算机连接到交换机上，检查网卡和交换机的指示灯的连接状态，判断网络是否连通。

步骤 2：TCP/IP 配置

（1）配置 PC A 的 IP 地址为 192.168.1.10，子网掩码为 255.255.255.0；配置 PC B 的 IP 地址为 192.168.1.20，子网掩码为 255.255.255.0；配置 PC C 的 IP 地址为 192.168.1.30，子网掩码为 255.255.255.0。

（2）PC A、PC B 和 PC C 之间互相通过 ping 命令，检查网络的连通性。

步骤 3：通过"网络"访问局域网计算机

双击"资源管理器"中"网络"图标，检查能否看到每台计算机名。

步骤 4：在 PC A 计算机上安装传统 IEEE1284 并行端口打印机

将打印机连接到计算机后侧面板的并行端口，然后按照以下步骤安装。

（1）选择"开始→控制面板→硬件→设备和打印机→添加打印机"命令，打开"添加打印机向导"对话框，单击"我需要的打印机不在列表中"，打开"添加打印机-按其他选项查找打印机"对话框，选择"通过手动设置添加本地打印机或网络打印机"单选按钮，如图 7.4 所示。

（2）单击"下一步"按钮，打开"添加打印机-选择打印机端口"对话框，选择"LPT1：（打印机端口）"，如图 7.5 所示。单击"下一步"按钮。

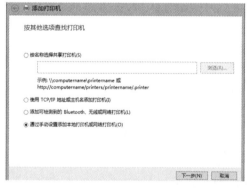

图 7.4　按其他选项查找打印机　　　　　　图 7.5　选择打印机端口

（3）打开"添加打印机-安装打印机驱动程序"对话框，在"厂商"列表中选择要安装打印机的厂商名称，在"打印机"列表框中选择需要安装的打印机型号，如图 7.6 所示。如果打印机型号不在系统列表中，单击"从磁盘安装"按钮，打开"从磁盘安装"对话框，单击"浏览"按钮选择厂商的驱动盘的位置。

（4）单击"下一步"按钮。打开"添加打印机-键入打印机名称"对话框，在"打印机名称"文本框中输入打印机的名称，也可采用默认名称，如"HP Color LaserJet 1600 Class Driver"，如图 7.7 所示。

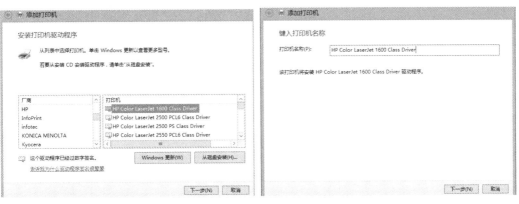

图 7.6　安装打印驱动程序　　　　　　图 7.7　输入打印机名称

（5）单击"下一步"按钮。打开"添加打印机-打印机共享"对话框，选中"共享此打印机以便网络中其他用户可以找到并使用它"单选按钮，在"共享名称"文本框中输入共享的打印机名，也可选用默认名称，如图 7.8 所示。

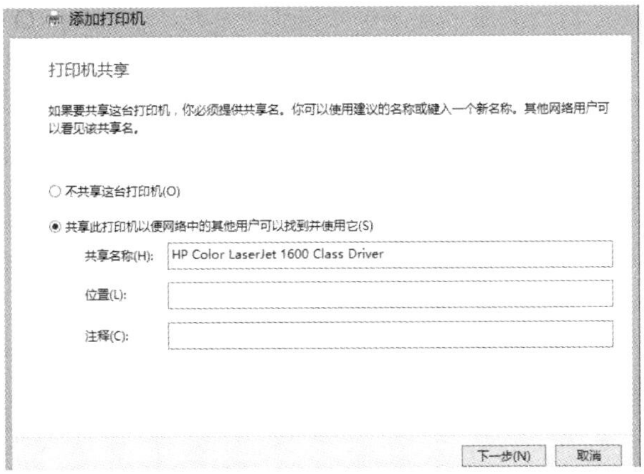

图 7.8　打印机共享

（6）单击"下一步"按钮，最后单击"完成"按钮则打印机安装完成，打开打印机属性对话框，单击"打印测试页"按钮测试是否可以正常打印。

如果是 USB 接口的打印设备，可以直接连接到计算机上，打开电源后，系统将自动进行安装。

步骤 5：安装网络接口打印机

内置网卡的网络接口打印机可以通过网线直接连接到网络。有的网络接口打印机需要通过厂商所附光盘进行安装，有的可以直接通过以下步骤进行安装。

（1）在图 7.5 所示对话框中选择"创建新端口"单选项，端口类型选择"Standard TCP/IP Port"（标准的 TPC/IP 端口），如图 7.9 所示。

（2）单击"下一步"按钮。打开"添加打印机-键入打印机主机名或 IP 地址"对话框，输入主机名或 IP 地址如"10.8.35.201"，输入端口名如"Teaching"，如图 7.10 所示。单击"下一步"按钮。

（3）接下来的步骤与添加普通并行端口打印机类似，如安装打印机驱动程序、设置为共享打印机等。

<table>
<tr><td>图 7.9　选择打印机端口</td><td>图 7.10　键入打印机主机名或 IP 地址</td></tr>
</table>

注意： 由于网络接口打印机是连接到网络上的，因此网络用户也可以直接连接到网络接口打印机，不需要通过这台打印服务器。

步骤 6：PC A 共享本地打印机

选择"开始→控制面板→硬件→设备和打印机→选中打印机并单击鼠标右键→打印机属性→单击"共享"标签→勾选"共享这台打印机"，并设置共享名。

步骤 7：PC B、PC C 利用网络发现连接共享打印机

（1）如果客户端计算机尚未启用网络发现功能，则先启用网络发现，然后客户端可以通过文件资源管理器来连接网络共享打印机。以 Windows Server 2008 客户端为例，启用网络发现步骤：打开"控制面板→网络和共享中心"下的"共享和发现→网络发现→自定义"进行"网络发现"设置即可。

（2）打开"文件资源管理器"→"网络"→单击共享打印机所在计算机如"销售部 1"（输入身份验证信息），则在右窗格中即可看到共享打印机，如图 7.11 所示。双击该共享打印机，安装打印机驱动程序，进行打印操作。

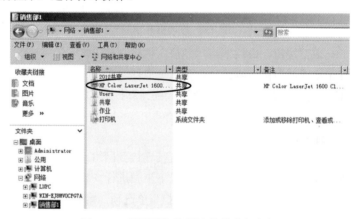

图 7.11　利用网络发现连接共享打印机

步骤 8：PC B、PC C 利用添加打印机向导连接共享打印机

以 Windows10 为例，启用添加打印机向导步骤：打开"控制面板→设备和打印机→添加打印机"，打开"添加设备"向导的"选择要添加到这台电脑的设备或打印机"对话框，单击"我所需要的打印机未列出"，单击"下一步"按钮，打开"添加设备"向导的"按其他选项查找打印机"对话框，如图 7.12 所示。可以通过图中 4 种方式之一来连接共享打印机，如选择第 2 种方式，可以直接按示例输入共享打印机名称或单击"浏览"按钮查找共享打印机。在接下来的界面中分别单击"下一步"、"完成"按钮。"

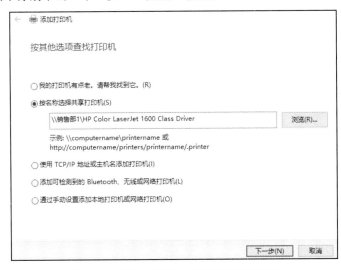

图 7.12　利用打印机向导连接共享打印机

步骤 9：PC B、PC C 中断与共享打印机的连接

如果用户不想再连接共享打印机，则选中打印机并单击鼠标右键，在弹出的快捷菜单中选择"删除设备（或删除）"命令即可。

步骤 10：设置打印机的优先级

公司员工共用一台打印机，在同一时刻有多人要使用打印机，有的用户有紧急的文件需要打印，其打印作业却不得不排队等候，这时管理员可以采用设置打印机优先级的方式，可以让有紧急打印作业的用户抢占打印机，先打印文档，让其他用户等待。

设置打印机优先级的方法是：在服务器上为一台打印设备同时安装多个逻辑打印机程序，并设置不同的打印机名和共享名，然后设置不同的优先级。需要紧急打印的用户连接优先级高的逻辑打印机，其他用户连接优先级低的逻辑打印机。

设置打印优先级的目的在同一时间里让优先级高的用户先打印文档，让优先级低的用户等待。

（1）使用"添加打印机向导"，为打印设备同时添加多个打印机程序。

（2）打开各个打印机的属性对话框，选择"高级"选项卡，分别设置一个"优先级"，其值从 1 到 99，数值越大，优先级越高，如图 7.13 所示。

步骤 11：设置打印时间

公司要求打印机只能在上班时间内使用，其他时间限制使用。管理员可以通过设置打印机的打印时间来实现。在图 7.13 中，设置使用时间为从早 8:00 到下午 5：00。

打印机在工作时间都是比较忙碌，如果有的用户要打印的文档较大，或者文档不是急件，希望文档送到打印服务器后不立即打印，而是在打印机不忙的时候再打印，比如说下班时间打印，可以通过设置打印时间来解决该问题。设置打印时间的原理是在一台打印服务器上安装多个相同的打印驱动程序，并给它们取不同的打印机名和共享名，从而建立多个逻辑打印机，将要求打印时间不同的文档送到不同的打印机上。

步骤12：设置打印权限

在步骤8中已经为不同的计算机设置了不同的逻辑打印机，但在现实生活中，几乎每个用户都喜欢连接优先级高的逻辑打印机。这时可以对不同用户设置不同的共享打印机使用权限，限制优先级高的打印机只有特定用户才能连接打印。在图7.13中选择"安全"选项卡，如图7.14所示，可以看到默认是每个用户都有"打印"的权限。

图 7.13　设置打印机优先级　　　　　　　　图 7.14　设置打印权限

在这里可以设置以下3种权限。

- 打印：可以连接打印机和打印文档；管理用户自己的打印文档。
- 管理打印机：可以连接打印机和打印文档；可以管理所有的打印文档；更改打印顺序、打印时间等设置；设置打印机的共享；更改打印机属性；删除打印机；更改打印机的安全权限。
- 管理文档：可以管理所有的打印文档，更改所有文档的打印顺序、打印时间等设置。

在图7.14中，删除"Everyone"组的打印权限，然后"添加"指定的用户或组到列表中，给予"打印"权限。

这时，就只有拥有权限的用户才能连接该打印机，并且使用这个优先级高的打印机来打印文档。

步骤13：管理打印作业

打印机在打印过程中，有时需要对打印作业进行各种管理，例如，用户提交了错误的打印作业，必须将它取消；或者在同一打印机的打印队列中，管理员需要调整文档的打印次序等。

Windows Server 2012 R2通过打印机管理器对打印机上的打印作业进行管理。具有打印机的"管理打印机"或"管理文档"权限的用户，可以管理打印机上的打印作业。

（1）在"打印机和传真"窗口，双击打印机图标，打开"打印机管理器"窗口，在窗口中会列出当前的打印文档队列。

（2）管理单个打印文档。如果某份文档在打印时出了问题，则可以暂停打印，等解决问题后再重新打印，或者取消打印。在"打印机管理器"窗口中，选择要处理的文件，点击鼠标右键，如图 7.15 所示。或选中某个文档后，打开"文档"菜单，如图 7.16 所示。

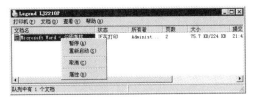 

图 7.15　单个打印文档操作 1　　　　图 7.16　单个打印文档操作 2

- 暂停：暂停打印该文档。
- 继续：继续打印被暂停的文档。
- 重新启动：从第一页开始重新打印。
- 取消：取消打印该份文档，文档的状态显示为"正在删除"。

（3）管理所有打印文档。如果打印设备出了问题，则可以暂停打印所有的文档，等解决问题后再重新打印，或者取消打印。在"打印机管理器"窗口中，打开"打印机"菜单，如图 7.17 所示。

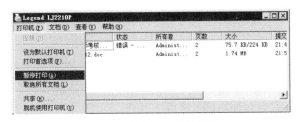

图 7.17　所有打印文档操作

- 暂停打印：选中（对勾）后会暂停打印所有的该文档。
- 取消所有文档：取消打印所有正在该打印机排队等待打印的文档，这些文档都会被删除。

步骤 14：设置打印作业的属性

打印机安装完成后，还可以根据用户或公司的需求进一步设置打印机，这些设置都在打印机的属性对话框里操作。右击相应的打印机，在弹出的快捷菜单中选择"打印机属性"命令，打开"打印机属性"对话框。

（1）选择"常规"选项卡中，如图 7.18 所示，可以设置打印机的名称、位置信息和注释信息。单击"首选项"按钮可以设置打印机使用的纸张类型；单击"打印测试页"按钮可以测试打印是否正确。

（2）选择"共享"选项卡，如图 7.19 所示，可以设置打印机是否共享。一旦停止共享，网络上的其他用户将无法访问此台打印机。单击"其他驱动程序"按钮，可以添加其他操作系统使用的打印机驱动程序。

（3）选择"端口"选项卡，如图 7.20 所示，普通打印机都是通过 LPT1 端口和计算机相连的，虽然计算机的主板上只有一个 LPT1 端口，但是可以通过扩展卡扩展出 LPT2 和 LTP3 接口，这样就可以同时连接多台打印机。

（4）选择"高级"选项卡，如图 7.21 所示，可以设置打印机的工作时间和优先级。

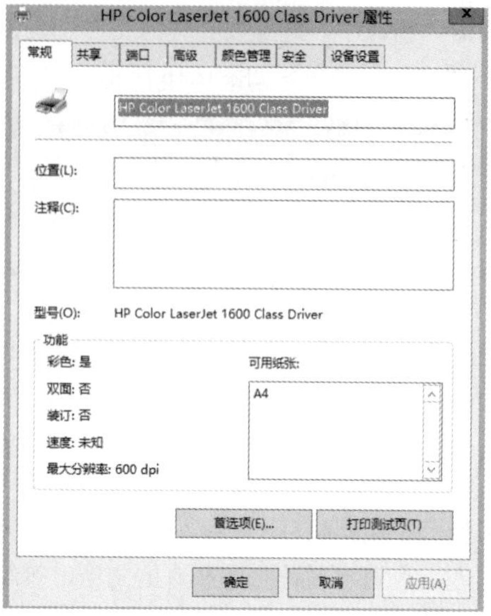

图 7.18　打印机属性对话框"常规"选项卡

图 7.19　打印机属性对话框"共享"选项卡

图 7.20　打印机属性对话框"端口"选项卡

图 7.21　打印机属性对话框"高级"选项卡

- 可以设置每天的某个时间段打印机可以工作，不过只能设置一个时间段。
- 一般情况下打印的顺序是按照时间的顺序，即先来先打印。但有时个别用户需要打印一些比较紧急的文件，这时就可以通过设置打印机的优先级来实现。设置方式是：创建两（多）个（逻辑）打印机，这两个逻辑打印机同时映射到同一台物理打印设备，这两个逻辑打印机设置不同的优先级，用这种方式可以让同一台打印设备处理多个（逻辑）打印机所送来的文档，即可以处理多个不同优先级的打印任务。
- 使用后台打印，以便程序更快地结束打印：后台打印的作用是先将收到的打印文档存储在硬盘内，然后将其送到打印设备打印。文档送往打印设备的工作由后台处理程序负责，并且在后台运行。
- 直接打印到打印机：表示文档是直接送到打印设备，而不会先送到后台打印区内。

- 挂起不匹配文档：选择该复选框后，如果所有打印文档的文件格式的设置与打印机不符合时，则该文档会被搁置不打印。例如，将打印机设置为使用信纸尺寸的纸张，但是文件格式却不是设置成信纸尺寸的纸张，则打印机收到该文档后，并不会将其送往打印设备。

- 首先打印后台文档：先打印已经完整送到后台的文档，而数据尚未完整收齐的文档稍后再打印，即使这份不完整的文档的优先级较高或者先收到也是如此。如果取消选择该复选框，则打印的先后顺序是取决于其优先级与送到打印机的顺序。

- 保留打印的文档：当打印文档被送往打印服务器时，它会先被暂时存储到服务器的硬盘内排队等待打印，这个操作就是所谓的后台处理（该临时文件就称为后台文档），轮到时再将其送到打印设备打印。该选项可以让用户决定是否在文档送到打印设备后，就将后台文档从硬盘中删除。

- 启用高级打印功能：当启用高级的打印功能后，会采用增强性图元文件（Enhanced Metafile，EMF）的格式转换打印的文件，并且支持一些其他的高级打印功能。

（5）选择"安全"选项卡，可以指派打印机的使用权限。在"安全"选项卡里，就可以看到打印机的权限列表，前面已经介绍过。

步骤 15：设置文档打印默认值

文档打印默认值描述了如何使用打印机的硬件执行打印任务。典型的文档默认属性包括页面方向、页序、单面或双面打印、纸张来源、纸张规格、打印份数、设置默认的打印首选项等。

右击打印机图标，在弹出的快捷菜单中选择"打印机首选项"命令，打开"打印机首选项"对话框，可以设置页面方向、页序、单面或双面打印、纸张来源、纸张规格、打印份数、设置默认的打印首选项等。

步骤 16：通过 Web 浏览器管理打印机

客户端可以远程管理打印机，也可以将作业发送到远程的打印机上进行打印。要通过 Web 浏览器管理打印机，用户可以利用下列两种方法。

（1）http://服务器的名称（IP 地址）/打印机的共享名，如 http://10.8.35.201/ HP Color LaserJet 1600 Class Driver。输入具备权限管理该打印机的用户名与密码。如果要用域用户账户连接，则请在账户名前面加上域名，如 AAA\administrator，其中的 AAA 是域名。然后就可以通过打开的对话框管理该打印机与正在等待打印的文档。

（2）http://打印服务器的名称（IP 地址）/printers，如 http://10.8.35.201/ printers/。在输入用户名与密码后，屏幕上会显示打印服务器内所有的共享打印机，可以选择一台有权管理的打印机来执行管理的工作。

习题

一、填空题

1. 规划打印服务器安装策略需要考虑_____、_____和_____。

2. 网络打印机安装的两种形式为_____和_____。

二、选择题

1. 关于打印机的说法，下面的描述正确的是（　　）。

　　A. 打印机就是我们所购买的打印设备

　　B. 打印机是介于客户端应用程序与打印设备之间的软件接口

　　C. 计算机第一次连接打印服务器上的共享打印机时，不会在本地计算机上安装打印驱动程序

　　D. 使用网络接口的打印设备时，不需要通过打印服务器

2. 下面哪一个不属于用户对共享打印机的权限？（　　）

　　A. 读取和运行　　　　　　　　　　B. 打印

　　C. 管理打印机　　　　　　　　　　D. 管理文档

3. 默认情况下，具有管理打印机权限的成员组包括（　　）。

　　A. Everyone 组　　　　　　　　　B. Administrators 组

　　C. Print Operators 组　　　　　　 D. Create Owner 组

4. 一家公司，到月末，财务部都要长时间占用机器打印大量的财务报表，而网络管理员也要在工作时间打印本月的日志总结，可是由于财务部打印财务报表而不能使用。在这种情况下，管理员如何使自己能够先打印日志总结？（　　）

　　A. 设置"打印时间"，满足打印需要

　　B. 设置"打印重定向时间"，满足打印需要

　　C. 设置"打印缓冲池"，满足打印需要

　　D. 设置"打印优先级"，使管理员的优先级高于财务部门的员工，满足打印需要

三、思考题

为什么用多个打印机连接同一打印设备？

四、实训题

1. 以管理员身份登录打印服务器，设置 user1 没有打印的权限，以 user1 用户登录，打印 D:\data 目录下的文档。

2. 你所在的办公室共有 5 个人，每个人都有自己的计算机。现在购买了一台接口类型为并口的打印机，交由你来管理。要求：办公室主任有优先的打印级别，其他人的打印优先级一样；另外，该打印机只有上班时间使用；并且只有你才能管理打印机和打印作业。

按照以上要求，如何设置才能管理好该打印机？

利用 DHCP 自动分配 IP 地址

在使用 TCP/IP 的网络中，每一台计算机都必须有一个唯一的 IP 地址，并且通过此 IP 地址来与网络中的其他主机通信。IP 地址的设置可以使用以下两种方法：静态设置和自动获取。

（1）手工静态设置。手工静态设置是一种手工输入方式，它要求网络管理人员根据本网络的 IP 地址规划，为每一个接入网络的客户端分配一个固定的 IP 地址，并手工配置网关、DNS 服务器等相关的参数。

（2）自动向 DHCP 服务器获取。当网络中的计算机数量较多时，可以使用动态的 IP 地址，此时不必输入固定的 IP 地址，而由 DHCP 服务器自动分配，这样可以减少手工设置所造成的错误，减轻管理上的负担。

8.1 任务 1：基于 Windows Server 2012 的 DHCP 的实现和应用

8.1.1 任务内容及目标

本任务通过安装和配置 DHCP 服务器，要理解 DHCP 的工作原理，掌握使用 DHCP 进行网络管理的基本方法。DHCP 是网络服务的一种，其他网络服务的安装配置与 DHCP 有许多相同之处，通过实训，理解网络服务的概念，掌握在 Windows Server 2012 操作系统中安装配置网络服务的一般性方法。

某公司组建单位内部的局域网，随着计算机数量的增加，网络管理员在客户机的 TCP/IP 维护上花费了不少的时间，首先在连入单位内部网络时需要分配 IP 地址，另外有些客户在对计算机重新安装操作系统后经常询问自己计算机的 IP 地址等信息，在这种情况下，需要在局域网内部安装并配置一台 DHCP 服务器，为公司内除服务器以外的所有计算机自动配置 IP 地址、子网掩码、默认网关、DNS 服务器地址等网络参数。

本任务目标如下：

（1）了解 TCP/IP 网络中 IP 地址的分配方式和特点；

（2）理解 DHCP 的基本概念和运行原理；

（3）学会在 Windows Server 2012 系统中 DHCP 服务器的安装和配置方法；

（4）学会 DHCP 作用域的配置方法；

（5）学会 DHCP 客户端的设置方法。

8.1.2 相关知识

1. DHCP 的概念

DHCP 是 Dynamic Host Configuration Protocol 的缩写，中文译为动态主机配置协议，它是一个简化主机 IP 地址分配管理的 TCP/IP 标准协议。

在使用 DHCP 服务时，整个网络至少有一台服务器上安装了 DHCP 服务，其他要使用 DHCP 功能的客户机则必须设置为利用 DHCP 获得 IP 地址。客户机在向服务器请求一个 IP 地址时，如果服务器上还有 IP 地址没有使用，则在其数据库中登记该 IP 地址已被该客户机使用，然后回应这个 IP 地址及相关的选项给客户机。如图 8.1 所示是一个支持 DHCP 的网络示意图。

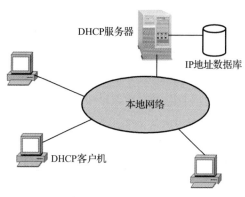

图 8.1　DHCP 服务示意图

2. DHCP 基本术语

在 DHCP 服务中有一些重要的技术术语。

（1）作用域：作用域是用于网络的 IP 地址的完整连续范围。作用域通常定义提供 DHCP 服务的网络上的单独物理子网。作用域还为服务器提供管理 IP 地址的分配和指派，以及与网上客户相关的任何配置参数的主要方法。

（2）超级作用域：超级作用域是可用于支持相同物理子网上多个逻辑 IP 子网的作用域的管理性分组。

（3）排除范围：排除范围是作用域内从 DHCP 服务中排除的有限 IP 地址序列。排除范围确保在这些范围中的任何地址都不是由网络上的服务器提供给 DHCP 客户机的。

（4）地址池：在定义 DHCP 作用域并应用排除范围之后，剩余的地址在作用域内形成可用地址。

（5）租约：租约是客户机可使用指派的 IP 地址期间 DHCP 服务器指定的时间长度。租用给客户时，租约是活动的。

（6）租期是指 DHCP 客户端从 DHCP 服务器获得完整的 TCP/IP 配置后，对该 TCP/IP 配置的使用时间。

（7）保留：使用保留创建通过 DHCP 服务器的永久地址租约指派。

（8）选项类型：这是 DHCP 服务器在向 DHCP 客户机提供租约服务时指派的其他客户机配置参数。例如，某些公用选项包含用于默认网关（路由器）、WINS 服务器和 DNS 服务器的 IP 地址。

（9）选项类别：这是一种可供服务器进一步管理提供给客户的选项类型的方式。当选项类别添加到服务器时，可为该类别的客户机提供用于其配置的类别特定选项类型。

3．DHCP 的工作原理

（1）DHCP 的工作过程。

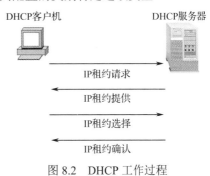

图 8.2　DHCP 工作过程

当作为 DHCP 客户端的计算机第一次启动时，它通过一系列的步骤获得其 TCP/IP 配置信息，并得到 IP 地址的租期。DHCP 客户端从 DHCP 服务器上获得完整的 TCP/IP 配置需要经过以下几个过程，如图 8.2 所示。

① DHCP 发现：DHCP 工作过程的第一步是 DHCP 发现（DHCP Discover），该过程也称之为 IP 发现。以下几种情况需要进行 DHCP 发现。

- 当客户端第一次以 DHCP 客户端方式使用 TCP/IP 协议栈时，即第一次向 DHCP 服务器请求 TCP/IP 配置时。
- 当客户端从使用固定 IP 地址转向使用 DHCP 动态分配 IP 地址时。
- 当该 DHCP 客户端所租用的 IP 地址已被 DHCP 服务器收回，并已提供给其他的 DHCP 客户端使用时。

当 DHCP 客户端发出 TCP/IP 配置请求时，DHCP 客户端既不知道自己的 IP 地址，也不知道服务器的 IP 地址。DHCP 客户端便将 0.0.0.0 作为自己的 IP 地址，255.255.255.255 作为服务器的地址，然后在 UDP（用户数据协议）的 67 或 68 端口广播发送一个 DHCP 发现信息。该发现信息含有 DHCP 客户端网卡的 MAC 地址和计算机的 NetBIOS 名称。

当第一个 DHCP 发现信息发送出去后，DHCP 客户端将等待 1 秒钟。在此期间，如果没有 DHCP 服务器做出响应，DHCP 客户端将分别在第 9 秒、第 13 秒和第 16 秒时重复发送一次 DHCP 发现信息。如果还没有得到 DHCP 服务器的应答，DHCP 客户端将每隔 5 分钟广播一次发现信息，直到得到一个应答为止。如果网络中没有可用的 DHCP 服务器，基于 TCP/IP 协议栈的通信将无法实现。这时，DHCP 客户端如果是 Windows 10 用户，就自动选一个自认为没有被使用的 IP 地址（该 IP 地址可从 169.256.x.y 地址段中选取）使用。尽管此时客户端已分配了一个静态 IP 地址（但还没有重新启动计算机），DHCP 客户端还要每隔 5 分钟发送一次 DHCP 发现信息，如果这时有 DHCP 服务器响应，DHCP 客户端将从 DHCP 服务器获得 IP 地址及其配置，并以 DHCP 方式工作。

② DHCP 提供：DHCP 工作的第二步是 DHCP 提供（DHCP Offer），是指当网络中的任何一个 DHCP 服务器（同一个网络中可能存在多个 DHCP 服务器）在收到 DHCP 客户端的 DHCP 发现信息后，该 DHCP 服务器若能够提供 IP 地址，就从该 DHCP 服务器的 IP 地址池中选取一个没有出租的 IP 地址，然后利用广播方式提供给 DHCP 客户端。在还没有将该 IP 地址正式租用给 DHCP 客户端之前，这个 IP 地址会暂时保留起来，以免再分配给其他的 DHCP 客户端。

如果网络中有多台 DHCP 服务器，且这些 DHCP 服务器都收到了 DHCP 客户端的 DHCP 发现信息，同时这些 DHCP 服务器都广播一个应答信息给该 DHCP 客户端时，则 DHCP 客户端将从收到应答信息的第一台 DHCP 服务器中获得 IP 地址及其配置。

提供应答信息是 DHCP 服务器发给 DHCP 客户端的第一个响应，它包含了 IP 地址、子网掩码、租用期（以小时为单位）和提供响应的 DHCP 服务器的 IP 地址。

③ DHCP 请求：DHCP 工作的第三步是 DHCP 请求（DHCP Request），一旦 DHCP 客户端收到第一个由 DHCP 服务器提供的应答信息后，就进入此过程。当 DHCP 客户端收到第一个 DHCP 服务器响应信息后，就以广播的方式发送一个 DHCP 请求信息给网络中所有的 DHCP 服务器。在 DHCP 请求信息中包含所选择的 DHCP 服务器的 IP 地址。

④ DHCP 应答：DHCP 工作的最后一步是 DHCP 应答（DHCP ACK）。一旦被选择的 DHCP 服务器接收到 DHCP 客户端的 DHCP 请求信息后，就将已保留的这个 IP 地址标志为已租用，然后也以广播方式发送一个 DHCP 应答信息给 DHCP 客户端。该 DHCP 客户端在接收 DHCP 应答信息后，就完成了获得 IP 地址的过程，便开始利用这个已租到的 IP 地址与网络中的其他计算机进行通信。

（2）IP 的租用和续租。

当一台 DHCP 客户端租到一个 IP 地址后，该 IP 地址不可能长期被它占用，它会有一个使用期，即租期。当租期已到时需要续租该怎么办呢？当 DHCP 客户端的 IP 地址使用时间达到租期的一半时，它就向 DHCP 服务器发送一个新的 DHCP 请求（相当于新租用一个 IP 地址的第三步），若服务器在接收到该信息后并没有理由拒绝该请求，便回送一个 DHCP 应答信息（相当于新租用一个 IP 地址时的最后一步），当 DHCP 客户端收到该应答信息后，就重新开始一个租用周期。此过程就像对一个合同的续约，只是续约时间必须要在租期的一半时签订。

在进行 IP 地址的续租中有以下两种特例。

① DHCP 客户端重新启动时：不管 IP 地址的租期有没有到期，当每一次启动 DHCP 客户端时，都会自动利用广播的方式，给网络中所有的 DHCP 服务器发送一个 DHCP 请求信息，以便请求该 DHCP 客户端继续使用原来的 IP 地址及其配置。如果此时没有 DHCP 服务器对此请求应答，而原来 DHCP 客户端的租期还没有到期时，DHCP 客户端还是继续使用该 IP 地址。

② IP 地址的租期超过一半时：当 IP 地址的租期到达一半的时间时，DHCP 客户端会向 DHCP 服务器发送（非广播方式）一个 DHCP 请求信息，以便续租该 IP 地址。当续租成功后，DHCP 客户端将开始一个新的租用周期，而当续租失败后，DHCP 客户端仍然可以继续使用原来的 IP 地址及其配置，但是该 DHCP 客户端将在租期到达 87.8%的时候再次利用广播方式发送一个 DHCP 请求信息，以便找到一台可以继续提供租期的 DHCP 服务器。如果续租仍然失败，则该 DHCP 客户端会立即放弃其正在使用的 IP 地址，以便重新向 DHCP 服务器获得一个新的 IP 地址（需要进行完整的 4 步骤）。

在以上的续租过程中，如果续租成功，DHCP 服务器会给该 DHCP 客户端发送一个 DHCP ACK 信息，DHCP 客户端在收到该 DHCP ACK 信息后进入一个 IP 地址租用周期；当续租失败时，DHCP 服务器将会给该 DHCP 客户端发送一个 DHCP NACK 信息，DHCP 客户端在收到该信息后，说明该 IP 地址已经无效或被其他的 DHCP 客户端使用。

4. DHCP 服务器分配 IP 地址的方式

当 DHCP 客户端启动时，它会向 DHCP 服务器发出信息，要求 DHCP 服务器提供 IP 地址，而 DHCP 服务器在接收到 DHCP 客户端的请求后，则根据 DHCP 服务器端的设置，决定如何提供 IP 地址给客户端，通常有以下两种方式。

（1）永久租用：当 DHCP 服务器向 DHCP 客户端提供一个 IP 地址后，这个 IP 地址永远归这个 DHCP 客户端使用。当网络中有足够的 IP 地址可供给客户端使用时，可以采用这种方式给客户端自动分地址。

（2）限定租用：当 DHCP 客户端从 DHCP 服务器获得 IP 地址后，DHCP 客户端可以使用这个 IP 地址一段时间。但当租约到期时，如果客户端没有重新租约，则 DHCP 服务器会收回这个 IP 地址，并将该 IP 地址提供给其他 DHCP 客户端使用。当网络中的 IP 地址不够用时，可用这种方式给客户端自动分配 IP 地址。

8.1.3 方案设计

在单位内架设的 DHCP 服务器的操作系统可以是 Windows Server 2012，也可以是 Linux 系统。在本测试环境中，DHCP 服务器的操作系统采用 Windows Server 2012。

1．设计

在一个私有的 192.168.11.0 网络上，子网掩码为 255.255.255.0，IP 地址规划如下。

（1）DHCP 服务器 IP 地址为 192.168.11.240，名称为子网 1，可分配的 IP 地址为 192.168.11.2～192.168.11.254。

（2）默认网关地址为 192.168.11.1。

（3）固定地址的服务器地址：192.168.11.240～192.168.11.254，保留用于 DNS、Web、FTP、WSUS 等服务器使用。

（4）DNS 服务器地址：202.99.160.68。

根据以上要求，本项目实施的网络拓扑结构如图 8.3 所示。

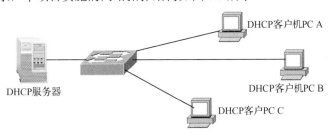

图 8.3　DHCP 服务网络拓扑结构图

2．网络拓扑及设备清单

为了搭建如图 8.3 所示的网络环境，需要的设备和连线主要包括：

（1）安装 Windows Server 2012 系统的 PC 1 台；

（2）测试用计算机 3 台（Windows 10、Windows Server 2008、Windows Server2012 系统）；

（3）网络直通线 4 条；

（4）交换机 1 台。

8.1.4 任务实施

通常认为每 10 000 个客户需要两台 DHCP 服务器，一台作为主服务器，另一台作为备份服务器。对于一台 DHCP 服务器没有客户数的限制，在实际中受用户所使用的 IP 地址所在的地址分类及服务器配置（如磁盘的容量、CPU 的处理速度等）的限制。

步骤1：硬件连接

按照图8.3所示将4台计算机通过网络直通线连接到交换机上，搭建本实训项目的网络环境。

步骤2：进行TCP/IP设置

因为要配置DHCP服务器，客户机通过DHCP自动获得IP地址等信息，所示客户机不需要配置IP地址。而充当DHCP服务器的计算机需要设置IP地址，设置为192.168.11.240，子网掩码为255.255.255.0，网关为192.168.11.1。

步骤3：安装DHCP服务器

在Windows Server 2012系统中默认没有安装DHCP服务，需要另外单独安装。DHCP服务安装步骤如下。

（1）选择"开始→服务器管理器→仪表板→添加角色和功能"命令，打开"添加角色和功能向导—开始之前"对话框，单击"下一步"按钮，打开"添加角色和功能向导—安装类型"对话框，选择"基于角色或基于功能"单选框，打开"添加角色和功能向导—服务器选择"对话框，选择"从服务器池中选择服务器"单选框，在服务器池中单击当前计算机，单击"下一步"按钮，打开"添加角色和功能向导—服务器角色"对话框，选中"DHCP服务器"复选框，单击"添加功能"按钮，如图8.4所示，然后单击"下一步"按钮。

图8.4 "DHCP服务"安装过程

（2）依次单击"下一步"和"安装"按钮，则开始安装DHCP服务。

（3）安装完毕后，在"服务器管理器→工具"菜单中多了一个"DHCP"选项。

步骤4：对域中的DHCP服务器授权

如果DHCP服务器是域的成员，且在安装DHCP过程中没有选择授权，那么在安装完成后就必须先进行授权。

（1）以Administrator身份登录。

（2）选择"开始→服务器管理器→工具→DHCP"选项，进入"DHCP"控制台窗口。

（3）右击"DHCP"，从弹出的快捷菜单中选择"管理授权的服务器"命令，打开"管理授权的服务器"对话框，单击"授权..."按钮，弹出"授权DHCP服务器"对话框，如图8.5所示。输入被授权的DHCP服务器的名称或IP地址，本例中输入IP地址"192.168.11.240"，单击"确定"按钮，弹出"确认授权"对话框，单击"确定"按钮。

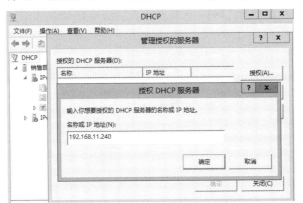

图 8.5 "授权 DHCP 服务器"对话框

（4）若要解除授权，只要通过右击该服务器，在弹出的快捷菜单中选择"撤销授权"命令即可。

在进行 DHCP 授权时应注意如下事项。

（1）Windows Server 2012 域中的所有 DHCP 服务器都必须被授权。未经授权的 DHCP 服务器并不会提供 DHCP 服务，也不会将 IP 地址租给 DHCP 客户端。

（2）只有 Enterprise Admin 组内的成员才有权执行授权的操作。

（3）已被授权的 DHCP 服务器的 IP 地址记录在域控制器内的 Active Directory 数据库中。

（4）当 DHCP 服务器启动时，会通过所属域树内的 Active Directory 数据库来检查此台 DHCP 服务器是否已被授权。若已经被授权，该 DHCP 服务器就可以将 IP 地址租给 DHCP 客户端，不论 DHCP 客户端计算机是否隶属于同一域树。

（5）不是域成员的 DHCP 服务器（独立服务器）无法被授权。此台服务器在启动 DHCP 服务时，会检查其所属子网内是否存在任何一台已经在 Active Directory 数据库内被授权的 DHCP 服务器。

- 如果存在的话，这台独立服务器就不会启动 DHCP 服务，也不会出租 IP 地址给 DHCP 客户端。
- 如果不存在的话，这台独立服务器就会正常启动 DHCP 服务，并且可以出租 IP 地址给 DHCP 客户端。如果以后在域上的成员（同一子网）再安装另外一台 DHCP 服务器，则这台独立服务器上的 DHCP 服务将无法再启动。

步骤 5：DHCP 服务器配置

在 Windows Server 2012 中，DHCP Administrators 和 Administrators 组内的成员可以执行 DHCP 服务器的管理工作，如新建作用域、修改作用域、修改配置等。DHCP Users 组内的成员可以检查 DHCP 服务器内的数据库与配置，但无权修改。

（1）新建作用域。

① 右击 DHCP 服务器上在计算机名"（销售部 1）"下的"IPv4"，从弹出的快捷菜单中选择"新建作用域"命令，弹出"新建作用域向导"对话框，单击"下一步"按钮，弹出"作用域名称"对话框，在这里先建立"子网 1"的作用域。

在"名称"文本框中输入"子网 1"，在"描述"文本框中输入"为子网 1 的用户分配 IP 地址"，如图 8.6 所示。

② 单击"下一步"按钮，弹出"IP 地址范围"对话框。在"起始 IP 地址（S）"文本框中输入此作用域的开始 IP 地址"192.168.11.2，"在"结束 IP 地址（E）"文本框中输入此作用域的结束 IP 地址"192.168.11.254"，"长度"文本框中会按照标准掩码自动变为 24，此时"子网掩码"文本框的数值自动为 255.255.255.0，如图 8.7 所示。

图 8.6 "新建作用域向导"对话框　　　　图 8.7 "IP 地址范围"对话框

③ 单击"下一步"按钮，弹出"添加排除和延迟"对话框，如图 8.8 所示，可设置在上一步设置的 IP 地址范围中哪一小段 IP 范围不分配给客户机。在此设置排除地址为"192.168.11.60～192.168.11.66"，单击"下一步"按钮，弹出"租约期限"对话框，如图 8.9 所示，可设置客户机从 DHCP 服务器租用地址使用的时间长短，默认为 8 天。

在实际工作中，如果网络中的计算机位置经常变动，如笔记本电脑，则设置较小的租约期限比较好，如果网络中的计算机位置比较固定，如台式计算机，则设置较长的租约期限比较好。

④ 单击"下一步"按钮，弹出"配置 DHCP 选项"对话框，选中"是，我想现在配置这些选项"，单击"下一步"按钮，弹出"路由器（默认网关）"对话框，如图 8.10 所示，在"IP 地址"文本框中输入当前子网的网关地址"192.168.11.1"，单击"添加"按钮。

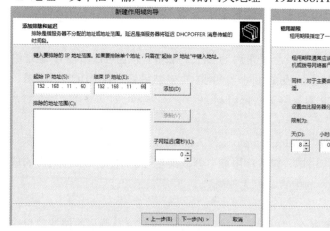

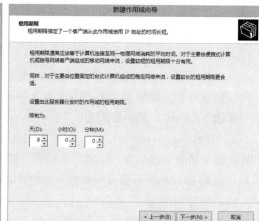

图 8.8 "添加排除和延迟"对话框　　　　图 8.9 "租约期限"对话框

⑤ 单击"下一步"按钮，弹出"激活作用域"对话框，选中"是，我想现在激活此作用域"，单击"下一步"按钮，单击"完成"按钮。结束新建作用域的工作，回到 DHCP 控制台，如图 8.11 所示。

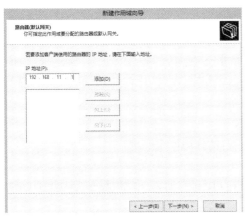

图 8.10 "路由器（默认网关）"对话框

图 8.11 DHCP 控制台

（2）修改租约期限。

租约期限是指客户端计算机对所获取的 IP 配置信息的使用期限。客户端计算机在获取一个 IP 地址后默认只有 8 天的使用期限，使用期限过后需要重新申请一个新的 IP 地址。但在许多情况下并不希望让客户端在这么短的间隔内更换 IP 地址，这时可以通过修改租约期限这个参数，使客户端在获取一个 IP 地址后拥有较长的使用期限或永久使用。租约期限的设置方法如下。

① 打开如图 8.11 所示的 DHCP 管理控制台。双击 DHCP 服务器展开其子项。

② 右击"作用域［192.168.11.0］子网 1"选项，在弹出的快捷菜单中选择"属性"命令，弹出"作用域［192.168.11.0］子网 1 属性"对话框，如图 8.12 所示。

在"DHCP 客户端的租约期限"域中的"天"栏中设置一个想要的天数，如这里设置为"20"，即租约期限为 20 天。如选中"无限制"单选项则拥有永久使用期限。单击"应用"按钮，再单击"确定"按钮，设置完成，然后退出 DHCP 控制台。

图 8.12 "作用域属性"对话框

（3）保留特定 IP 地址给客户端。

在 DHCP 服务器中可以为某台计算机指定一个固定地址，将某个 IP 地址和需要固定 IP 的计算机的 MAC 地址进行绑定。也就是说当这个客户端在向 DHCP 服务器租用 IP 地址或更新租约时，DHCP 服务器都会将相同的 IP 地址出租给此客户端。

① 获取客户端计算机的 MAC 地址。在客户端的命令提示符状态下，执行"ipconfig/all"命令，找到网卡的 MAC 地址。

② 设置 MAC 地址与固定 IP 地址的绑定。进入 DHCP 控制台，选择"作用域"子项中的"保留"项，右击鼠标并在弹出的快捷菜单中选择"新建保留"命令，弹出"新建保留"对话框，如图 8.13 所示。在"保留名称"文本框中输入一个有一定含义的名字，以便在保留 IP 地址较多时便于管理。在"IP 地址"文本框输入 IP 地址，在"MAC 地址"文本框中输入 MAC 地址。单击"完成"按钮，即加入了绑定 MAC 地址和保留的 IP 地址。

（4）配置选项。

DHCP 服务器除了指定 IP 地址和子网掩码给 DHCP 客户端外，还可以分配一些配置选项给 DHCP 客户端，如 DNS 服务器、默认网关、WINS 服务器等。当 DHCP 客户端在向 DHCP 服务器租用 IP 地址或更新 IP 地址的租约时，DHCP 服务器就可以自动为 DHCP 客户端配置这些选项。

在 DHCP 服务器中有不同等级的 DHCP 选项。

- 服务器选项：服务器选项的配置会自动被所有的作用域来继承。
- 作用域选项：只适合于该作用域。
- 保留：只有当 DHCP 客户端租用到这个保留的 IP 地址时，DHCP 服务器才会替 DHCP 客户端配置这些选项。
- 类别选项：针对某些特定类别的计算机来配置选项。

配置 DNS 服务器选项，在图 8.11 中，展开作用域，右击"作用域选项"，在弹出的快捷快捷菜单中选择"配置选项"命令，弹出"作用域选项"对话框，勾选"006 DNS 服务器"选项，如图 8.14 所示。

图 8.13 "新建保留"对话框

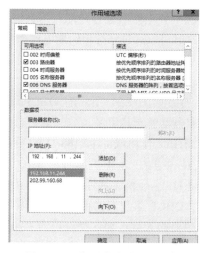

图 8.14 "作用域选项"对话框

在"IP 地址"处直接输入 DNS 服务器的 IP 地址，单击"添加"、"确定"按钮完成。

如果不知道 DNS 服务器的 IP 地址，可以先在"服务器名"处输入 DNS 服务器的计算机名称，然后单击"解析"按钮让系统查找 DNS 服务器的 IP 地址。

步骤 6：DHCP 服务关闭和打开

当需要关闭和打开 DHCP 服务时，有两种方法可以实现。

（1）直接在"DHCP"配置窗口，选择服务器的名字，然后在菜单"操作→所有任务"中，根据需要选择"停止"、"启动"、"暂停"或"重新启动"等命令。

（2）从"管理工具"中选择"服务"，打开"服务"窗口，可以看到本机所有服务的列表，选择"DHCP Server"并右击，在弹出的快捷菜单中根据需要选择"停止"、"启动"、"暂停"或"重新启动"等命令。

步骤 7：DHCP 客户机的配置与测试

（1）DHCP 客户机的配置。DHCP 服务器设置好后，客户机要使用 DHCP 服务器自动提供的 IP 设置，需要进行如下设置。

在"控制面板"中双击"网络和拨号连接",在弹出的"本地连接"对话框中,单击"属性"按钮,然后单击"Internet 协议(TCP/IP)"选项,单击"属性"按钮,打开"Internet 协议(TCP/IP)属性"对话框,选中"自动获得 IP 地址(O)"和"自动获得 DNS 服务器地址(B)"单选按钮,如图 8.15 所示。这样,客户机便成为 DHCP 的客户机,可以使用 DHCP 服务器自动提供的 IP 设置。

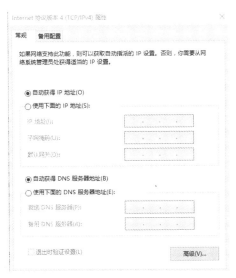

图 8.15　DHCP 客户机的设置

(2)DHCP 客户机的测试。在命令行提示符方式下,利用"ipconfig"命令可查看 IP 地址的获得;利用"ipconfig / all"命令可查看详细的 IP 设置(包括网卡的物理地址);利用"ipconfig / releasee"命令可释放获得的 IP 地址;利用"ipconfig / renew"命令重新获得 IP 地址。

8.2　任务 2:在一台 DHCP 服务器上建立多个作用域

因为 DHCP 客户端是通过广播方式来发现 DHCP 服务器,并从 DHCP 服务器中获得 IP 地址的,所以一般一台 DHCP 服务器只为一个 IP 网段提供租用 IP 地址的服务。那么,一台 DHCP 服务器能否为两个或两个以上的 IP 网段提供租用 IP 地址的服务呢?本实训任务将解决这一问题。

8.2.1　任务内容及目标

通过本实训任务的实施,深入了解 DHCP 的工作原理,以 Windows Server 2012 操作系统为例,掌握同一台 DHCP 服务器为不同子网动态分配 IP 地址的实现方法。

某公司组建单位内部的局域网,随着计算机数量的增加,网络管理员在客户机的 TCP/IP 维护上花费了不少的时间,首先在连入单位内部网络时需要分配 IP 地址,另外有些客户在对计算机重新安装操作系统后经常询问自己计算机的 IP 地址等信息,在这种情况下,需要在局域网内部安装并配置一台 DHCP 服务器,为公司内除服务器以外的所有计算机自动配置 IP

地址、子网掩码、默认网关、DNS 服务器地址等网络参数。

本任务目标如下：

（1）了解代理服务器的功能和应用；

（2）理解 DHCP 的基本概念和运行原理；

（3）了解将 Windows Server 2012 计算机作为路由器的特点和配置过程；

（4）学会在 Windows Server 2012 系统下配置 DHCP 中继代理的方法。

8.2.2　相关知识

DHCP 服务器需要为不同网段的 DHCP 客户端分配 IP 地址，而 DHCP 信息是以广播方式来进行的，不能穿越到不同的网段，这时可以采用以下 3 种方法来解决此问题。

- 在每一个网段都安装一个 DHCP 服务器。
- 选用符合 RFC1542 规范的路由器，此路由器可以将 DHCP 广播转发到不同的网段。
- 若路由器不符合 RFC1542 规范，则利用 DHCP 中继代理来为不在同一网段的 DHCP 客户端分配 IP 地址。

在每一个网段都安装一个 DHCP 服务器在前面已经介绍，在这里介绍通过 DHCP 中继代理来为不在同一网段的 DHCP 客户端分配 IP 地址。

可以在一台 DHCP 服务器内建立多个 IP 作用域，以便对多个子网区段内的 DHCP 客户端提供服务，如果 DHCP 服务器与客户机分别位于不同的网段上，则用户的路由器必须具备 DHCP/ BOOTP Relay Agent 的功能。Relay Agent 是一个把某种类型的信息从一个网段转播到另一个网段的小程序。DHCP Relay Agent 是一个硬件或程序，它能够把 DHCP/BOOTP 广播信息从一个网段转播到另一个网段上。

下面用一个实例来说明 Relay Agent 的工作过程。

如图 8.16 所示，在子网 2 中的客户机 C 从子网 1 中的 DHCP 服务器上获得 IP 地址租约。

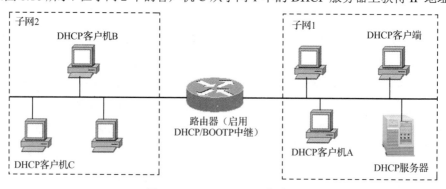

图 8.16　Relay Agent 工作过程

（1）DHCP 客户机 C 在子网 2 上广播 DHCP/BOOTP Discover 消息（DHCP Discover）寻找 DHCP 服务器，广播是将消息以 UDP（User Datagram Protocol）数据报的形式通过 67 端口发出的。

（2）当 Relay Agent（在本例中是一个具有 DHCP/BOOTP Relay Agent 功能的路由器）接收到这个消息后，它检查包含在这个消息报头中的网关 IP 地址，如果 IP 地址为 0.0.0.0，则用 Relay Agent 或路由器的 IP 地址替换它，然后将其转发到 DHCP 服务器所在的子网 1 上。

（3）当在子网 1 中的 DHCP 服务器收到这个消息后，它开始检查消息中的网关 IP 地址是否包含在 DHCP 范围内，从而决定它是否可以提供 IP 地址租约。

如果 DHCP 服务器含有多个 DHCP 范围，那么消息中的网关 IP 地址是用来确定从哪个 DHCP 范围中挑选 IP 地址并提供给客户的。

（4）DHCP 服务器将它所提供的 IP 地址租约（DHCP Offer）直接发送到 Relay Agent 路由器，并将这个租约利用广播的形式转发给 DHCP 客户机。

8.2.3 方案设计

1. 设计

如果路由器没有中继代理的功能，可以在没有 DHCP 服务器的网段内，找一台安装与配置 Windows Server 2012 服务器版本的计算机，启动 DHCP 中继代理的功能，它就可以将该网段内的 DHCP 信息转发到有 DHCP 服务器的网段内，如图 8.17 所示。

在图 8.17 中，子网 2 的 DHCP 客户端 A 通过 DHCP 中继代理从子网 1 的 DHCP 服务器上获得 IP 地址，其运行的过程如下。

（1）DHCP 客户端 A 利用广播信息（DHCP Discover）寻找 DHCP 服务器。

（2）DHCP 中继代理收到此信息后，将其直接转发到另一网段的 DHCP 服务器。

（3）DHCP 服务器直接响应信息（DHCP Offer）给 DHCP 中继代理。

（4）DHCP 中继代理将此信息（DHCP Offer）广播给 DHCP 客户端 A。

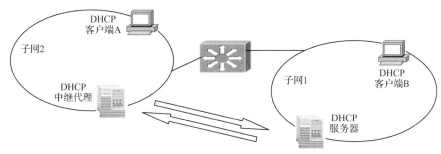

图 8.17　Windows Server 2012 中继代理

在图 8.17 中，通过 DHCP 中继代理完成 192.168.11.2～192.168.11.100 和 192.168.12.2～192.168.12.100 两个不同网段之间进行 DHCP 通信的网络拓扑。其中：

（1）这两个网段的子网掩码都为 255.255.255.0；

（2）192.168.11.0/24 网段的网关地址为 192.168.11.1，192.168.12.0/24 网段的网关地址为 192.168.12.1；

（3）DHCP 服务器位于 192.168.11.0/24 子网内，而 192.168.12.0/24 网段的 DHCP 客户端通过运行 Windows Server 2012 的中继代理向位于 192.168.11.0/24 子网内的 DHCP 服务器租用 IP 地址；

（4）DHCP 服务器 IP 地址为 192.168.11.240，DHCP 中继代理 IP 地址为 192.168.12.240；

（5）运行 Windows Server 2012 充当路由器的计算机需要两块网卡，分别位于 192.168.11.0/24 和 192.168.12.0/24 两个网段内，网卡地址为网关地址。

根据以上要求，本项目的网络拓扑结构如图 8.18 所示。

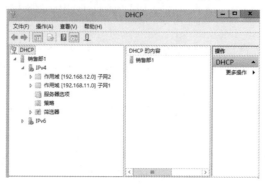

图 8.18　DHCP 服务网络拓扑图

2．网络拓扑及设备清单

为了搭建如图 8.18 所示的网络环境，需要的设备和连线主要包括：

（1）安装 Windows Server 2012 的 PC 3 台，其中一台需要有两块网卡；

（2）测试用计算机 3 台（Windows 10 系统）；

（3）网络直通线 7 条；

（4）交换机 2 台。

8.2.4　任务实施

步骤 1：硬件连接

按照图 8.18 所示搭建本实训项目网络环境。

步骤 2：进行 TCP/IP 设置

因为要配置 DHCP 服务器，客户机通过 DHCP 自动获得 IP 地址等信息，所以客户机不需要配置 IP 地址。而充当 DHCP 服务器、中继代理和路由器的计算机需要设置 IP 地址，其中 DHCP 服务器设置 IP 地址为 192.168.11.240，子网掩码为 255.255.255.0，网关为 192.168.11.1。DHCP 中继代理设置 IP 地址为 192.168.12.240，子网掩码为 255.255.255.0，网关为 192.168.12.1。运行 Windows Server 2012 充当路由器的计算机的两块网卡 IP 地址为：与 192.168.11.0/24 网段相连的网卡的 IP 地址为 192.168.11.1，子网掩码为 255.255.255.0，网关为 192.168.11.1；与 192.168.12.0/24 网段相连的网卡的 IP 地址为 192.168.12.1，子网掩码为 255.255.255.0，网关为 192.168.12.1。

步骤 3：在 DHCP 服务器添加地址池

在 DHCP 服务器上创建两个作用域，创建过程在前面已经介绍过，在这里不再介绍。创建完这两个作用域后，DHCP 服务器控制台窗口如图 8.19 所示。

图 8.19　两个作用域

步骤 4：安装路由和远程访问服务

在路由器（安装 Windows Server 2012 的计算机）上安装"路由和远程访问"服务。

（1）打开"服务器管理器"→单击"仪表板"→"添加角色功能"→勾选"远程访问"复选框→单击"添加功能"按钮，结果如图 8.20 所示。

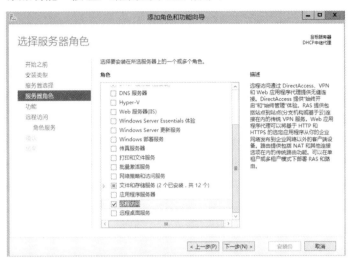

图 8.20　勾选"远程访问"复选框

（2）持续单击"下一步"按钮，直到出现如图 8.21 所示的"选择角色服务"界面，勾选如图 8.21 所示服务，持续单击"下一步"按钮直到出现"确认安装选项"界面时，单击"安装"按钮，完成安装后单击"关闭"按钮。重新启动计算机并登录。

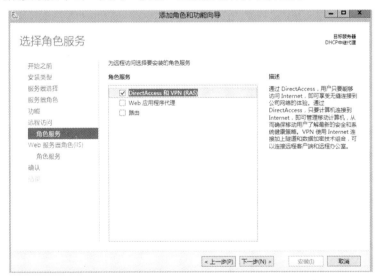

图 8.21　勾选"DirectAccess 和 VPN（RAS）"服务

步骤 5：启用路由和远程访问服务

（1）打开"服务器管理器"窗口，单击"工具→路由和远程访问"，打开"路由和远程访问"控制台，右键单击服务器名图标（DHCP 中继代理（本地）），在弹出的快捷菜单中选择"配置并启用路由和远程访问"命令，如图 8.22 所示。弹出"路由和远程访问服务器安装向导"窗口。

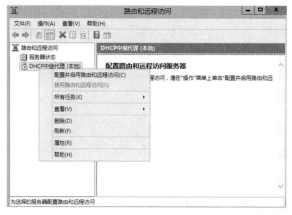

图 8.22 "路由和远程访问"控制台

（2）单击"下一步"按钮，弹出"配置"对话框，如图 8.23 所示，选择"自定义配置"选项。

（3）单击"下一步"按钮，弹出"自定义配置"对话框，如图 8.24 所示，选择"LAN 路由"选项。

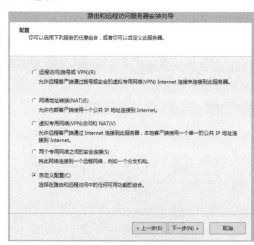

图 8.23 "配置"对话框   图 8.24 "自定义配置"对话框

图 8.25 "路由和远程访问"窗口

（4）单击"下一步"按钮，选择开始路由和远程访问服务。当前面的配置无误时，单击"完成"按钮，弹出"路由和远程访问"窗口。

（5）单击"是"按钮，开始启用路由和远程访问服务功能。配置完成后，"路由和远程访问"窗口如图 8.25 所示。

步骤 6：配置 DHCP 中继代理

在子网 2 中充当中继代理的计算机（安装 Windows Server 2012 操作系统，IP 地址为 192.168.12.200）上配置 DHCP 中继代理。

（1）选择"开始→服务器管理器→工具→路由和远程访问"选项，弹出"路由和远程访问"窗口。

（2）选择"IPv4"选项，右击"常规"选项，在弹出的快捷菜单中选择"新增路由协议"命令，弹出"新路由协议"对话框，单击"确定"按钮。

（3）选择"DHCP Relay Agent（DHCP中继代理）"选项，如图8.26所示。单击"确定"按钮。在"IPv4"选项下新增"DHCP中继代理"，如图8.27所示。

图8.26 "新路由协议"对话框　　　　图8.27 增加DHCP中继代理后的控制台

（4）在图8.27中，右击"DHCP中继代理"选项，从弹出的快捷菜单中选择"属性"命令，弹出"DHCP中继代理 属性"对话框，输入DHCP服务器的IP地址（本例中为192.168.11.200），单击"添加"按钮，如图8.28所示。单击"确定"按钮返回。

（5）在图8.27中，右击"DHCP中继代理"选项，从弹出的快捷菜单中选择 "新增接口"命令，弹出"DHCPRelay Agent 的新接口"对话框。选择"Ethernet0"（选择提供DHCP中继代理的网络接口，当此DHCP中继代理收到通过此接口传送来的DHCP包时，就会将包转发给DHCP服务器），单击"确定"按钮，如图8.29所示。

图8.28 "DHCP中继代理 属性"对话框　　　图8.29 "DHCP Relay Agent 的新接口"对话框

（6）弹出"DHCP中继属性-Ethernet0属性"对话框，如图8.30所示。单击"确定"按钮完成配置。

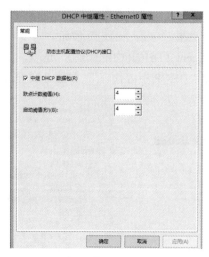

图8.30 "DHCP中继属性-Ethernet0属性"对话框

- 跃点计数阈值（Hop Count Threshold）：表示DHCP广播信息最多只能够经过多少个RFC1542路由器来转发。
- 启动阈值（Boot Threshold）（秒）：在DHCP中继代理收到DHCP信息后，必须等此处所配置的时间过后，才会将信息转发给远程的DHCP服务器。如果本地和远程都有DHCP服务器，则此处的设置可以延迟将信息发送给远程的DHCP服务器，而让同一网络内的本地DHCP服务器有机会先响应客户的请求。

（7）单击"确定"按钮，完成设置。

步骤7：测试验证

此时，在子网2（192.168.12.0/24）中的任何一台DHCP客户端的命令提示符下运行"ipconfig /all"命令，可以看到计算机的IP地址、默认网关、DHCP服务器IP地址为192.168.11.200等。说明DHCP客户端已经成功地向另一子网中的DHCP服务器租用到了IP地址。

8.3 任务3：DHCP超级作用域的配置与作用

对于一个C类网络来说，在同一子网内最大只能容纳254台主机，当实际接入的主机数量超过254台时，就需要再划分不同的子网。但是，不同子网之间的通信需要路由器或三层交换机，那么能否让一台DHCP服务器在同一物理网段中提供多个IP子网呢？Windows Server 2012中的DHCP超级作用域提供了此服务。

8.3.1 任务内容及目标

通过本实训任务的实施，了解DHCP超级作用域的应用特点，并掌握在Windows Server 2012操作系统中超级作用域的配置方法。

某公司组建单位内部的局域网，使用一个C类地址为网络内的计算机分配地址。随着公司信息化的建设,计算机数量超过了254台,但公司只想在局域网内部安装并配置一台DHCP服务器,为公司内除服务器以外的所有计算机自动配置IP地址、子网掩码、默认网关、DNS服务器地址等网络参数。

本任务目标如下:

(1)了解超级作用域的功能特点。

(2)学会DHCP超级作用域的配置方法。

(3)进一步了解DHCP在网络中的作用。

8.3.2 相关知识

超级作用域（Superscope）是由多个作用域所组合成的,它可以被用来支持Multinets的网络环境。所谓Multinets就是在一个实体网络内有个逻辑的IP网络,也就是在实体网络内让不同的计算机有不同的Network ID,从实体上看这些计算机在同一网段内,但逻辑上却是分别隶属于不同的网络,它们分别有不同的Network ID。

Windows Server 2012的DHCP服务器可以通过"超级作用域"来将IP地址出租给Multinets内的DHCP客户端。

如图8.31所示,DHCP服务器内只有一个作用域,可出租的IP地址范围为192.168.20.2~192.168.20.254,其中的192.168.20.231~192.168.20.254被排除。

图8.31　一个作用域的DHCP服务器

当图8.31中网络1的计算机数量越来越多,以致于需要用到第2个Network ID的IP地址时,可以在DHCP服务器内建立第2个作用域,然后将第1个作用域与第2个作用域组成一个超级作用域,如图8.32所示。图8.32中DHCP客户端在向DHCP服务器租用IP地址时,DHCP服务器会从超级作用域中的任何一个一般作用域中选择一个IP地址。

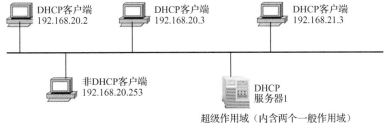

图8.32　一个超级作用域的DHCP服务器

8.3.3　方案设计

1．设计

假设某公司采用了 192.168.11.0/24 和 192.168.12.0/24 两个网段，架设一台 DHCP 服务器，设计如下。

（1）这两个网段的子网掩码都为 255.255.255.0。

（2）192.168.11.0/24 网段的网关地址为 192.168.11.1，192.168.12.0/24 网段的网关地址为192.168.12.1。

（3）DHCP 服务器的 IP 地址为 192.168.11.240。

根据以上要求，本项目的网络拓扑结构如图 8.33 所示。

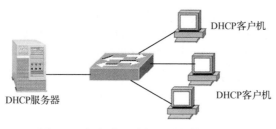

图 8.33　超级作用域的网络拓扑结构图

2．设备清单

为了搭建如图 8.33 所示的网络环境，需要的设备和连线主要包括：

（1）安装 Windows Server 2012 的 PC 1 台；

（2）测试用计算机 3 台（Windows 10 系统）；

（3）网络直通线 4 条；

（4）交换机 1 台。

8.3.4　任务实施

步骤 1：硬件连接

按照图 8.33 所示搭建本实训项目网络环境。

步骤 2：进行 TCP/IP 设置

因为要配置 DHCP 服务器，客户机通过 DHCP 自动获得 IP 地址等信息，故客户机不需要配置 IP 地址。而充当 DHCP 服务器的计算机需要设置 IP 地址，IP 地址为 192.168.11.240，子网掩码为 255.255.255.0，网关为 192.168.11.1。

步骤 3：创建作用域

在 DHCP 服务器上分别创建 192.168.11.2 ～ 192.168.11.254 和 192.168.12.2 ～ 192.168.12.254 两个作用域。

步骤 4：创建超级作用域

（1）右击 DHCP 服务器，在弹出的快捷菜单中选择"新建超级作用域"命令，弹出"新建超级作用域向导"对话框，单击"下一步"按钮，弹出"超级作用域名"对话框，输入超级作用域名称，如输入"超级作用域 网络1"，如图 8.34 所示。

（2）单击"下一步"按钮，弹出"选择作用域"对话框，选择其成员（一般作用域），如

156

图 8.35 所示。

图 8.34 "超级作用域名"对话框   图 8.35 "选择作用域"对话框

（3）单击"下一步"按钮，完成创建。

（4）在超级作用域中也可以创建新的一般作用域，也可以将一般作用域添加到超级作用
域。右击要添加到超级作用域的一般作用域，在弹出的快捷菜单中选择"添加到超级作用

域"命令，弹出"将作用域 192.168.12.0 添加到一
个超级作用域"对话框，选择要添加到的超级作用
域，如图 8.36 所示，单击"确定"按钮完成。

（5）在超级作用域中也可以将一般作用域删除。

步骤 5：验证

同时打开多台（至少 3 台）DHCP 客户端，进
入"命令提示符"窗口，分别运行"ipconfig /all"
命令，观察各台计算机的 IP 地址、默认网关等信息。

图 8.36 添加作用域到超级作用域

如果发现这 3 台计算机的 IP 地址一直都在
192.168.11.0/24 子网内，请大家考虑这是什么原因？如何能够看到 DHCP 客户端通过一台
DHCP 服务器获取了不同子网的 IP 地址，原因是在本项目实训中只有两台客户机，而一个子
网的 IP 地址就够用了，如何设置才能做到本项目的效果呢？

8.4 扩展知识——DHCP 数据库的维护

DHCP 服务器的数据库文件默认是位于%systemroot%\system32\dhcp 文件夹内，如图 8.37
所示，其中的 dhcp.mdb 是其存储信息的文件，其他则是辅助性的文件。

在 DHCP 服务器控制台，右击 DHCP 服务器，选择"属性→高级"选项，可以修改存储
数据库的文件夹，如图 8.38 所示。

1．数据库的备份

如果 DHCP 服务器配置信息丢失，可以通过备份文件进行还原。数据库的备份可通过以
下两种方式进行。

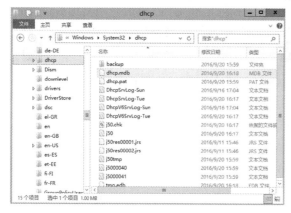
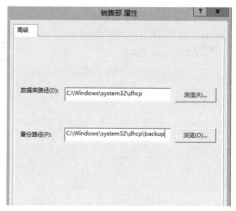

图 8.37　dhcp 数据库文件　　　　　图 8.38　修改存储数据库文件路径

（1）自动备份：DHCP 服务器默认会每隔 60 分钟自动将 DHCP 数据库文件备份到 %systemroot%\system32\dhcp\backup 文件夹内。

可以通过修改注册表的 backupinterval 键值，来更改自动备份时间间隔。

（2）手工备份：右击 DHCP 服务器，选择"备份"选项，将 DHCP 数据库文件备份到指定的文件夹内。

如果更改 DHCP 数据库文件的备份的默认路径，则自动备份失效。

2．数据库的还原

数据库的还原也可采用以下两种方式进行。

（1）自动还原：DHCP 服务如果检测到 DHCP 数据库已损坏，它会自动修复数据库。它利用%systemroot%\system32\dhcp\backup 文件夹内的备份文件来还原。

（2）手工还原：右击 DHCP 服务器，选择"还原"选项来还原 DHCP 数据库。

习题

一、填空题

1．DHCP 的工作过程包括_____、_____、_____、_____4 步。

2．当 IP 地址的租期到达一半的时间时，DHCP 客户端会向 DHCP 服务器发送（非广播方式）一个_____信息，以便续租该 IP 地址。

3．DHCP 服务器上建立好作用域后，必须经过_____，该作用域才能开始工作。

4．在使用 DHCP 动态分配 IP 地址的网络中，DHCP 客户机的 TCP/IP 参数应该配置为_____ IP 地址。

5．使用 DHCP 动态分配 IP 地址时，网络中的某主机要求每次都得到相同的 IP 地址，则应该在 DHCP 服务器的作用域中为该主机建立_____。

二、选择题

1．DHCP 协议的功能是（　　）。

　　A．为客户自动进行注册　　　　　　　　B．为客户自动配置 IP 地址

　　C．使 DNS 名字自动登录　　　　　　　　D．为 WINS 提供路由

2．DHCP 客户机得到的 IP 地址的时间称为（　　　）。

    A．生存时间   B．周期

    C．租约期限   D．存活期

3．DHCP 客户机申请 IP 地址租约时首先发送的信息是（　　　）。

    A．DHCP Discover   B．DHCP Offer

    C．DHCP Request   D．DHCP Positive

4．下面哪条命令可以让计算机到 DHCP 服务器上更新 IP 地址？（　　）

    A．ipconfig /renew   B．ipconfig /all

    C．ipconfig /dhcp   D．ipconfig /flushdns

5．对超级作用域的描述，下面不正确的是（　　　）。

    A．超级作用域是一个定义了新特性的作用域

    B．超级作用域用来实现同一个物理子网中包含多个逻辑 IP 子网

    C．超级作用域中只包含一个成员作用域或子作用域的列表

    D．超级作用域不用于设置具体的范围，子作用域的各种属性需要单独设置

6．DHCP 服务采用（　　　）的工作方式。

    A．广播   B．单播

    C．组播   D．群播

7．动态主机配置协议 DHCP 是对 BOOTP 协议的补充，DHCP 和 BOOTP 的主要区别是 DHCP 具有 ① 机制。DHCP 协议支持的中继代理是一种 ② ，它可以在两个网段之间传送报文。DHCP 具有多重地址分配方案，对于移动终端最适合的分配方案是 ③ 。使用 Windows Server 2012 操作系统的 DHCP 客户机，如果启动时无法与 DHCP 服务器通信，它将 ④ 。因为 DHCP 报文是装入 ⑤ 协议数据单元中传送的，所以它是不安全的。

    ① A．动态地址绑定   B．报文扩充

       C．配置参数提交   D．中继代理

    ② A．使用 DHCP 协议的路由器   B．转发 DHCP 报文的主机或路由器

       C．可访问到的 DHCP 主机   D．专用的服务器

    ③ A．自动分配   B．动态分配

       C．人工分配   D．静态分配

    ④ A．借用别人的 IP 地址   B．任意选取一个 IP 地址

       C．在特定网段中选取一个 IP 地址 D．不使用 IP 地址

    ⑤ A．TCP   B．UDP

       C．IP   D．ARP

三、简答题

1．作为 DHCP 服务器的计算机应满足什么条件？

2．如何验证 DHCP 服务器是否工作正常？请设计相应步骤进行验证。

3．简述 DHCP 的工作过程。

项目 9
解析 DNS 主机名

IP 地址是因特网提供的统一寻址方式，直接使用 IP 地址就可以访问因特网中的主机资源。但是数字式的 IP 地址不方便记忆，而使用有一定含义的域名来对应主机的 IP 地址更易于记忆。域名系统（Domain Name System），用于实现域名与 IP 地址之间的映射转换，是 TCP/IP 协议族中的一个标准服务。

9.1 项目内容

1. 项目目的
在了解 DNS 工作原理整个工作过程的基础上，掌握 Windows Server 2012 系统下 DNS 的安装和配置方法。

2. 项目任务
有一所高等院校设有主校区和分校区，要组建学校的校园网并架设单位内部的 Web、FTP、SMTP 等服务器，同时单位内部的计算机接入因特网。现需要安装并配置 DNS 服务器为校园网内部的用户提供 DNS 服务，使用户能够使用域名访问单位内部的 Web 网站和 FTP 服务器及因特网上的各个网站。

3. 任务目标
（1）理解 DNS 的基本概念和工作原理。
（2）理解 DNS 的解析过程。
（3）学会 DNS 服务器的安装方法。
（4）学会正向和反向查找区域的建立方法。
（5）学会资源记录的创建与管理。
（6）学会子域和委派域的创建以辅助 DNS 服务器的配置。
（7）学会 DNS 服务器的测试方法。

9.2 相关知识

9.2.1 Hosts 文件

Internet 的前身 ARPA 网只为少量的计算机提供连接服务，网络内每一台计算机各自维护一个名为 Hosts 的文件来记录网内的所有主机的地址翻译。Hosts 文件可用文本编辑器软件来处理，建立 IP 地址和名称（可以是域名、主机名或计算机名）的对照表，使用起来非常方便，例如：

```
102.54.94.97      rhino.acme.com
38.25.63.10       x.acme.com
```

现在的 TCP/IP 网络仍然支持这种传统方式。在本地主机要同某主机通信时，可直接使用该主机的名称，本地主机会查找自己的 Hosts 文件的对照表将该名称自动翻译成目标主机的 IP 地址。Hosts 文件只适合小型的对等网络使用，对于大型的网络，每台主机的 IP 地址都要编入 Hosts 文件是非常麻烦的，而且只要有主机更改名称或者 IP 地址时，每台主机都要更新，以保持 Hosts 文件中名称和 IP 地址的一致性。因此，随着越来越多的主机加入网络，产生了一种基于分布式数据库的域名系统——DNS。

不过利用 Hosts 文件寻找 IP 地址的效率比较高，特别适合于规模较小的内部互联网络。一些变化不大又要经常访问的域名也可以写入 Hosts 文件以提高解析效率。

注意：不同的操作系统，Hosts 文件存放的目录可能不同。例如，在 Windows Server 2012 系统中，其文件名为 hosts，存放目录一般是%Systemroot%\system32\drivers\etc。修改和保存 Hosts 文件，需要提供系统管理员权限。

9.2.2　域名系统

域名系统 DNS（Domain Name System）是一种采用客户机/服务器模式，实现名称与 IP 地址转换的系统。通过在 DNS 服务器端建立 DNS 数据库，记录主机名称与 IP 地址的对应关系，为客户端的主机提供 IP 地址解析服务。当某主机要与其他主机通信时，就可利用主机名称向 DNS 服务器请求查询此主机的 IP 地址。

在因特网上采用了层次树状结构的命名方法，如图 9.1 所示因特网的域名结构，如同一颗倒过来的树，层次结构非常清楚。根域位于层次结构的最高端，是域名树的根，提供根域名服务，以“.”来表示；紧接着在根的下面是几个顶级域，数目有限且不能轻易变动；每个顶级域又进一步划分为不同的二级域，二级下面再划分子域，子域下面可以有主机，也可以再分子域，直到最后主机。例如，主机 www.microsoft.com 只有 3 个层次，其中 microsoft.com 是域名，www 是主机名，表明该主机是 Web 服务器；而主机 www.xpc.edu.cn 为 4 个层次，其中 xpc.edu.cn 是域名，www 为主机名。表 9.1 和表 9.2 分别为常见的通用顶级域名与国家或区域顶级域名及其说明。

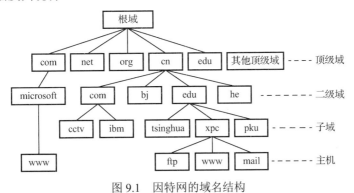

图 9.1　因特网的域名结构

表 9.1　通用顶级域名

标　　号	描　　述
com	商业机构

续表

标　号	描　述
edu	教育机构、学术机构
gov	官方政府单位
int	国际机构
mil	军事机构
net	网络服务机构
org	非营利性组织

表9.2　国家或区域顶级域名

标　号	描　述
cn	中国
hk	香港
tw	台湾
us	美国
jp	日本
uk	英国
ge	德国

与文件系统的结构类似，每个域可以用相对的或绝对的名称来标志。相对于父域来表示一个域，可以用相对域；绝对域名指完整的域名。主机名是指为每台主机指定的主机名称。带有域名的主机名是完全限定的域名（Fully Qualified Domain Name，FQDN）。

ICANN（因特网名字与数字地址分配机构）负责管理世界范围内的 IP 地址分配，也管理着整个域结构，在 TCP/IP 网络上是通过 DNS 服务器提供 DNS 服务来实现的。在因特网中的每个网络都必须有自己的域名，应向 ICANN 注册，这个域名对应自己的网络，注册的域名就是网络域名。例如，邢台职业技术学院的域名是 xpc.edu.cn。要在整个因特网范围内来识别特定的主机，必须使用完全限定域名。某网络拥有注册域名后，即可在网络内为特定主机或主机的特定应用程序服务，自行指定主机名或别名，如 www、ftp、smtp 等。

9.2.3　域名服务器

域名服务器是整个域名系统的核心。域名服务器，严格地讲应该是域名名称服务器（DNS Name Server），保存着域名称空间中部分区域的数据。

因特网上的域名服务器按照域名的层次来安排的，每一个域名服务器都只对域名体系中的一部分进行管辖。域名服务器有 3 种类型：本地域名服务器、根域名服务器和授权域名服务器。

1．本地域名服务器

本地域名服务器（Local Name Server）也称默认域名服务器，当一个主机发出 DNS 查询报文时，这个报文就首先被送往该主机的本地域名服务器。在用户的计算机中设置网卡的"Internet 协议版本 4（TCP/IPv4）属性"对话框中设置的首选 DNS 服务器最好设置为本地域名服务器，如图 9.2 所示。本地域名服务器离用户较近，一般不超过几个路由器的距离。当所要查询的主机也属于同一本地 ISP 时，该本地域名服务器会立即将所查询的主机名转换为它的 IP 地址，而不需要再去询问其他的域名服务器。

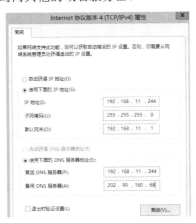

图 9.2　设置本地域名服务器

2．根域名服务器

根域名服务器（Root Name Server）是架构因特网所必须的基础设施。根域名服务器并不直接对顶级域下面所属的域名进行转换，但储存了负责每个顶级域（如 com、net、org 等）的解析的域名服务器的地址信息，如同通过北京电信你问不到广州市某单位的电话号码，但是北京电信可以告诉你去查 020114。

当一个本地域名服务器不能立即回答某个主机的查询时，该本地域名服务器就以 DNS 客户的身份向某一根域名服务器查询。即使根域名服务器没有被查询主机的信息，它也一定知道它所管辖的顶级域（如.com）能够找到下面的所有二级域名的域名服务器，之后只需要逐级查询即可。

目前因特网上有 13 个根域名服务器，编号 A 至 M，大部分都在北美，另有数百个根域名服务器的镜像服务器分布于全球各大洲，中国大陆地区内只有 6 组根服务器镜像，分别是 F、I（3 台）、J、L，在少数极端情况下（比如全球因特网出现大面积瘫痪，或者中国因特网国际出口堵塞），至少能保证国内的站点由国内的域名服务器来解析。虽然国外的用户连接到中国的网络会出现问题，但是中国可以自己解决中国境内的域名解析问题，保证国内网络正常使用。

3．授权域名服务器

虽然任何人都可以架设一个 DNS 服务器并储存一些域名与 IP 地址的映射表，但如果不加以限制，就可能出现"DNS 污染"，将域名指向错误的 IP 地址而造成网络混乱。

授权域名服务器是经过上一级授权对域名进行解析的服务器，同时它可以把解析授权转授给其他人。例如，.com 顶级域名服务器可以授权 xyz.com 的权威服务器为 ns.xyz.com，同时 ns.xyz.com 还可以把授权转授给 ns.abc.com，这样 ns.abc.com 就成了 xyz.com 实际上的权威服务器了。平时解析域名的结果都源自权威 DNS。

网络上的每一个主机都必须在授权域名服务器处注册登记。通常，一个主机的授权域名服务器就是它的本地 ISP 的一个域名服务器。实际上，为了更加可靠地工作，一个主机最好有至少两个授权域名服务器。许多域名服务器同时充当本地域名服务器和授权域名服务器。

授权域名服务器总是能够将其管辖的主机名转换为该主机的 IP 地址。

每个域名服务器都维护一个高速缓存，存放最近用过的名字及从何处获得名字映射信息的记录。当客户请求域名服务器转换名字时，服务器首先按标准过程检查它是否被授权管理该名字。若未被授权，则查看自己的高速缓存，检查该名字是否最近被转换过。域名服务器向客户报告缓存中有关名字和地址的绑定（Binding）信息，并标志为非授权绑定，以及给出获得此绑定的服务器 S 的域名。本地服务器同时也将服务器 S 与 IP 地址的绑定告知客户。因此，客户能够很快收到回答，但有可能信息已是过时的了。如果强调高效，客户可选择接受非授权的回答信息并继续进行查询；如果强调准确性，客户可与授权服务器联系，并检验名字与地址间的绑定是否仍有效。

因特网允许各个单位根据本单位的具体情况将本单位的域名划分为若干个域名服务器管辖区（Zone），一般就在各管辖区中设置相应的授权域名服务器。如图 9.3 所示，abc 公司有下属部门 x 和 y，而部门 x 下面又分为 3 个分部门 u、v 和 w，而 y 下面还有其下属的部门 t。

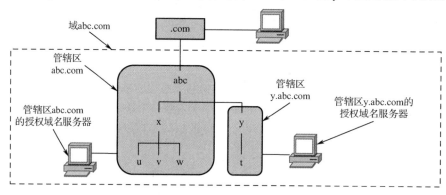

图 9.3　域名服务器管辖区的划分

9.2.4　域名的解析过程

1. DNS 解析流程

当使用浏览器阅读网页时，在地址栏输入一个网站的域名后，操作系统会呼叫解析程序（Resolver，即客户端负责 DNS 查询的 TCP/IP 软件），开始解析此域名对应的 IP 地址，其运作过程如图 9.4 所示。

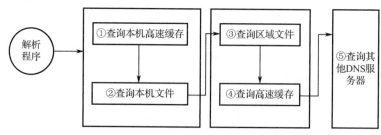

图 9.4　DNS 解析程序的查询流程

① 解析程序查询本机的高速缓存记录，如果从高速缓存内即可得知该域名所对应的 IP地址，就将此 IP 地址传给应用程序。

② 如果在本机高速缓存中找不到答案，接着解析程序会查询本机文件 Hosts，看是否能找到相对应的数据。

③ 如果还是无法找到对应的 IP 地址，则向本机指定的域名服务器请求查询。域名服务器在收到请求后，会先检查此域名是否为管辖区域内的域名。当然会检查区域文件，看是否有相符的数据，反之则进行下一步。

④ 如果在区域文件内若找不到对应的 IP 地址，则域名服务器会检查本身所存放的高速缓存，看是否能找到相符合的数据。

⑤ 如果还是无法找到相对应的数据，就需要借助外部的域名服务器，这时就会开始进行域名服务器与域名服务器之间的查询操作。

上述 5 个步骤，可分为两种查询模式：第③、④步客户端对域名服务器的查询——递归查询，第⑤步域名服务器和域名服务器之间的查询——循环查询。

1）递归查询（Recursive Query）

DNS 客户端要求域名服务器解析 DNS 名称时，采用的多是递归查询。当 DNS 客户端向 DNS 服务器提出递归查询时，DNS 服务器会按照下列步骤来解析名称。

① 如果域名服务器本身的信息足以解析该项查询，则直接响应客户端其查询的名称所对应的 IP 地址。

② 如果域名服务器无法解析该项查询，则会尝试向其他域名服务器查询。

③ 如果其他域名服务器也无法解析该项查询，则告知客户端找不到数据。

从上述过程可得知，当域名服务器收到递归查询时，必然会响应客户端其查询的名称所对应的 IP 地址，或者通知客户端找不到数据。

2）循环查询（Iterative Query）

循环查询多用于域名服务器与域名服务器之间的查询。它的工作过程是：当第 1 台域名服务器向第 2 台域名服务器（一般为根域服务器）提出查询请求后，如果在第 2 台域名服务器内没有所需要的数据，则它会提供第 3 台域名服务器的 IP 地址给第 1 台域名服务器，让第 1 台域名服务器直接向第 3 台域名服务器进行查询。以此类推，直到找到所需的数据为止。如果到最后一台域名服务器中还没有找到所需的数据时，则通知第 1 台域名服务器查询失败。

2．一次完整的 DNS 查询过程示例

如图 9.5 所示显示了一个包含递归型和循环型两种类型的查询方式，DNS 客户端向域名服务器 Serverl 查询 www.xpc.edu.cn 的 IP 地址的过程。查询的具体解析过程如下。

域名解析使用 UDP 协议，DNS 服务器会一直监听 UDP 的 53 号端口。提出 DNS 解析请求的主机与域名服务器之间采用客户机/服务器（C/S）模式工作。当某个应用程序需要将一个名字映射为一个 IP 地址时，应用程序会调用一种名为解析器（Resolver，参数为要解析的域名地址）的程序，由解析器将 UDP 分组传送给本地 DNS 服务器，由本地 DNS 服务器负责查找名字并将 IP 地址返回给解析器，解析器再把它返回给调用程序。本地 DNS 服务器以数据库查询方式完成域名解析过程，并且采用了递归查询。

3．反向查询

反向型查询是依据 DNS 客户端提供的 IP 地址，来查询它的主机名。由于 DNS 域名与 IP 地址之间无法建立直接对应关系，要实现反向解析，必须在 DNS 服务器内创建一个反向解析区域，系统会自动为其创建一个反向型查询区域文件。反向域名的顶级域名是 in-addr.arpa。反向域名由两部分组成，域名前半段是其网络 IP 地址的反向书写，后半段必须是 in-addr.arpa，如 10.168.192. in-addr.arpa。

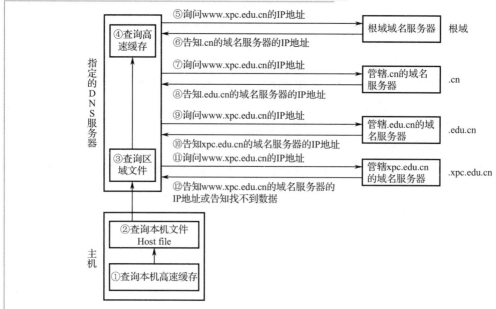

图 9.5　完整的 DNS 解析过程

一旦创建的区域进入到 DNS 数据库中，就会增加一个指针记录，将 IP 地址与相应的主机名相关联。例如，当查询 IP 地址为 192.168.10.250 的主机名时，解析程序将向 DNS 服务器查询 250.10.168.192.in-addr.arpa 的指针记录。如果该 IP 地址在本地域之外，DNS 服务器将从根开始，顺序解析域节点，直到找到 250.10.168. 192.in-addr.arpa。

4．域名解析的效率问题

通常域名服务器的请求量是非常大的。为了提高域名的解析速度，域名解析服务提供了两方面的优化：复制和高速缓存。

复制是指在每个主机上保留一个本地域名服务器数据库的副本。由于不需要任何网络交互就能进行转换，因此复制使得本地主机上的域名转换非常快。同时，它也减轻了域名服务器的计算机负担，使服务器能为更多的计算机提供域名服务。

高速缓存是比复制更重要的优化技术，它可使非本地域名解析的开销大大降低。网络中每个域名服务器都维护一个高速缓存器，由高速缓存器来存放用过的域名和从何处获得域名映射信息的记录。当客户机请求服务器转换一个域名时，服务器首先查找本地域名到 IP 地址映射数据库，如果无匹配地址，则检查高速缓存中是否有该域名最近被解析过的记录，如果有就返回给客户机，如果没有记录便应用某种解析方式或算法解析该域名。为保证解析的有效性和正确性，高速缓存中保存的域名信息记录设置有生存时间，这个时间由响应域名询问的服务器给出，超时的记录将从缓存区中删除。

9.2.5　域名服务器类型

1．主域名服务器

主域名服务器负责维护一个区域的所有域名信息，是该区域的权威信息源。管理员可以增删改数据。

2．辅助域名服务器

辅助域名服务器作为备份服务器使用，区域文件内的数据是从主域名服务器复制过来的副本，无法修改。辅助域名服务器可以用于减少区域的主服务器的负载，起到冗余和容错的作用；可以采用分布式结构，减少 DNS 网络通信量。一个区域内可设有一个主域名服务器及多个辅助域名服务器。

3．唯缓存域名服务器。

唯缓存域名服务器可运行域名服务器服务，但没有域名数据库，不负责管理任何区域。它帮助客户端向其他 DNS 服务器查询域名，然后将查询结果放在高速缓存中，并提供给客户端。当客户端再次查询记录时，若缓存区有所需记录，它可以快速反馈结果。由于所有信息都是间接信息，因此不是权威性的服务器。

4．转发域名服务器。

转发域名服务器负责所有非本地域名的本地查询。收到查询请求时，在其缓存中查找，如果没有，就把请求依次转发到指定的域名服务器，直到查询到结果为止，否则返回无法映射的结果。

9.2.6　对象类型和资源类型

在 Windows Server 2012 系统下，DNS 数据库中都会包含 DNS 服务器所使用的一个或多个区域文件，保存在%Systemroot%\system32\dns 文件夹内，如10.8.10.in-addr.arpa 和 xpc.edu.cn 等，可以使用文本编辑器打开。每个区域文件都由许多的资源记录所组成，包含许多对象类型。当设置 DNS 域名解析、反向解析及其他的管理目的时，需要许多不同类型的资源记录，下面就介绍它们的代表意义。

在 TCP/IP 因特网络中，域名系统具有广泛的通用性。它既可以用于标志主机，也可以标志邮件交换。为了区分不同类型的对象，域名系统中每一个条目都被赋予了"类型"（Type）属性。这样，一个特定的名字就可能对应于域名系统的若干个条目。表 9.3 列出了域名系统的对象类型。

表 9.3　域名系统的对象类型

类　型	意　义	内　容
SOA	授权开始	标志一个资源记录集合（称为授权区段）的开始
A	主机地址	IP 地址（标志一个主机名与其所对应的 IP 地址的映射）
MX	邮件交换	邮件服务器名及优先级（标志一个邮件服务器与其所对应的 IP 地址的映射）
NS	域名服务器	域的授权名字服务器
CNAME	别名	其他的规范名字
PTR	指针	对应于 IP 地址的主机名
SRV	服务	用来记录提供特殊服务的服务器的相关数据
HINFO	主机描述	ASCII 字符串，用于 CPU 和 OS 描述
TXT	文本	ASCII 字符串

（1）授权开始（Start of Authority，SOA）记录。授权开始记录用于记录该区域内主要名称服务器（即保存该区域数据正本的 DNS 服务器）与此区域管理者的电子邮件账号。当新建一个区域后，SOA 会被自动创建，所以 SOA 是区域内第 1 个记录文件。其文件中内容格式如下：

```
［区域名称］［TTL 时间］IN SOA 主要服务器名称 管理员 E-Mail（
区域版本编号
```

```
同步更新时间
同步重试时间
同步到期时间
TTL 默认值）
```

如在 xpc.edu.cn 文件中：

```
@                    IN  SOA dns1. hostmaster. (
                     6              ; serial number
                     900            ; refresh
                     600            ; retry
                     86400          ; expire
                     3600         ) ; default TTL
```

（2）主机（A Host）记录。主机记录，也叫做 A 记录，是用来静态地建立主机名与 IP 地址之间的对应关系，以便提供正向查询的服务。

主机记录将主机名（如上例的 www、mail）与一个特定的 IP 地址联系起来，格式如下：

［主机名］［TTL 时间］A IP 地址

例如：

```
host                 A 192.168.11.250
```

（3）邮件交换（Mail Exchanger，MX）记录。邮件交换记录可以告诉用户哪些服务器可以为该域接收邮件。接收邮件的服务器一般是专用的邮件服务器，也可以是一台用来转送邮件的主机。每一个 MX 记录有两个参数：preference 和 mailserver。

当用户在局域网内部传送邮件时（邮件的后辍为@abc.net），一般可由局域网内部的邮件服务器完成交换；当用户需要向局域网之外的其他因特网用户发送邮件时，则通过指向 ISP 的邮件服务器进行交换。

（4）域名服务器（Name Server，NS）记录。域名服务器（Name Server，NS）记录用于记录管辖此区域的名称服务器，包括主要名称服务器和辅助名称服务器，这样就允许其他域名服务器到该域查找名字。一个区域文件可能有多个域名服务器记录。

（5）别名（Canonial Name 或 CNAME）记录。别名记录用来记录某台主机的别名。别名记录在平时的应用中很有用，它可以给一台主机设置多个别名，每一个别名代表一个应用。例如，有一个名为 host.xpc.edu.cn 的主机，它同时可以有多个别名，一个为 mail. xpc.edu.cn，用于邮件服务；另一个为 ftp. xpc.edu.cn，用于 FTP 服务；还可以再有一个为 www. xpc.edu.cn，用于 WWW 服务。也就是说，这几台不同名称的主机返回的 IP 地址完全相同。别名记录的格式如下：

［主机别名］［TTL 时间］CNAME 主机名

例如：

```
smtp                 CNAME host.xpc.edu.cn.
www                  CNAME host.xpc.edu.cn.
```

（6）指针（PTR）记录。主机记录将一个主机名映射到一个 IP 地址上；而指针记录则正好相反，它将一个 IP 地址映射到一个主机上。指针记录为反向查询提供了条件，用户有时要求 DNS 服务器找出与一个特定地址相对应的 FQDN，这是一个很有用的功能，这可以防止某些非法用户用伪装的或不合法的域名来使用 E-Mail 或 FTP Server 服务。指针记录的格式如下：

主机 IP 地址 ［TTL 时间］ IN PTR 主机名称

例如：

```
250                  PTR  host.xpc.edu.cn.
251                  PTR  host.west.xpc.edu.cn.
```

（7）服务（SRV）记录。服务记录用来记录提供特殊服务的服务器的相关数据。例如，它可以记录域控制器的完整的计算机名与 IP 地址，使客户端登录时可以通过此记录寻找域控制器，以便审核登录者的身份。

9.3 方案设计

1．项目规划

某高等院校建立校园网后需要为单位的内部局域网提供 DNS 服务，使用户能够使用域名访问内部的计算机和网站。

配置 Windows Server 2012 系统下的 DNS 服务管理，如图 9.6 所示的阴影部分。要求如下：

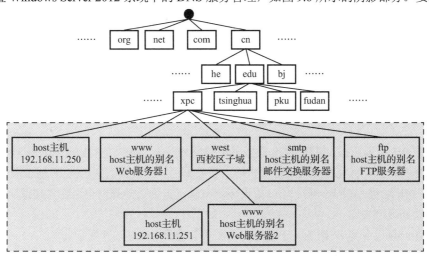

图 9.6　阴影部分为架设 DNS 服务器所需管理的部分因特网域名结构

（1）服务器端：共配置 3 台 DNS 服务器，安装有 Windows Server 2012 操作系统。

① DNS1：作为主 DNS 服务器，设置 IP 地址为 192.168.11.244/24。创建 DNS 记录，host.xpc.edu.cn 对应 192.168.11.250/24，邮件服务器对应 host.xpc.edu.cn，host.west.xpc.edu.cn 对应 192.168.11.251。设置 host.xpc.edu.cn 别名为 www.xpc.edu.cn 作为 Web 服务器 1，设置另一别名 ftp.xpc.edu.cn 作为文件传输服务器。设置 host.west.xpc.edu.cn 别名为 www.dzx.xpc.edu.cn 作为 Web 服务器 2。设置转发器为 202.99.160.68 处理本机不能解析的域名。

② DNS2：作为辅助 DNS 服务器，设置 IP 地址为 192.168.11.245/24。数据源来自主 DNS 服务器 DNS1。

③ DNS3：负责西校区子域 west.xpc.edu.cn 的域名解析，接受主 DNS 服务器委派。

（2）客户端：客户端计算机 CLIENT 的 IP 地址为 192.168.11.10/24。在命令行环境下，通过 "nslookup" 命令测试域名解析为 IP 地址的正确性。

根据以上要求，本项目实施的网络拓扑图如图 9.7 所示。

2．设备清单

为了搭建图 9.7 所示的网络环境，需要如下设备：

（1）安装 Windows Server 2012 系统的 PC 3 台，作为 DNS 服务器；

（2）Windows 10 计算机 1 台，作为测试客户机；

（3）以上 4 台计算机已连入校园网。

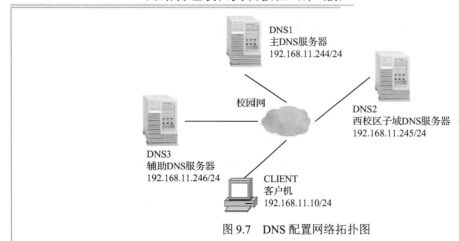

图 9.7　DNS 配置网络拓扑图

9.4　项目实施

9.4.1　硬件连接及 IP 地址设置

按照图 9.7 所示拓扑，搭建 DNS 服务器配置网络模型。如果是利用 VMware 软件做实验并需测试外网，建议将所有的测试虚拟机连入桥接网络，并依据宿主机的 IP 地址调整下一步的虚拟机的 IP 配置（在同一网段内）。如果环境有限不方便访问外网也可连入虚拟交换机（如vmnet2）做局域网实验。

设置各计算机名和 IP 地址、子网掩码、网关等信息，如表 9.4 所示。

表 9.4　各计算机的 TCP/IP 属性配置

计 算 机 名	IP 地址	子 网 掩 码	网　　关	首选 DNS
DNS1	192.168.11.244	255.255.255.0	192.168.11.1	本机
DNS2	192.168.11.245	255.255.255.0	192.168.11.1	本机
DNS3	192.168.11.246	255.255.255.0	192.168.11.1	本机
CLIENT	192.168.11.10	255.255.255.0	192.168.11.1	DNS1

注：将 DNS 服务器将首选 DNS 设为本机的目的是为了让计算机内其他应用程序可以通过本机的 DNS 数据库查询域名解析。

使用 ping 命令测试各计算机之间的连通性。如果全通则继续进行下一步骤，否则检测网线、计算机 TCP/IP 配置及 Windows 防火墙是否放行 ICMPv4 协议数据包，直到各计算机之间全部连通。

9.4.2　安装主 DNS 服务器

如果本机已经是域控制器，则 DNS 服务器已经默认安装，可以跳过本步。如果在"开始→管理工具"中找不到"DNS"项，就需要安装 DNS 服务器。

在 DNS1 计算机打开"服务器管理器"（"开始→服务器管理器"）窗口，在仪表板中单击"2 添加角色和功能"选项，打开"添加角色和功能向导"对话框，单击"下一步"→"基于角色或基于功能的安装"→"下一步"→在服务器池中选择本机→"下一步",在服务器角色中选择"DNS 服务器"→"添加功能",之后连续单击"下一步"按钮直至"安装"按钮,看到安装成功后的关闭页面,如图 9.8 和图 9.9 所示。这时能从"开始→管理工具"看到"DNS"管理器的快捷方式。

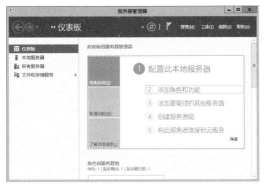

图 9.8 服务器管理器窗口

图 9.9 添加服务器角色

9.4.3 配置主 DNS 服务器

在 DNS1 计算机选择"开始→管理工具→DNS"命令,打开"DNS 管理器"窗口。展开界面左侧的树形结构,可以看到计算机 DNS1 内的 DNS 数据,如图 9.10 所示。未来也可通过用鼠标右击"树"区域的"DNS"选项,在弹出的快捷菜单中选择"连接到 DNS 服务器"命令,弹出"连接到 DNS 服务器"对话框,选择"下列计算机"单选项,添加计算机名或 IP 地址,远程管理其他 DNS 服务器,如图 9.11 所示。

图 9.10 "DNS 管理器"窗口

图 9.11 "连接到 DNS 服务器"对话框

9.4.4 在正向查找区域建立主要区域

DNS 客户端所提出的 DNS 查找请求,大部分是属于正向的查找(Forward Lookup),也就是从主机名称来查找 IP 地址。建立步骤如下:

(1)右击"正向查找区域"选项,在弹出的快捷菜单中选择"新建区域"命令,启动"欢迎使用新建区域"向导。单击"下一步"按钮,弹出"区域类型"对话框,如图 9.12 所示。

(2)选择"主要区域"单选项,单击"下一步"按钮,弹出"区域名称"对话框,如图 9.13 所示。

(3)在"区域名称"文本框中输入区域名"xpc.edu.cn"。注意只输入到次阶域,而不是连同子域和主机名称都一起输入。

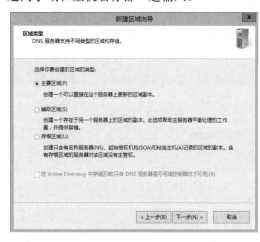 

图 9.12　选择区域类型　　　　　　　　　图 9.13　填写区域名称

（4）单击"下一步"按钮，弹出"区域文件"对话框，如图 9.14 所示。在"创建新文件，文件名为"文本框中自动输入了以域名为文件名的 DNS 文件。该文件的默认文件名为 xpc.edu.cn.dns（区域名+.dns），它被保存在文件夹%Systemroot%\system32\dns 中。如果要使用区域内已有的区域文件，可先选择"使用此现存文件"单选项，然后将该现存的文件复制到%Systemroot%\system32\dns 文件夹中。

（5）单击"下一步"按钮，弹出"动态更新"对话框，如图 9.15 所示。选择"允许非安全和安全动态更新"选项表示任何客户端接受资源记录的动态更新，该设置存在安全隐患；选择"不允许动态更新"选项，表示不接受资源记录的动态更新，更新记录必须手动。（关于动态更新记录，参见后文"DNS 服务器的维护"部分）

图 9.14　创建区域文件　　　　　　　　　图 9.15　动态更新设置

（6）单击"下一步"按钮，单击"完成"按钮。新区域"xpc.edu.cn"添加到 DNS 管理窗口。

在 Windows Server 2012 的 DNS 允许建立以下 3 种类型的区域。

① 主要区域（Primary Zone）：通常由主 DNS 服务器创建。用来存储此区域内所有记录的正本。在 DNS 服务器内建立主要区域后，可以直接在此区域内新建、修改、删除记录。区

域内的记录可以存储在文件或是 Active Directory 数据库中。

- 如果 DNS 服务器是独立服务器或成员服务器，则区域内的记录是存储在"区域文件"内，文件名默认是"区域名称.dns"，存储在%systemboot%\system32\dns 文件夹内，类型为文本文件。
- 如果 DNS 服务器是域控制器，则记录可以存储在"区域文件"或 Active Directory 数据库内。若将其存储到 Active Directory 数据库内，则此区域被称为"Active Directory 整合区域"，此区域内的记录会随着 Active Directory 数据库的复制动作，自动被复制到其他的域控制器。

② 辅助区域（Secondary Zone）：通常由辅助 DNS 服务器创建。辅助区域内的每一项记录都存储在"区域文件"中，存储区域内所有记录的副本，是利用"区域复制"从其"master 服务器"复制过来的。辅助区域内的记录是只读的、不可修改的。

③ 存根区域（Stub Zone）：通常由上层 DNS 服务器创建。存储着一个区域的副本信息，不过它与辅助区域不同，存根区域只包含少量记录（如 SOA 、NS），利用这些记录可以找到此区域内的授权服务器。

9.4.5　在主要区域内新建资源记录

DNS 服务器支持相当多的不同类型的资源记录，下面介绍如何将几个比较常用的资源记录新建到区域内。

1．新建一项主机记录

将主机名称与 IP 地址（也就是资源记录类型为 A 的记录）新建到 DNS 服务器内的区域后，就可以让 DNS 服务器提供这台主机的 IP 地址给客户端。

① 右击欲新增加记录的区域名，如 xpc.edu.cn，在弹出的快捷菜单中选择"新建主机"命令，弹出"新建主机"对话框，如图 9.16 所示。

② 在"名称"栏中填写新增主机记录的名称，但不需要填上整个域名，如要新增 host 名称，只要填上 host 即可，而不需填上 host.xpc.edu.cn。在"IP 地址"栏中填入欲新建名称的实际 IP 地址，如 192.168.11.250。如果 IP 地址与 DNS 服务器在同一个子网掩码下，并且有反向查找区域，则可以选择"创建相关的指针（PTR）记录"复选框，这样会在反向查找区域自动添加一项搜索记录。单击"添加主机"按钮，该主机的名字、对象类型及 IP 地址就显示在 DNS 管理窗口中。如图 9.17 所示。

可以重复以上步骤，以便将多台主机的信息输入到此区域内。

2．新建一项主机别名

如果想要让一台主机拥有多个主机名称，可以为该主机设置别名。例如，一台主机 host.xpc.edu.cn 当作 Web 服务器时名称为 www.xpc.edu.cn，当作文件传输服务器时为 ftp.xpc.edu.cn，当作邮件交换服务器的时候是 smtp.xpc.edu.cn，但这其实都是同一 IP 地址的主机。

右击欲新建立别名主机的区域名，如 xpc.edu.cn，在弹出的快捷菜单中选择"新建别名"命令。弹出"新建资源记录"对话框，如图 9.18 所示，在"别名"文本框中输入主页服务器的名字"www"，然后输入目标主机的完全合格的域名 host.xpc.edu.cn（也可以通过单击"浏览"按钮进行选择），单击"确定"按钮完成别名配置。同样创建别名"ftp"和"smtp"。如

图 9.19 所示为完成后的画面，它表示 host.xpc.edu.cn 的别名是 www.xpc.edu.cn、ftp.xpc.edu.cn 和 smtp.xpc.edu.cn。

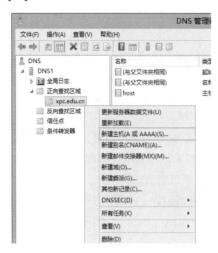

图 9.16　新建主机记录

图 9.17　"新建主机"对话框

图 9.18　"新建资源记录"对话框

图 9.19　主机记录和别名记录

3. 新建一项邮件交换器（MX）

当邮件送到邮件交换服务器（SMTP Server）后，邮件交换服务器必须要将邮件转发到目的地的邮件交换服务器，邮件交换服务器通过向 DNS 服务器查找 MX 资源记录来得知目的地的邮件交换服务器。MX 记录着负责域邮件传送的交换服务器，如图 9.20 所示。

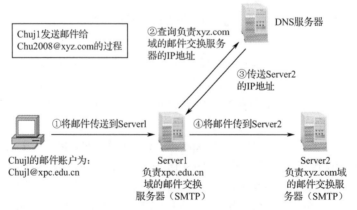

图 9.20　查找目的地邮件服务器的过程

（1）右击 DNS 树中的区域名"xpc.edu.cn"，在弹出的快捷菜单中选择"新建邮件交换器"命令。弹出"新建资源记录"对话框，如图 9.21 所示，在该对话框中，空出"主机或子域"框不填写，然后在"邮件服务器的完全限定的域名"框中输入邮件服务器的安全合格的域名"smtp.xpc.edu.cn"（也可以通过单击"浏览"按钮进行选择）和优先级，单击"确定"按钮，邮件服务器的名字、对象类型及指向的主机就显示在 DNS 管理窗口中。如图 9.21 所示。

图 9.21 "新建资源记录"对话框

- 主机或子域：一般不填写。若输入名称，则表示是在设置某子域的邮件交换服务器；若未输入，则以"父域（Parent Domain）"为其负责的域，如域 xpc.edu.cn。
- 邮件服务器的完全限定的域名（FQDN）：输入负责上述域邮件传送工作的邮件服务器的 FQDN，这台主机必须有一项类型为 A 的资源记录，以便得知其 IP 地址。
- 邮件服务器优先级：如果此域中有多台邮件交换服务器，则可以建立多个 MX 资源记录，并通过此处来设置其优先级，数字较低的优先级较高（0 为最高）。

（2）单击"确定"按钮，邮件服务器的名字、对象类型及指向的主机就显示在 DNS 管理窗口中。

9.4.6 建立反向区域

建立反向查找区域后可以让 DNS 客户端使用 IP 地址来查询主机名称。反向区域并不是必须的，可以在需要时创建。在 Windows Server 2012 中，DNS 分布式数据库是以名称为索引而非以 IP 地址为索引的。反向区域的前半部分是网络 ID（Network ID）的反向书写，而后半部分必须是.in-addr.arpa。例如，要查询网络 ID 为 192.168.11.250 的主机，则其反向区域前半部分的网络 ID 为 192.168.11，后半部分是.in-addr.arpa，区域文件为 11.168.192.in-addr.arpa.dns。

1. 建立反向区域

① 建立一个反向查找区域与建立正向查找区域一样，右击"反向查找区域"选项，在弹出的快捷菜单中选择"新建区域"命令，弹出"新建区域向导"对话框，单击"下一步"按

钮，弹出"区域类型"对话框，选择"主要区域"选项，单击"下一步"按钮，弹出"反向查找区域名称"对话框，选择是将 IPv4 还是 IPv6 转化为 DNS 域名。单击"下一步"按钮，弹出"反向查找区域名称"对话框，如图 9.22 所示，在"网络 ID"文本框中输入正常的地址（如 192.168.11.），这时会自动在反向查找区域名称中显示 11.168.192.in-addr.arpa。

② 单击"下一步"按钮，弹出"区域文件"对话框，如图 9.23 所示，在"创建新文件，文件名为"文本框中自动生成了以反向查找区域名为文件名的 DNS 文件，11.168.192.in-addr.arpa.dns。

③ 单击"下一步"按钮，选择"不允许动态更新"选项，单击"下一步"按钮，单击"完成"按钮，完成设置。反向查找区域自动添加在 DNS 管理窗口中。

图 9.22　设置反向查找区域名称

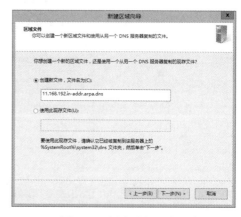

图 9.23　创建反向区域文件

2．在反向区域内建立记录

在反向区域建立记录有两种方法，以便为 DNS 客户端提供反向查找的服务。

① 右击反向查找区域，在弹出的快捷菜单中选择"新增指针"命令。弹出"新建资源记录"对话框，如图 9.24 所示。在"主机 IP 号"中输入主机的 IP 地址的最后一组，如 250，在"主机名"文本框中输入指针指向的域名，如 host.xpc.edu.cn，也可以通过单击"浏览"按钮去查找。

图 9.24　创建反向指针记录

② 在正向区域建立主机记录时，可以顺便在反向区域内建立一项反向记录，在图 9.17

中，勾选"创建相关的指针（PTR）记录"选项即可。但在选择此选项时，相对应的反向查找区域必须已经存在，例如，反向区域 11.168.192.in-addr.arpa 必须已经存在。

9.4.7　建立子域与委派域

如果 DNS 服务器所管辖的区域为 xpc.edu.cn，而且在此区域之下还有数个子域，如 west.xpc.edu.cn，则将子域内的记录建立到 DNS 服务器的方法有以下两种。

- 可以直接在 xpc.edu.cn 区域之下建立子域，然后将此子域内的主机记录输入到此子域内，这些记录还是存储在这台 DNS 服务器内的。
- 可以将子域内的记录委派给其他的 DNS 服务器来管理，也就是此子域内的所有记录都是存储在被委派的 DNS 服务器内的。

1．建立子域及其记录

为了管理图 9.6 中的 west 节点，需要在"xpc.edu.cn"之下再建立一个子域。

① 右击 DNS 树中"xpc.edu.cn"，在弹出的快捷菜单中选择"新建域"命令，弹出"新建 DNS 域"对话框，如图 9.25 所示，在"请键入新的 DNS 域名"文本框中输入子域名"west"，单击"确定"按钮，west 将显示在区域"xpc.edu.cn"之下，如图 9.26 所示。

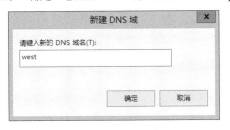

图 9.25　创建子域

图 9.26　创建后的子域

② 在 west 子域中新建主机记录，右击子域名 west，在弹出的快捷菜单中选择"新建主机"命令，弹出"新建主机"对话框，如图 9.27 所示，在"名称"文本框中输入新建主机的名称，如 host，在"IP 地址"栏中填入欲新建名称的实际 IP 地址，如 192.168.11.251。 单击"添加主机"按钮，该主机的名字、对象类型及 IP 地址就显示在 DNS 管理窗口中。

③ 在 west 子域中再新建别名，右击子域名 west，在弹出的快捷菜单中选择"新建别名"命令，弹出"新建资源记录"对话框，如图 9.28 所示，在"别名"文本框中输入主页服务器的名字"www"，然后输入目标主机的完全合格的域名 host.west.xpc.edu.cn（也可以通过单击"浏览"按钮进行选择），单击"确定"按钮完成别名配置。如图 9.29 所示为完成后的画面。

2．扩展技能：DNS 泛域名解析（选做）

企业为很多员工建立了个人网站，为了节省费用，可以采用虚拟主机技术，即在同一 Web 服务器上架设多个网站，员工使用二级域名访问这些站点（将在随后的项目 10 中实现）。然而，维护这些二级域名的工作量非常大，因此，可以采用 DNS 泛域名解析技术来解决这个难题。

① 在 DNS 管理控制台中，右击正向查找区域"xpc.edu.cn"，在弹出的快捷菜单中选择"新建域"命令，打开"新建 DNS 域"对话框，在"请键入新的 DNS 域名"文本框中输入"*"。

② 单击"确定"按钮，成功建立了一个子域，子域名为"*.xpc.edu.cn"，如图 9.30 所示。

图 9.27　创建主机记录　　　　　　　图 9.28　创建子域别名记录

图 9.29　子域内资源记录创建

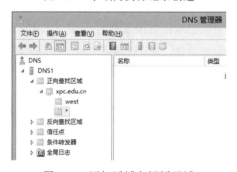

图 9.30　添加泛域名解析子域

③ 右击"*"区域，在弹出的快捷菜单中选择"新建主机"命令，打开"新建主机"对话框，如图 9.31 所示。主机名留空，IP 地址为 Web 服务器的 IP 地址。

④ 单击"添加主机"按钮，成功添加一条主机记录；最后单击"完成"按钮。

操作完成后，可以在客户机上用"nslookup"命令进行验证。发现无论输入诸如"abc.xpc.edu.cn"、"xyz.xpc.edu.cn"等各种子域名，都会解析到主机"192.168.11.251"，实现了 DNS 泛域名解析，如图 9.32 所示。

3. 委派域

现在主服务器 DNS1 内已经有一个受管辖的区域 xpc.edu.cn，要将在此区域下的子域（区域）west 委派给另外一台服务器 DNS2（IP 地址为 192.168.11.245）来管理，也就是此子域

west.xpc.edu.cn 内的所有记录都存储在被委派的服务器 DNS2 内。当 DNS1 收到查找 west.xpc.edu.cn 内的记录请求时,DNS1 会向 DNS2 查找(查找模式为循环查询)。

图 9.31 新建泛域名解析主机记录

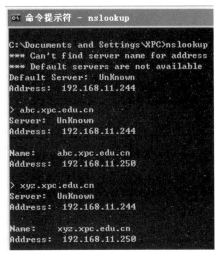

图 9.32 NSLOOKUP 命令验证泛域名解析

操作步骤如下。

① 在服务器 DNS2 上添加 DNS 服务,并建立区域 west.xpc.edu.cn,添加相应的主机记录,步骤见前所述。结果如图 9.33 所示。

图 9.33 DNS2 新建区域和主机记录

② 在服务器 DNS1 上,右击区域 xpc.edu.cn,在弹出的快捷菜单中选择"新建委派"命令,弹出"欢迎使用新建委派向导"对话框,单击"下一步"按钮,弹出"受委派域名"对话框,如图 9.34 所示,在"委派的域"文本框中输入被委派的域名,如 west。如果已经创建过 west 子域,则需要先删除该子域才能创建委派。

③ 单击"下一步"按钮,弹出"名称服务器"对话框,单击"添加"按钮,弹出"新建名称服务器记录"对话框,如图 9.35 所示。如果是域内由域控制器管辖的成员服务器或 DNS1 上存在 DNS2 的主机记录,可以通过完全限定域名(FDNS)直接解析出 IP 地址;如果 DNS2 是一台独立服务器,也可以手动填写 DNS2 的主机名和 IP 地址。单击"确定"按钮回到"名称服务器"对话框,此时刚添加的受委派的 DNS 服务器已经添加进去。

④ 单击"下一步"按钮,完成配置。结果如图 9.36 所示。其中 west 就是刚才委派的子域,其内只有一项 NS 的记录,它记载着 west.xpc.edu.cn 的授权服务器是 DNS2。当 DNS1 收到所有查询位于 west.xpc.edu.cn 内的记录的请求时,DNS1 会向 DNS2 查找。

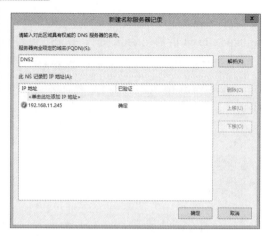

图 9.34　新建委派域　　　　　　　　　图 9.35　添加受委派的 DNS 服务器

图 9.36　DNS 委派域记录

4．建立辅助区域

辅助区域用来存储此区域内所有记录的副本，这份信息是从 DNS 的主服务器利用"区域复制"的方式复制过来的。例如，在服务器 DNS3（IP 地址为 192.168.11.246）上新建一个提供正向查找服务的辅助区域，用于备份数据和分担负载。这个区域是从服务器 DNS1（IP 地址为 192.168.11.244）内的主要区域 xpc.edu.cn 复制过来的。

操作步骤如下。

① 在主服务器 DNS1 上确认将 xpc.edu.cn 区域复制到 DNS3。右击 DNS1 的 xpc.edu.cn 区域，在弹出的快捷菜单中选择"属性"命令，弹出"xpc.edu.cn 属性"对话框，选择"区域传送"标签，如图 9.37 所示。选择"只允许到下列服务器"单选按钮，然后单击"编辑"按钮，输入 DNS3 的 IP 地址（如果 DNS3 是一台独立的 DNS 服务器，DNS1 上不存在它的主机记录，则可能解析不成功，但不影响区域传送的结果），如图 9.38 所示。单击"确定"按钮即可。

② 在服务器 DNS3 上安装好 DNS 角色服务后，右击"正向查找区域"，在弹出的快捷菜单中选择"新建区域"命令，弹出"欢迎使用新建区域向导"对话框，单击"下一步"按钮，弹出"区域类型"对话框，选中"辅助区域"单选按钮，如图 9.39 所示，单击"下一步"按钮，然后输入与主服务器 DNS1 上相同的区域名称，如 xpc.edu.cn。

③ 单击"下一步"按钮，弹出"主 DNS 服务器"对话框，在 IP 地址栏中输入主服务器 DNS1 的 IP 地址，如 192.168.11.244，如图 9.40 所示，单击"添加"按钮，单击"下一步"按钮，完成配置。

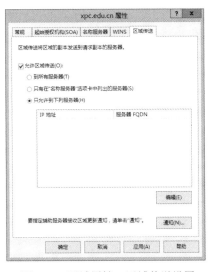

图 9.37 区域属性—区域传送设置

图 9.38 添加接受区域传送的服务器

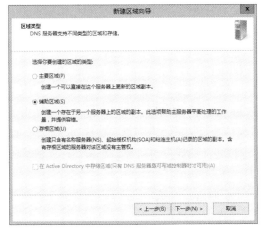

图 9.39 选择区域类型

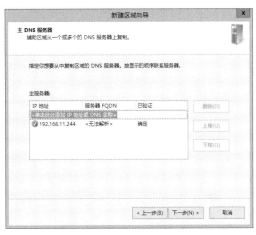

图 9.40 添加主 DNS 服务器

存储复制区域的 DNS 服务器，默认每隔 15 分钟会自动向其主服务器请求执行"区域复制"操作。因此刚建立好的辅助区域暂时还没有数据，如图 9.41 所示。

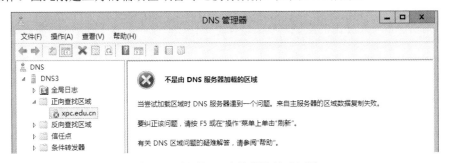

图 9.41 暂时还没有数据的辅助区域

④ 右击"辅助区域"，选择"从主服务器复制"或"从主服务器重新加载"的方式来手工执行"区域复制"，复制过程需要一点时间，可以耐心等待刷新后再看，如图 9.42 所示。

可以在客户机上以 DNS3 为首选 DNS 服务器来测试一下解析结果。

图 9.42　完成区域传送后的辅助区域

5. 建立存根区域

存根区域与委派域有点类似，但是此区域内只包含少数记录（例如 SOA、NS 等记录），利用这些记录来寻找此区域的授权服务器。存根区域内的记录是从其主服务器复制过来的，而委派域内的 NS 记录是在执行委派动作时建立的，以后若此域有新的授权服务器，需要系统管理员手工添加。

假设在服务器 DNS2（IP 地址为 192.168.11.245）上新建一个正向的存根区域 xpc.edu.cn，此 xpc.edu.cn 的授权服务器是 DNS1（IP 地址为 192.168.11.244）。当 DNS1 收到查找 xpc.edu.cn 内的记录时，DNS2 会向 DNS1 查找（查找模式为循环查询）。

操作步骤如下。

① 在主服务器 DNS1 内已经建立了区域 xpc.edu.cn。右击区域"xpc.edu.cn"，在弹出的快捷菜单中选择"属性"命令，弹出"xpc.edu.cn 属性"对话框，选择"区域传送"标签，如图 9.37 所示。选择 "只允许到下列服务器"单选按钮，然后点击"编辑"按钮，接着输入 DNS2 的主机名和 IP 地址，如 DNS2 和 192.168.11.245。

② 在服务器 DNS2 上，建立存根区域。右击"正向查找区域"，在弹出的快捷菜单中选择"新建区域"命令，弹出"欢迎使用新建区域向导"对话框，单击"下一步"按钮，弹出"区域类型"对话框，选中"存根区域"单选按钮，然后输入与主服务器相同的区域名称，如 xpc.edu.cn。

③ 其余步骤与辅助区域类似，在此不做赘述。

6. 域的设置

通过右击区域并在弹出的快捷菜单中选择"属性"命令，可以更改区域的向关设置主要如下。

1）更改区域类型与区域文件名称

更改区域类型常用于主 DNS 无法正常工作时，可以将辅助 DNS 服务器提升为主 DNS 服务器，并在之后将原来的主 DNS 服务器降级为辅助 DNS。右击 DNS 服务器的 xpc.edu.cn 区域，在弹出的快捷菜单中选择"属性"命令，弹出"xpc.edu.cn 属性"对话框，选择"常规"标签，单击"更改"按钮可以更改区域类型。将辅助 DNS 提升为主 DNS，选择区域类型为"主要区域"，如图 9.43 所示。将主 DNS 降级为辅助 DNS，需要选择区域类型为"辅助区域"，并单击"编辑"按钮，添加现有主 DNS 的 IP 地址。在"区域文件名"栏中可以更改区域文件名称。如图 9.43 和图 9.44 所示。

图 9.43　更改区域类型

图 9.44　辅助区域需添加主服务器

2）SOA 与区域复制

DNS 服务器的辅助区域存储的是此区域内所有记录的副本，这份副本信息是利用区域传送的方式从主服务器复制过来的，"区域复制"执行的时间间隔的设置值存储在 SOA 资源记录内，在主服务器上，右击 DNS 服务器的区域，如 xpc.edu.cn，在弹出的快捷菜单中选择"属性"命令，弹出"xpc.edu.cn 属性"对话框，选择"起始授权机构（SOA）"标签，如图 9.45 所示。在此对话框中可以设置以下这些值。

① 序列号：当执行区域传输时，首先检查序列号，只有当主服务器的序列号比辅助服务器的序列号大的时候（表示辅助服务器中的数据已过时）复制操作才会执行。

② 主服务器：此区域的主服务器的 FQDN，必须以"."结尾。

③ 负责人：此区域的负责人的电子邮箱地址，必须以"."结尾。

④ 刷新间隔：此参数定义了辅助 DNS 服务器查询主服务器以进行区域更新前等待的时间。

⑤ 重试间隔：当在刷新间隔到期时辅助服务器无法与主服务器通信，需等多久再重试。

⑥ 过期时间：如果辅助服务器一直无法与主服务器建立通信，在此时间间隔后辅助服务器不再执行查询服务，因为其包含的数据可能是错误的。

⑦ 最小 TTL：定义了应用到此 DNS 区域中所有资源记录的生存时间（TTL），默认情况下为 1 小时。此 TTL 只是和资源记录在非权威的 DNS 服务器上进行缓存时的生存时间，当 TTL 过期时，缓存此资源记录的 DNS 服务器将丢弃此记录的缓存。

⑧ 此记录的 TTL：此用于设置此 SOA 记录的 TTL 值，这个参数将覆盖最小 TTL 中设置的值。

7．DNS 服务器的维护

1）设置转发器

当 DNS 服务器收到自己无法解析的 DNS 请求时，默认将查询 Internet 的根域 DNS 服务器。相对于庞大的查询量，全球的仅有 13 台根 DNS 服务器，即使算上镜像服务器也不过数百台，而且大部分都在国外，因此会造成客户较长时间的等待。这时可以在 DNS 服务器上配置"转发器"，把自己无法解析的查询转发到可能有能力解析的邻近的其他 DNS 服务器上。

例如，在服务器 DNS1 的 DNS 管理器里，右击服务器名称"DNS1"，在弹出的快捷菜单中选择"属性"命令，在弹出的对话框中选择"转发器"标签，如图 9.46 所示。在该对话框中，单击"编辑"按钮，输入作为转发器的 DNS 服务器 IP 地址，如"202.99.160.68"，单击"确定"按钮，将 IP 地址为 202.99.160.68 的 DNS 服务器作为该 DNS 服务器的转发器。用户可以单击"编辑"按钮添加新的 DNS 转发服务器或删除转发服务器，如图 9.47 所示。

图 9.45　设置 SOA 参数

图 9.46　设置 DNS 服务器的转发器

2）指定根域服务器（Root 服务器）

当 DNS 服务器要向外界的 DNS 服务器查询所需的数据时，在没有指定转发器的情况下，它先向位于根域的服务器进行查询。然而，DNS 服务器是通过缓存文件来知道根域的服务器。缓存文件在安装 DNS 服务器时就已经存放在%Systemroot%\system32\dns 文件夹内，其文件名为 cache.dns。cache.dns 是一个文本文件，可以用文本编辑器进行编辑。

如果一个局域网没有接入 Internet，这时内部的 DNS 服务器就不需要向外界查询主机的数据，这时需要修改局域网根域的 DNS 服务器数据，将其改为局域网内部最上层的 DNS 服务器的数据，可以显著提高查找效率。如果在根域内新建或删除 DNS 服务器，则缓存文件的数据就需要进行修改。修改时建议不要直接用文本编辑器进行修改，而采用如下的方法进行修改。

打开"DNS 管理器"，右击 DNS 服务器名称，如"DNS1"，在弹出的快捷菜单中选择"属性"命令，再单击"根提示"标签，就可以看到在列表中列出的根域中已有的 13 台 DNS 服务器及其 IP 地址，如图 9.48 所示，用户可以单击"添加"按钮添加新的 DNS 服务器。

3）启用日志记录功能

在图 9.48 中，单击 DNS 服务器属性窗口中的"调试日志"标签，如图 9.49 所示，勾选"调试日志数据包"选项可以启用日志记录，另外可以根据需求勾选下方的日志项。

4）配置多宿主 DNS 服务器

所谓多宿主 DNS 服务器，是指安装 DNS 服务器的计算机拥有多个 IP 地址。在默认情况下，DNS 服务器侦听所在计算机上所有的 IP 地址，接受发送至其默认服务端口的所有客户机请求。管理员可以对特定的 IP 地址闲置 DNS 服务，使 DNS 服务仅侦听和应答发送至指定的 IP 地址的 DNS 请求。单击图 9.49 中的"接口"标签，弹出如图 9.50 所示的"接口属性"对话框，可以选中"只在下列 IP 地址："单选项，并勾选需要侦听的 IP 地址。

图 9.47　添加新的转发服务器 IP 地址　　　　图 9.48　根域服务器

图 9.49　开启日志记录

图 9.50　选择要侦听的 IP 地址

5）设置 DNS 服务器的动态更新

在 Windows Server 2012 中的 DNS 服务器具备动态更新功能，当 DHCP 主机 IP 地址发生变化时，会在 DNS 服务器的区域中自动更新相关记录，这样就减轻了管理员的负荷。具体设置如下。

① 首先用户需要检查 DHCP 服务器的属性进行设置，打开 DHCP 服务器中的管理工具 DHCP，右击"IPv4"选项，在弹出的快捷菜单中选择"属性"命令，单击"DNS"标签，如图 9.51 所示，其中默认已经选中了"根据下面的设置启用 DNS 动态更新"和"在租用被

删除时丢弃 A 和 PTR 记录"两个选项。如果没有勾选，则确保勾选。

② 在 DNS 服务器的 DNS 管理器中展开正向查找区域，右击区域 xpc.edu.cn，在弹出的快捷菜单中选择"属性"命令，在"常规"标签中的"动态更新"下拉列表中选择"非安全"选项，单击"确定"按钮，如图 9.52 所示。（说明：只有在有域控制器管辖的 Active Directory 内，才能设置"安全"的动态更新，读者可以自行试验。）

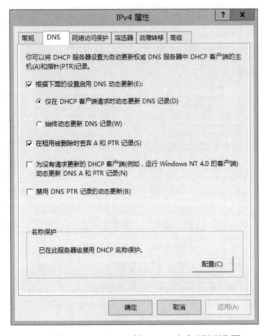

图 9.51　DHCP 的 DNS 动态更新设置　　　　图 9.52　设置区域动态更新选项

③ 同样的，如果创建有反向查找区域，则展开反向查找区域，选择"反向区域"选项，在弹出的快捷菜单中选择"属性"命令，并在"常规"标签中的"动态更新"下拉列表中选择"非安全"选项。

这样在客户信息改变时，它在 DNS 服务器中的信息也会自动更新。

8．测试配置的 DNS 服务器

前几步都是在安装 Windows Server 2012 的计算机上配置 DNS 的步骤，下面在客户机 CLIENT 客户机上对刚才配置的 DNS 进行测试。

1）配置测试主机

在客户机 CLIENT 上已经按照表 9.4 配置了 TPC/IP 属性。如果还没设置，那么双击"本地连接"选项，单击"属性"按钮，选择"Internet 协议（TCP/IP）"选项，然后单击"属性"按钮，打开"Internet 协议（TCP/IP）属性"对话框，如图 9.53 所示，分别在首选 DNS 服务器和备用 DNS 服务器中填写主 DNS 服务器和辅助 DNS 服务器的 IP 地址。如果网络中有 DHCP 服务器，并设置了 DNS 的选项信息，则在对话框中选择"自动获得 IP 地址"和"自动获得 DNS 服务器地址"选项即可。

在命令状态下，输入"ipconfig /all"命令，查看 DNS 服务器的配置情况，确认已配置了 DNS 服务器，结果如图 9.54 所示。

图 9.53　Internet 协议（TCP/IP）属性　　　　图 9.54　客户机 TCP/IP 协议检查

2）使用 ping 命令测试 DNS 解析情况

若实验机器直接连接物理外网，或由虚拟机桥接的方式连接外网，则还可以利用 ping 命令去解析 www.sina.com.cn、www.baidu.com、www.sohu.com 等网站域名的 IP 地址。需要调整各实验机器的 IP 配置，这里不做详述。仅以百度网站域名为例，给出解析结果，如图 9.55 所示。

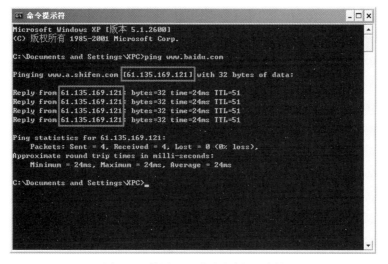

图 9.55　使用 ping 命令解析 IP 地址

反向解析测试主要是测试 DNS 服务器是否能够提供名称解析功能。在命令状态下输入"ping –a 192.168.11.250"命令，以检测 DNS 服务器是否能够将 IP 地址解析成主机名。结果如图 9.56 所示。

由于 ping 命令本身更侧重测试网络连通性，解析域名仅仅是为了帮助查找主机 IP 地址以便测试连通性。当命令执行不成功，也无法直接推断是 DNS 解析导致的问题，还是网络不通导致的问题。这种测试方法对实验环境也有更高的要求。下面介绍的 nslookup 命令才是专门针对 DNS 服务器的测试命令。

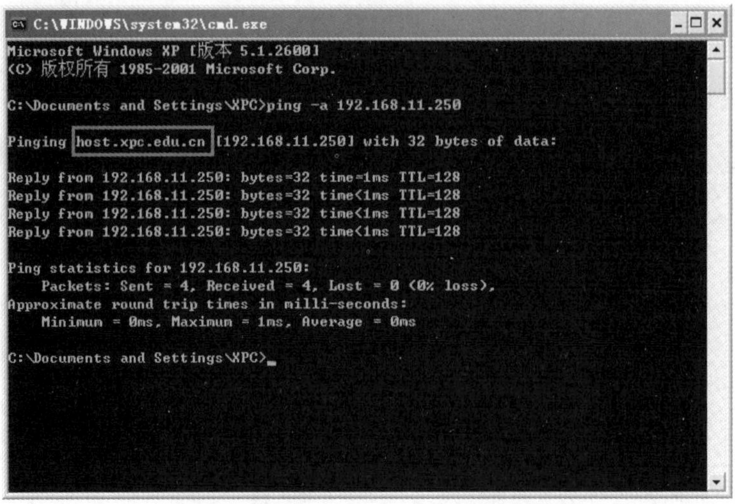

图 9.56　ping-a 反向解析

3）使用 nslookup 命令测试 DNS 服务器

nslookup 是一个实用程序，它通过向 DNS 服务器查询信息，能够诊断解决像主机名称解析这样的 DNS 问题。启动 nslookup 时，显示本地主机配置的 DNS 服务器主机名和 IP 地址。WindowsNT 及其以上版本都提供该工具；Windows95/98 系统不提供该工具。

① 使用 nslookup。在命令提示符下，输入"nslookup"命令，进入 nslookup 交互模式，出现">"提示符，这时输入域名或 IP 地址等资料，按回车键可得到相关信息。

② nslookup 中的其他常用命令及说明。所有的命令需在">"提示符后面输入，常用命令有：

* help：显示有关帮助信息。
* exit：退出 nslookup 程序。
* server IP：将默认的服务器更改到指定的 DNS 域。IP 为指定 DNS 服务器的 IP 地址。
* set q=A：由域名、主机名查询 IP 地址，为默认设定值。
* set q=CNAME：查询别名的规范名称。
* set q=ANY：查询所有数据类型。
* set q=PTR：如果查询是 IP 地址，则结果为计算机名；否则为指向其他信息的指针。
* set q=MX：查询邮件交换器。
* set q=NS：查询用于命名区域的 DNS 名称服务器。

③ nslookup 使用举例。在客户端进入命令行，输入"nslookup"命令进入查询状态，输入下面命令：

```
> set q=A                        //正向域名查询
> www.xpc.edu.cn                 //查询 www.xpc.edu.cn
Server:UnKnown                   //独立 DNS 服务器无法显示服务器域名
Address:192.168.11.244           //DNS 服务器的 IP 地址
Name: host.xpc.edu.cn            //查询记录的真实主机名
Address: 192.168.11.250          //查询到的 IP 结果
Aliases:www.xpc.edu.cn           //查询记录的别名
>set q=MX                        //查询邮件交换器记录
>xpc.edu.cn                      //只填域名，查询该域内的邮件交换器
Server:UnKnown
```

```
Address:192.168.11.244
xpc.edu.cn  MX preference=10, mail exchanger = smtp.xpc.edu.cn  //查询结果
```

4）查看主机域名高速缓冲区

为了提高主机的解析效率，主机常常采用高速缓冲区来存储检索过的域名与其 IP 地址的映射关系。Unix、Linux、Windows 等操作系统都提供命令，允许用户查看域名高速缓冲区中的内容。在 Windows Server 2012 中，可以使用"ipconfig /displaydns"命令将高速缓冲区中的域名与其 IP 地址映射关系显示在屏幕上，包括域名、类型、TTL、IP 地址等，如图 9.57 所示。如果 DNS 服务器端的记录发生了变化，而客户机的缓存中还保留有旧数据，则可能发生解析错误。这时，需要清除主机高速缓冲区中的内容，可以使用"ipconfig /flushdns"命令。

图 9.57　查看本机高速缓存区中的 DNS 数据

9. 备份与还原 DNS 服务

备份与还原 DNS 服务主要分两步进行，一是备份 DNS 注册表，二是备份 DNS 配置文件。

1）备份 DNS 配置文件

① 停止 DNS 服务。

② 运行"regedit"命令打开注册表编辑器，找到"HKEY_LOCAL_MACHINE\SYSTEM\CurrentControlSet\Services\DNS"，将 DNS 这个分支导出，命名为"dns-bak.reg"。

③ 找到"HKEY_LOCAL_MACHINE\SOFTWARE\Microsoft\Windows NT\CurrentVersion\DNS Server"，将 DNSserver 分支导出，命名为"dns-bakserver.reg"。

④ DNS 域名数据信息文件位于%Systemroot%\system32\DNS 目录下，这些.DNS 文件中存储着域名解析时所使用的域名数据信息。可以直接把该目录下后缀为.DNS 的所有文件连同前面导出的两个注册表文件都拷贝到备份目录下。

2）还原 DNS 服务

① 当区域里的 DNS 服务器发生故障时，重新建立一台 Windows Server 2012 服务器，并与所要替代的 DNS 服务器设置相同的名字，设置相同的 DNS 后缀和 IP 地址。

② 在新系统中安装并启动 DNS 服务。

③ 把前面备份出来的＊.dns 文件复制到新系统的%Systemroot%\system32\dns 文件夹中。

④ 停用 DNS 服务。

⑤ 把备份的 dns-bak.reg 和 dns-bakserver.reg 导入到注册表中。

⑥ 重新启动 DNS 服务。

习题

一、填空题

1. DNS 又称_____。在 Internet 上访问某个网站是通过 IP 地址寻址来解决的，但 IP 地址是一串数字，比较难记，于是产生了_____和_____的相互翻译。

2. 现在顶级域名 TLD（Top Level Domain）有_____、_____、_____三大类。

3. 在我国将二级域名划分为_____和_____两大类。

4. 域名服务器是整个域名系统的核心，因特网上的域名服务器有_____、_____、_____3种类型。

5. 反向型查询是依据 DNS 客户端提供的_____来查询它的_____。

6. 为了提高解析速度，域名解析服务提供了_____和_____两方面的优化。

7. 域名解析使用_____协议，其 UDP 端口号为_____。提出 DNS 解析请求的主机与域名服务器之间采用_____模式工作。

8. 当 DNS 服务器要向外界的 DNS 服务器查询所需的数据时，在没有指定转发器的情况下，它先向位于_____的服务器进行查询。

9. 在 Windows 命令窗口输入_____命令来查看 DNS 服务器的 IP。

10. DNS 服务器（DNS 服务器有时也扮演 DNS 客户端的角色）向另一台 DNS 服务器查询 IP 地址时，可以有 3 种查询方式：_____、_____和_____。

11. 若希望 IP 地址映射成域名，则应选择_____。

12. 一个 IP 地址可以对应_____（单个/多个）域名；一个域名可以对应_____（单个/多个）IP 地址。

二、选择题

1. DNS 服务器和客户机设置完毕后，有 3 个命令可以测试其设置是否正确，下面（   ）不是其中之一。

    A．ping   B．login   C．ipconfig   D．nslookup

2. DNS 的作用是（   ）。

    A．用来将端口翻译成 IP 地址   B．用来将域名翻译成 IP 地址

    C．用来将 IP 地址翻译成硬件地址   D．用来将 MAC 地址翻译成 IP 地址

3. 在 www.tsinghua.edu.cn 这个完全限定的域名（FQDN）里，（   ）是主机名。

    A．edu. cn   B．tsinghua

    C．tsinghua. edu. cn   D．www

4. 将域名地址转换为 IP 地址的协议是（   ）。

    A．DNS   B．ARP   C．RARP   D．ICMP

5. 域名服务器上存放有 Internet 主机的（   ）。

    A．域名   B．IP 地址

C．域名和 IP 地址　　　　　　　　　　D．E-Mail 地址

6．为了实现域名解析，客户机（　　　）。

    A．必须知道根域名服务器的 IP 地址

    B．必须知道本地域名服务器的 IP 地址

    C．必须知道根域名服务器的 IP 地址

    D．知道因特网上任意一个域名服务器的 IP 地址即可

7．DNS 区域有 3 种类型，下面哪一个不是？（　　　）

    A．标准辅助区域　　　　　　　　　　B．逆向解析区域

    C．Active Directory 集成区域　　　　　D．标准主要区域

8．表示主机记录的资源记录简写是（　　　）。

    A．A　　　　　　B．MX　　　　　　C．CNAME　　　　　D．PTR

9．表示别名的资源记录是（　　　）。

    A．SOA　　　　　B．MX　　　　　　C．CNAME　　　　　D．PTR

10．在 DNS 域名解析体系中，为了便于管理，DNS 服务器不用解析本区域的所有子域的主机名，而是由子域 DNS 服务器进行解析。在父域 DNS 服务器上通过（　　　）操作，将域名解析请求转发给子域的 DNS 服务器要求解析。

    A．委派　　　　　B．转发　　　　　　C．递归　　　　　　D．轮询

11．在 DNS 域名解析体系中，当某个 DNS 服务器不用解析某个域名请求，且该域名不属于它管理的区域时，应该通过（　　　）操作向其他 DNS 服务器申请解析。

    A．委派　　　　　B．转发　　　　　　C．搜索　　　　　　D．轮询

三、思考题

1．域名结构如何划分？

2．在因特网上，域名服务器的作用是什么？有哪几种域名服务器？

3．分析 DNS 服务名称解析原理，以及反向查询原理。

4．在 DNS 事件日志中能找到什么信息？

5．简述域名的解析过程。

6．怎样在客户机上配置 DNS 服务器？

7．别名有何作用？如何使用？

四、实训题

在 PC A 上设置 DNS 服务器，建立标准的正向查找区域（lianxi.com）和反向查找区域（192.168.1），并在正向区域添加 Web 服务器（www，A 记录，192.168.1.100），FTP 服务器（ftp，A 记录，192.168.1.110）和 Mail 服务器（mail，A 和 MX 记录，192.168.1.111）。

在 PC B（安装 Windows 10 系统）上进行客户端验证，包括使用 ping、nslookup 等。

项目 *10*

IIS 网站的配置

Internet 信息服务（Internet Information Services，IIS）是 Windows Server 2012 操作系统中提供的 Web 服务系统，主要用于提供 Web 站点的发布、使用和管理等功能。Windows Server 2012 R2 集成了 IIS 8.5 服务组件。

10.1 项目内容

1. 项目目的

在熟悉 Web 工作原理的基础上，学习并掌握基于 Windows Server 2012 的 IIS 服务的安装和基本配置方法。

2. 项目任务

有一所高等院校，组建了校园网，开发了学院网站，需要架设一台 Web 服务器来运行学院网站，为学校内部和因特网用户提供浏览服务。

3. 任务目标

（1）熟悉 Web 应用的工作原理。

（2）熟悉 HTTP 和 HTML 协议的工作原理和应用特点。

（3）学会 IIS 8.5 组件的安装与卸载。

（4）学会利用 IIS 8.5 进行网站建立的方法。

（5）学会 IIS 8.5 网站的配置和管理过程。

10.2 相关知识

10.2.1 WWW 服务概念及服务原理

万维网 WWW（World Wide Web）服务，又称为 Web 服务，是目前因特网上最方便和最受欢迎的信息服务类型，是因特网上发展最快同时又使用最多的一项服务，目前已经进入广告、新闻、销售、电子商务与信息服务等诸多领域，它的出现是因特网发展中的一个里程碑。

WWW 服务采用客户机/服务器工作模式，客户机即浏览器（Browser），服务器即 Web 服务器，它以超文本标记语言（HTML）和超文本传输协议（HTTP）为基础，为用户提供界面一致的信息浏览系统。信息资源以页面（也称网页或 Web 页面）的形式存储在 Web 服务器上（通常称为 Web 站点），这些页面采用超文本方式对信息进行组织，页面之间通过超链接连接起来。这些通过超链接连接的页面信息既可以放置在同一主机上，也可放置在不同的主机上。超链接采用统一资源定位符（URL）的形式。WWW 服务原理是用户在客户机通过浏览器向 Web 服务器发出请求，Web 服务器根据客户机的请求内容将保存在服务器中的某个页面发回给客户机，浏览器接收到页面后对其进行解释，最终将图、文、声等并茂的画面呈现给用户。WWW 服务原理如图 10.1 所示。

图 10.1　WWW 服务原理

WWW 由遍布在因特网中的被称为 WWW 服务器（又称为 Web 服务器）的计算机组成。Web 是一个容纳各种类型信息的集合，从用户的角度看，万维网由庞大的、世界范围的文档集合而成，简称为页面（Page）。

用户使用浏览器总是从访问某个主页（Home Page）开始的。由于页中包含了超链接，因此可以指向另外的页，这样就可以查看大量的信息。

10.2.2　统一资源定位符 URL

1．URL 的格式

统一资源定位符（Uniform Resource Locator，URL）是对可以从因特网上得到的资源的位置和访问方法的一种简洁的表示。URL 给资源的位置提供一种抽象的识别方法，并用这种方法给资源定位。只要能够给资源定位，系统就可以对资源进行各种操作，如存取、更新、替换和查找其属性。

上述的"资源"是指在因特网上可以被访问的任何对象，包括文件目录、文件、文档、图像、声音等，以及与因特网相连的任何形式的数据。

URL 相当于一个文件名在网络范围的扩展。因此，URL 是与因特网相连的机器上的任何可访问对象的一个指针。由于对不同对象的访问方式不同（如通过 WWW、FTP 等），所以 URL 还指出读取某个对象时所使用的访问方式。URL 的一般形式为：

<URL 的访问方式>://<主机域名>:<端口>/<路径>

其中：

- <URL 的访问方式>用来指明资源类型，除了 WWW 用的 HTTP 协议之外，还可以是 FTP、News 等。
- <主机域名>表示资源所在机器的主机名字，是必需的。主机域名可以是域名方式，也可以是 IP 地址方式。
- <端口>和<路径>有时可以省略。
- <路径>用以指出资源在所在机器上的位置，包含路径和文件名，通常"目录名/目录名/文件名"，也可以不含有路径。例如，邢台职业技术学院的 WWW 主页的 URL 就表示为：http://www.xpc.edu.cn/。

在输入 URL 时，资源类型和服务器地址不分字母的大小写，但目录和文件名则可能区分字母的大小写。这是因为大多数服务器安装了 UNIX 操作系统，而 UNIX 的文件系统区分文件名的大小写。

2．使用 HTTP 的 URL

对于万维网网站的访问要使用 HTTP 协议。HTTP 的 URL 的一般形式为：

http://<主机域名>:<端口>/<路径>

HTTP 的默认端口号是 80，通常可以省略。若再省略文件的<路径>项，则 URL 就指到因特网上的某个主页。

例如，要查有关邢台职业技术学院的信息，可以先进入到邢台职业技术学院的主页，其URL 为：

http://www.xpc.edu.cn

更复杂一些的路径是指向层次结构的从属页面。例如：

http://www.xpc.edu.cn/xxzx/index.htm

用户使用 URL 不仅能够访问万维网的页面，而且能够通过 URL 使用其他的因特网应用程序，如 FTP、Gopher、Telnet、电子邮件及新闻组等。并且，用户在使用这些应用程序时，只使用一个程序，即浏览器。

10.2.3 超文本传输协议 HTTP

超文本传输协议 HTTP（Hypertext Transfer Protocol）是用来在浏览器和 Web 服务器之间传送超文本的协议。HTTP 协议由两部分组成：从浏览器到服务器的请求集和从服务器到浏览器的应答集。HTTP 协议是一种面向对象的协议，为了保证 Web 客户机与 Web 服务器之间通信不会产生二义性，HTTP 精确定义了请求报文和响应报文的格式。

- 请求报文：从 Web 客户机向 Web 服务器发送请求报文。
- 响应报文：从 Web 服务器到 Web 客户机的回答。

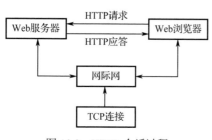

图 10.2 HTTP 会话过程

HTTP 会话过程包括 4 个步骤：连接、请求、应答、关闭。如图 10.2 所示。每个万维网站点都有一个服务器进程，它不断地监听 TCP 的 80 端口，以便发现是否具有浏览器（即客户进程）向它发出连接建立请求，一旦监听到连接建立请求并建立了 TCP 连接之后，浏览器就向服务器发出浏览某个页面的请求，服务器接着就返回所请求的页面作为响应。最后，TCP 连接就被释放了。在浏览器和服务器之间的请求和响应的交互，必须按照规定的格式和遵循一定的规则。这些格式和规则就是超文本传送协议 HTTP。

WWW 以客户机/服务器（Client/Server）模式进行工作。运行 WWW 服务器程序并提供WWW 服务的机器被称为 Web 服务器；在客户端，用户通过一个被称为浏览器（Browser）的交互式程序来获得 WWW 信息服务。常用到的浏览器有 Chrome、Firefox 和 IE（Internet Explorer）。

用户浏览页面的方法有两种：一种方法是在浏览器的地址栏中键入所要找的页面的URL；另一种方法是在某一个页面中单击一个可选部分，这时浏览器自动在因特网上找到所要链接的页面。

对于每个 Web 服务器站点都有一个服务器监听 TCP 的 80 端口，看是否有从客户端（通常是浏览器）过来的连接。当客户端的浏览器在其地址栏里输入一个 URL 或者单击 Web 页上的一个超链接时，Web 浏览器就要检查相应的协议以决定是否需要重新打开一个应用程序，同时对域名进行解析，获得相应的 IP 地址。然后，以该 IP 地址并根据相应的应用层协议，即 HTTP 所对应的 TCP 端口，与服务器建立一个 TCP 连接。连接建立之后，客户端的浏览器使用 HTTP 协议中的 "GET" 功能向 Web 服务器发出指定的 Web 页面请求，服务器收到该请求后将根据客户端所要求的路径和文件名使用 HTTP 协议中的 "PUT" 功能将相应 HTML 文档回送到客户端，如果客户端没有指明相应的文件名，则由服务器返回一个默认的 HTML 页面。页面传送完毕则中止相应的会话连接。

下面以一个具体的例子来介绍 Web 服务的实现过程。假设有用户要访问邢台职业技术学院的主页 http:// www.xpc.edu.cn/index.asp，则浏览器与服务器的信息交互过程如下：

① 浏览器确定 Web 页面 URL，如 http://www.xpc.edu.cn/index.asp；

② 浏览器请求 DNS 解析 Web 服务器 www.xpc.edu.cn 的 IP 地址，如解析为 192.168.11.250；

③ 浏览器向主机 192.168.11.250 的 80 端口请求建立一条 TCP 连接；

④ 服务器对连接请求进行确认，连接建立的过程完成；

⑤ 浏览器发出请求页面报文，如 GET/index.asp；

⑥ 服务器 192.168.11.250 以 index.asp 页面的具体内容响应浏览器；

⑦ Web 服务器关闭 TCP 连接；

⑧ 浏览器将页面 index.asp 中的文本信息显示在屏幕上；

⑨ 如果 index.asp 页面上包含图像等非文本信息，那么浏览器需要为每个图像建立一个新的 TCP 连接，从服务器获得图像并显示。

10.2.4 Web 动态网站和 Web 应用程序

动态网站是指服务器和浏览器之间能够进行数据交互的网站，也被称为互动网站。动态网站一般都配置了用于数据处理的 Web 应用程序。

在最初的因特网上，网页是静止的，即 Web 服务器只是简单地把存储的 HTML 文本文件及其引用的图形文件发送给浏览器。只有网页编辑人员使用文字处理器和图形编辑器在服务器端对它们进行修改后，它们才会发生改变。客户机访问时，服务器只需要在自己的网站路径下寻找对应的页面发送即可，如图 10.3 所示。

图 10.3　静态网站的访问

后来 Netscape 推出了 JavaScript，Sun 推出了 Java（后被 Oracle 公司收购），网页页面有了一些动态变化，如来回漂浮的图片等，但在服务器端仍旧没有动态变化。直到出现了 CGI、ISAPI 和 ASP 等动态网站技术，Web 服务器才可向浏览器传送动态变化的内容。

根据发生动态改变的位置，将动态技术分为客户端和服务器端两种类型。

客户端的动态技术即浏览器端的动态技术，是指不依赖 Web 服务器，就可直接在浏览器端发生动态改变，并且动态改变的内容与服务器端无关。如常见的脚本动画、翻滚图像效果等。常用的客户端动态技术有 DHTML、Java 小程序和 ActiveX 控件等。

服务器端的动态技术是指在服务器端发生的动态改变，改变后的结果仍然以 HTML 形式发回浏览器，如图 10.4 所示，除了请求页面和返回页面，多了一步服务器执行程序生成页面的步骤。常见的 Web 数据库查询、用户登记、电子地图显示等都要用到服务器端的动态技术。常见的服务器端的动态技术有 CGI、ISAPI 和服务器端脚本。

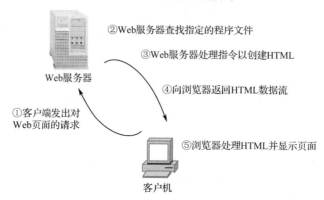

②Web服务器查找指定的程序文件

③Web服务器处理指令以创建HTML

④向浏览器返回HTML数据流

Web服务器

①客户端发出对Web页面的请求

⑤浏览器处理HTML并显示页面

客户机

图 10.4　服务器端动态网站访问

Web 应用程序主要就是由服务器端的动态技术来实现的。目前最有影响的是微软的.NET，SUN、IBM 等支持的 J2EE，还有 DIV+CSS 等。

10.2.5　Web 服务器软件的选择

运行 Web 服务的主流操作系统有两大类：一是 UNIX 家族，如 Linux、Sun Solaris、HP_UX 等，都属于该家族的成员，但相互之间兼容性差；二是 Windows 平台，主要是 Windows Server 2008 和 Windows Server 2012。

NCSA、CERN、Apache 和 Sambar 等都是比较著名的免费 Web 服务器软件。其中 Apache 是目前最为流行的，能提供快速、可靠的 WWW 服务，源代码完全开放，完全胜任每天有数百万人次访问的大型网站，支持 Unix、Windows 等多种操作系统平台。微软有自己 Web 服务器产品－IIS（Internet 信息服务器），如果选择微软的 Windows 平台，Web 服务器最好选用 IIS。

10.3　方案设计

1. 项目规划

某学院内部局域网要提供 IIS 服务，以便用户能够方便地浏览单位网站。要求如下：

（1）Web 服务器端：在一台安装 Windows Server 2012 的计算机（IP 地址为 192.168.11.250）上设置 1 个 Web 站点，要求网站名为 xpc，主目录为 C:\xpcweb，允许用户读取和下载文件访问，默认文档为 default.htm，网站域名为 http://www.xpc.edu.cn，端口号为 80；连接限制为 200 个，连接超时为 600s；启用带宽限制，最大网络使用 1024 KB/s。

（2）客户端：在 IE 浏览器的地址栏中输入 http://192.168.11.250 来访问刚才创建的 Web 站点。配合上一章 DNS 服务器的配置，将 IP 地址 192.168.11.250 与域名 www.xpc.edu.cn 对应起来，在 IE 浏览器的地址栏中输入 http://www.xpc.edu.cn，访问刚才创建的 Web 站点。

根据以上要求，本项目实施的网络拓扑图如图 10.5 所示。

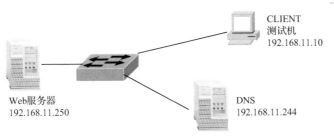

图 10.5　Web 服务网络拓扑图

注 1：真实环境下，若要通过域名访问网站，需要先向因特网服务提供商（ISP）或其他提供 DNS 域名申请服务的机构申请域名。再将网站的域名网址（如 www.xpc.edu.cn）与 IP 地址登记到管辖此域（xpc.edu.cn）的 DNS 服务器内。此 DNS 服务器既可以自行配置并注册到应申请服务机构，也可以直接使用域名申请服务机构的 DNS 服务器。

注 2：若要简化测试环境，可将 DNS 服务器与 Web 服务器配置到同一台计算机上。再要简化，可直接将 Web 服务器的域名与 IP 地址映射写入客户机的 Hosts 文件内。

2．材料清单

（1）安装 Windows Server 2012 的 PC 2 台（可合并为 1 台）。

（2）测试用计算机 1 台（Windows XP/Windows7 或其他系统均可）。

（3）以上计算机已连入校园网。

☑ 10.4　项目实施

10.4.1　硬件连接及 IP 地址设置

按照图 10.5 所示，搭建 Web 服务器配置网络模型图。VMware 虚拟机配置方法在这里不再赘述。

设置各计算机的 IP 地址、子网掩码、网关等信息如表 10.1 所示。

表 10.1　TCP/IP 属性配置

计算机	IP 地址	子网掩码	网关	首选 DNS 服务器
DNS 服务器	192.168.11.244	255.255.255.0	192.168.11.1	本机
Web 服务器	192.168.11.250	255.255.255.0	192.168.11.1	DNS
CLIENT 客户机	192.168.11.10	255.255.255.0	192.168.11.1	DNS

使用 ping 命令测试各计算机之间的连通性。如果全通则继续进行，否则检测网线、计算机 TCP/IP 配置及 Windows 防火墙是否放行 ICMPv4 协议数据包，直到各计算机之间全部连通。

10.4.2　Web 服务（IIS 8.5）的安装

IIS 是 Internet 信息服务，在 Windows Server 2012 上安装 Web 服务时默认自动安装 IIS，在安装之前要确认以下事宜。

• IIS 计算机的 IP 地址是静态的，在此处已经设置了 IP 地址为 192.168.11.250，子网掩码为 255.255.255.0，网关为 192.168.11.1。

• 按照项目 9 的方法在 DNS 服务器上添加区域和网站主机记录，如图 10.6 所示。

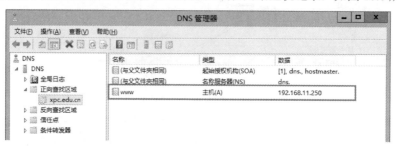

图 10.6　添加 Web 站点主机记录

• 网页目录最好存储在 NTFS 磁盘分区中，通过 NTFS 权限来增加网页的安全性。

在 Windows Server 2012 中添加 IIS 的方法如下。

（1）打开"服务器管理器"窗口，在仪表板单击"2 添加角色和功能"选项，打开"添加角色和功能向导"对话框，单击"下一步"→"基于角色或基于功能的安装"→"下一步"→在服务器池中选择本机→"下一步"按钮，在服务器角色中选中复选框"Web 服务器（IIS）"，单击"添加功能"按钮，如图 10.7 和图 10.8 所示，返回"选择服务器角色"界面后连续单击"下一步"按钮，在"功能"和"角色服务"两个界面暂时先保持默认选项，确认在"确认安装选择"界面中选择无误后单击"安装"按钮。

（2）Windows 组件向导会完成 IIS 的安装。出现"安装结果"界面并有"安装成功"提示时，单击"关闭"按钮。

（3）自行安装 IIS 时，默认值提供静态属性服务。如果需要动态属性的话，需要在"服务器管理器"中选择"Web 服务器（IIS）"角色，单击"添加角色服务"，单击需添加的角色后单击"安装"相关组件。

图 10.7　添加 Web 服务器角色

图 10.8　添加 Web 服务器角色功能

10.4.3　测试 IIS 是否安装成功

完成 IIS 安装后，可以通过"IIS 管理器"来管理网站。

在 Windows Server 2012 R2 系统中，提供的是 Internet 服务管理器（IIS 8.5）对 Web 站点

进行管理，以系统管理员（Administrator）身份登录服务器，打开"服务器管理器"→"工具"→"Internet Information Services（IIS）管理器"选项，如图 10.9 所示。可以看到，"Internet Information Services（IIS）管理器"窗口中已经有一个名为"Default Web Site"的默认网站，如图 10.10 所示。

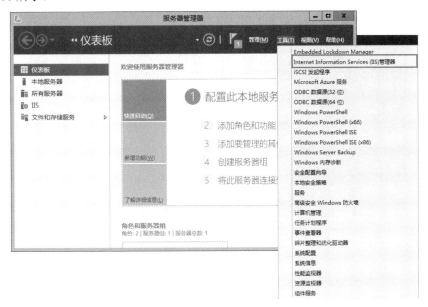

图 10.9　打开 IIS 管理器

图 10.10　IIS 管理器界面

接下来测试该默认网站是否运行正常。在客户计算机 CLIENT 上，利用 IE 来连接与测试网站。测试方法有以下几种。

- 利用 DNS 网址 http://www.xpc.edu.cn 来连接网站，此时测试计算机的 IE 浏览器会先通过 DNS 服务器来得知网站 www.xpc.edu.cn 的 IP 地址，然后连接此网站。
- 利用 IP 地址 http://192.168.11.250 来连接网站。
- 利用计算机名来连接网站，这种方法适合于局域网内计算机，并需要先将 WEB 服务器的 Windows 防火墙关闭或放行，否则可能会连接失败。

若一切正常，则应该弹出如图 10.11 所示的默认网页。如果没有出现图 10.11 所示的页面，请单击图 10.10 中左边的"网站"，查看"Default Web Site"网站是否是"启动"状态。若处于停止状态，则单击图 10.10 中的服务器，单击右方"管理网站"下方的"启动"按钮来激活此网站。

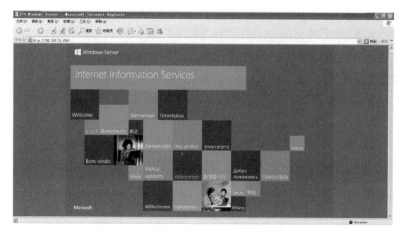

图 10.11　访问默认站点

10.4.4　默认站点的设置

前一步骤中所能访问的网站是 IIS 提供的默认网站（Default Web Site）。如果想建立一个简单的网站，可以直接在默认站点的基础上做部分改动即可。

1．网站主目录

依据前面章节所述，Web 服务器所提供的是网页服务，那么网站的页面文件尤其是网站的首页文件就有一个存储的物理路径，也就是网站的主目录。打开 IIS，选择默认网站，在界面的右侧找到"基本设置"的链接并单击之后，在弹出的"编辑网站"对话框就可以看到这个物理路径，默认是在"%SystemDrive%\inetpub\wwwroot"，如图 10.12 所示。也可以点击"浏览"的链接，直接查看这个物理路径所在的文件夹。

图 10.12　默认网站的主目录物理路径

网站的主目录，既可以是本机的默认文件夹，也可以是本机的其他文件夹或其他计算机的共享文件夹。要想更改网站主目录的物理路径，只需要直接键入绝对路径或单击物理路径右侧的"⋯"按钮浏览到对应路径即可。

注：若使用其他计算机的共享文件夹，则需提供有权访问该共享文件夹的用户凭据。单击"连接为…"按钮，在弹出的对话框中选中"特定用户"选项，并单击"设置"按钮，输入有权限的用户账户和密码，如图 10.13 所示。

图 10.13　物理路径共享文件夹访问凭据

对于一个公开的 Web 站点来说，用户是采用匿名方式访问的。与此相对应的是，Web 服务器使用一个名为"IIS_IUSRS"的匿名账户组来进行身份认证。默认情况下，该账户组拥有网站主目录的读取、执行、列出文件夹等权限，最好不要轻易更改，以免影响网站的正常访问，如果是交互式网站，还应该增加写入权限。要查看文件夹权限，可以直接右击主目录文件夹，在弹出的快捷菜单中选择"属性"命令，打开文件夹"属性"对话框，查看"安全"标签。也可以直接在 IIS 界面右侧单击"编辑权限"的链接，查看主目录的 NTFS 权限设置情况。如图 10.14 所示。

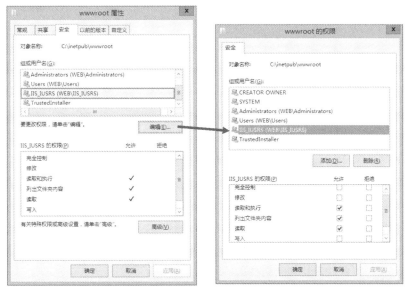

图 10.14　网站主目录的匿名账户权限设置

2．默认文档

访问网站时，用户只输入 IP 地址或域名就能打开主页文件，而并不需要输入主页的绝对 URL 路径，这实际上是因为网站设置了默认文档。一旦用户访问网站域名，则默认打开该页面。网站的主页文件，一般存放在网站主目录下。单击 IIS 界面的站点名称，选择"默认文档"，如图 10.15 所示。可以查看到当前可以自动识别的默认主页文件名，如图 10.16 所示。条目类型为"继承"，表示这些设置是从计算机设置继承来的。以后添加的新站点都会继承这些默认值。如果网站主页文件名在此列表中，就可以直接被识别。

图 10.15　打开默认文档设置页面

图 10.16　添加默认文档

如果主目录内的实际主页文件名不在列表中，则客户端通过域名或 IP 地址访问该站点时，可能会返回 403 错误，表示找不到页面，如图 10.17 所示。如果在实验中遇到此错误信息，也应该首先猜测可能是默认文档相关的问题。

应当将网站的主页文件名改为列表内的名称，或者单击"添加..."链接，在弹出的对话框中键入网站主页文件名，将之添加进默认文档列表。还可以通过上移和下移调整列表的优先顺序。

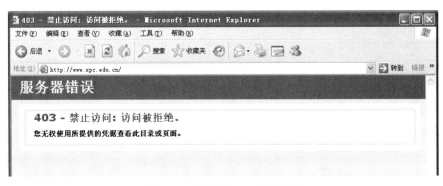

图 10.17　网站的 403 错误信息

网站默认主页的内容，如果是为了实训练习的方便，可以直接创建一个记事本文档，录入任意文字之后，另存为".html"等带网页格式扩展名的文件即可；也可以将网上现有的静态页面保存下来使用。如果您已经学习过网页设计的课程，在这里也鼓励使用自己设计制作的网页。

综合以上两点，创建"C:\xpcweb"文件夹作为网站主目录，创建一个网页文件并命名为"default.htm"放于主目录内作为默认文档，做好相应的设置之后，就可以在客户端访问网站，查看到页面发布的情况。如图 10.18 所示。

图 10.18　查看网站发布

3．连接限制

为了保证网站的稳定运行和访问，需要对网站的访问带宽和同一时间发出访问请求的客户连接数做出限制。另外可设置超时时间，如果一个连接与 Web 站点未交换信息的时间达到指定的连接超时时间，Web 站点将中断该连接。在默认网站的页面单击"限制"的链接，即可按照项目要求设置，如图 10.19 所示。

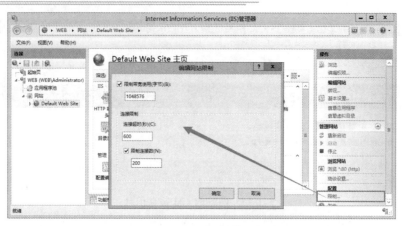

图 10.19　设置网站连接限制

10.4.5　网站的子目录

1．物理目录

网站主目录内可以创建不同的子文件夹，用于管理和归类不同的网站文件。那么这些子文件夹，可以依照标准的 URL 路径格式来访问，目录名就是磁盘上实际存在的文件夹名，因此称之为物理目录（Physical Directory）。访问方法是：

<URL 的访问方式>://<主机域名>:<端口>/路径/<子目录名>

例如，如果在学院网站主目录内创建一个校园新闻的子目录"news"，那么访问方式就是"http://www.xpc.edu.cn/news"。如果要访问这个目录下的资源，那就再加上资源名即可。

物理目录和后面将要介绍的虚拟目录，均可以像网站主目录一样设置默认文档，当访问到该路径下，将自动打开默认的页面。

在网站主目录"C:\xpcweb"文件夹内，创建一个子文件夹"news"，并在"news"内建立一个网页文件，方法同前节，命名为"default.htm"。在 IIS 界面双击网站名，可以展开网站目录。如果网页文件名不在默认文档列表，则需要单击"news"目录，之后在页面中双击"默认文档"进行设置，与网页主目录默认文档设置方法相同，在这里不再赘述。如图 10.20所示。

图 10.20　物理目录的创建

从客户机打开浏览器，输入 URL 地址"http://www.xpc.edu.cn/news"访问该物理目录进行测试，得到如图 10.21 所示结果。

图 10.21　物理目录浏览结果

2. 虚拟目录

在网站的管理工作中经常出于各类需要，网站资源并不一定只放在一个磁盘的一个文件夹内，甚至不一定只放在同一台服务器上。那么，当物理位置不在一起的网站页面资源，能否有效地组织在一起呢？在这里，就要用到虚拟目录（Virtual Directory）这种目录组织形式了。完全可以将网页文件存储到其他位置，然后通过虚拟目录映射到网站的主目录之下，每一个虚拟目录都使用别名（Alias），用户通过标准 URL 路径格式访问该别名，而不需要知道这个目录实际的文件夹名称。访问方法是：

<URL 的访问方式>://<主机域名>:<端口>/路径/<别名>

例如，学院有一些精品课程资源存在"D:\ Excellent course"文件夹中，可以设置一个虚拟目录别名"ec"在学院主目录下，那么访问方式就是"http://www.xpc.edu.cn/ec"。如果要访问这个目录下的资源，那就再加上资源名即可。

在精品课资源目录"D:\ Excellent course"内，建立一个网页文件，方法同前节，命名为"default.htm"。在 IIS 界面右击网站名，在弹出的快捷菜单中选择"添加虚拟目录"命令，在弹出的对话框内填写虚拟目录别名"ec"，并浏览至精品课资源的实际目录"D:\ Excellent course"，之后单击"确定"按钮即可，如图 10.22 所示。

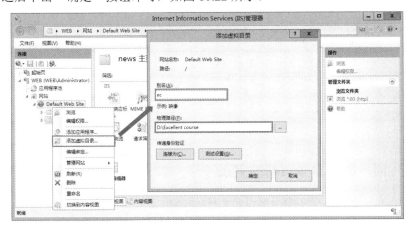

图 10.22　添加虚拟目录

在 IIS 界面双击网站名，可以展开网站目录，即可看到虚拟目录"ec"与之前添加的物理目录"news"并列显示在列表中。如果虚拟目录的默认网页文件名不在默认文档列表，则需要单击虚拟目录"ec"，之后在页面中双击"默认文档"进行设置，与网页主目录默认文档设置方法相同，在这里不再赘述，如图10.23所示。

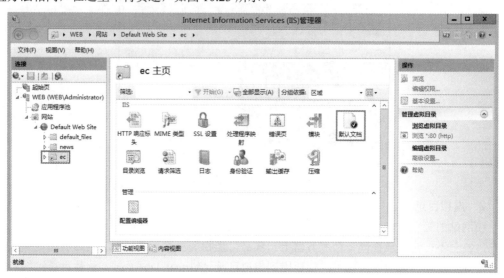

图10.23 设置虚拟目录默认文档

从客户机打开浏览器，输入URL地址"http://www.xpc.edu.cn/ec"访问该虚拟目录进行测试，得到如图10.24所示结果。

图10.24 访问虚拟目录的结果

10.4.6 同一服务器多网站的架设

IIS支持在同一个Web服务器上架设多个网站。假如在已经架设了www.xpc.edu.cn的Web服务器上同时还需架设www.abc.com网站，则需要方便识别各个网站，可以设置网站的名称。网站的名称可以在创建网站时设置，也可以在创建后更改。更改的方法是在IIS界面右击网站的名称，在弹出的快捷菜单内选择"重命名"命令，之后录入新的网站名称即可，如图10.25所示。

图 10.25　更改网站名称

另外，Web 服务器也需要正确区分各个网站的服务请求。区分的方法有 3 种，分别是：主机名、IP 地址和 TCP 端口号。

下面将分别介绍这 3 种方法架设新的网站。

1. 利用不同的主机名架设网站

使用不同主机名来区分不同的网站，原理是：客户机浏览器在连接不同网站时，发送的数据包中除了包含 Web 服务器的 IP 地址之外，还包括要访问的网站网址。因此，Web 服务器在收到请求信息后，只要对比浏览器信息中的网址与网站所绑定的主机名，就可以知道客户机究竟请求的是哪一个网站的内容。

（1）将新网站 www.abc.com 注册到 DNS 服务器上。即，创建一个名为 abc.com 的主要区域，并添加 www 的主机记录，IP 地址设为 Web 服务器的地址 192.168.11.250，在此不再赘述。结果如图 10.26 所示。

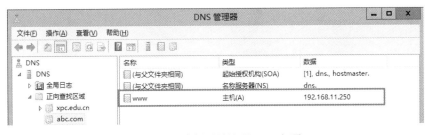

图 10.26　为新网站注册 DNS 记录

（2）将之前架设的默认网站 Default Web Site 绑定一个主机名 www.xpc.edu.cn。单击默认网站名，再单击右侧的"绑定"链接，弹出对话框显示的就是当前的绑定设置，可以看到，现在并没有绑定主机名。点选当前的绑定数据，单击"编辑"按钮，在弹出对话框的主机名一栏中填写"www.xpc.edu.cn"，之后单击"确定"按钮关闭对话框即可，如图 10.27 所示。

（3）为即将架设的 www.abc.com 网站创建主目录，如"C:\abc"文件夹。主目录中创建网站的主页文件，这次使用文本文档编辑一个简单的测试页面，并另存为名称叫 default.htm 的网页文件。这个文件名就是网站默认文档列表中的一个，因此架设网站后，不必再去添加默认文档名了。如图10.28所示。

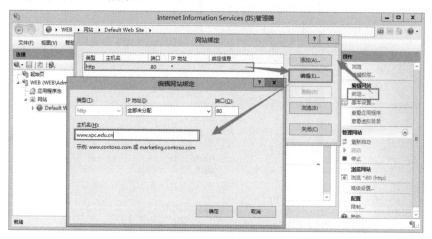

图10.27　为默认网站绑定主机名

图10.28　创建网站测试首页

（4）架设www.abc.com网站。在IIS首页界面上右击"网站"节点，在弹出的快捷菜单中选择"添加网站"命令；或者单击"网站"节点，在右侧单击"添加网站"链接。之后弹出添加网站的对话框。可以一次性填写网站的名称"ABC"，选好网站的主目录"C:\abc"，填写网站的主机名为"www.abc.com"，如图10.29所示。

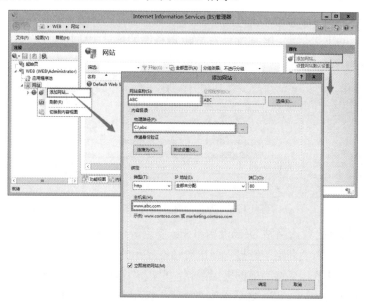

图10.29　添加网站

（5）在客户机打开浏览器，在地址栏中输入"www.abc.com"访问网站，得到如图10.30所示结果。而之前的默认网站"www.xpc.edu.cn"仍然能够正常访问，并不会受到影响。

图 10.30　访问新架设的网站

2．利用 TCP 端口号来架设多个网站

如果计算机只有一个 IP 地址，却要架设多个网站，除了可以利用绑定不同的主机名来实现，也可以绑定不同的 TCP 端口号。绑定了非默认的 TCP 端口，会增加与网站无关的人员的猜测难度，减少了网站被攻击的风险，也能在一定程度上防止误访问，因此，很适合用于配置某些后台管理类型的网站。

在此，沿用上一小节有关网站 DNS、主目录和网站主页默认文档的设置情况。计划设置默认网站 www.xpc.edu.cn 使用默认的 TCP 端口号 80，而新架设的 www.abc.com 网站使用一个自定义的 TCP 端口号 8080。

（1）打开 IIS 的首页，单击网站 "ABC"，单击右边的 "绑定" 链接，在弹出的对话框中，选中之前的绑定信息，并单击 "编辑" 按钮，打开 "编辑网站绑定" 对话框，在 IP 地址处选择本机 IP 地址 "192.168.11.250"，并填写端口号 "8080"。由于访问方式发生了变化，因此，清除之前绑定的主机名。如图 10.31 所示。默认网站的设置以此类推。

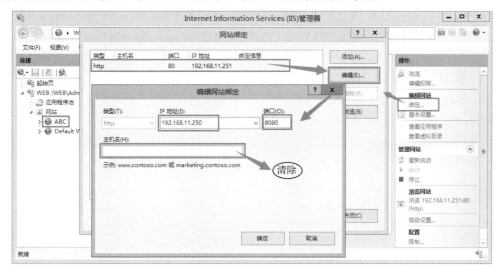

图 10.31　设置网站绑定的 TCP 端口号

注意：系统在安装 IIS 服务器角色的时候，会自动打开 TCP 80 端口作为网站访问的默认端口。但如果设置了非默认的 TCP 端口，需要打开 Windows 防火墙，去允许访问对应端口。具体方法是，打开 "控制面板" → "系统和安全" → "Windows 防火墙" → "高级设置" → "入站规则" → "新建规则"。选择规则类型为 "端口"，协议为 "TCP"，端口号填入 "8080"，操作设为 "允许连接"，然后为这个规则起一个名字保存即可。如图 10.32 所示。

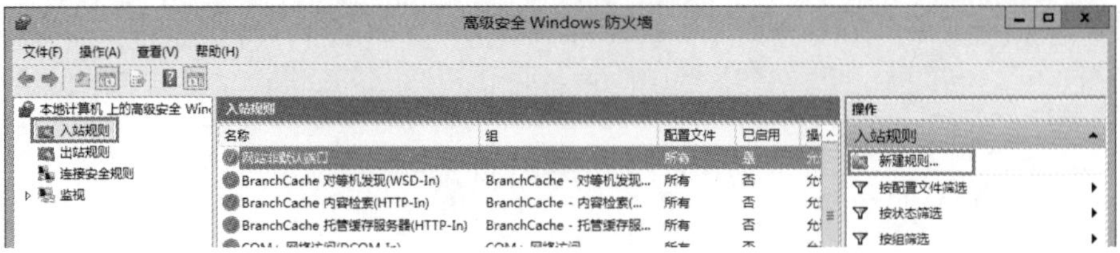

图 10.32　配置 Windows 防火墙放行非默认 TCP 端口

（2）在客户机打开浏览器，在地址栏输入 www.abc.com:8080，测试网站访问是否成功。结果如图 10.33 所示。虽然 www.xpc.edu.cn 和 www.abc.com 都被 DNS 服务器解析到 192.168.11.250，但由于访问的分别是服务器的 TCP 80 端口和 TCP 8080 端口，因此，互不影响，可以同时访问。

图 10.33　访问非默认端口网站的结果

3．利用不同的 IP 地址来架设网站

一台服务器可以安装多块网卡，也可以在同一块网卡上配置多个 IP 地址。可以将不同的 IP 地址分配给不同的网站，来达到区分网站的目的。假设原默认网站 www.xpc.edu.cn 分配 IP 地址为 Web 服务器的原 IP 地址 192.168.11.250，新架设的 www.abc.com 网站分配 IP 地址为 192.168.11.251。

（1）需要为 Web 服务器添加一个 IP 地址 192.168.11.251。有以下两种方法。

① 如果是在虚拟机 VMware 做实验，可以直接在虚拟机设置界面添加网卡硬件，并将之连入之前其他虚拟机所在的网络，如图 10.34 所示。

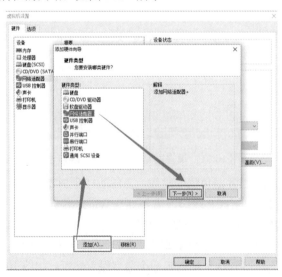

图 10.34　虚拟机添加网卡

在控制面板的网络和共享中心中找到这块网卡，为这块网卡配置上 192.168.11.251/24 的 IP 地址，其他参数不必填写，如图 10.35 所示。

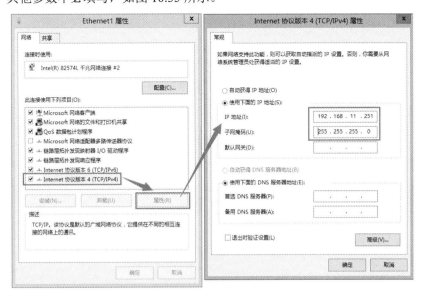

图 10.35　配置新网卡的 TCP/IP 属性

② 也可以不添加新的网卡，直接为 Web 服务器原有网卡多配置一个 IP 地址。打开原网卡的 TCP/IP 属性配置页，单击"高级"按钮，在弹出的对话框的"IP 设置"选项卡的"IP 地址"栏，单击"添加"按钮，填入新的 IP 地址"192.168.11.251"和子网掩码"255.255.255.0"，之后单击"添加"按钮，并单击"确定"按钮关闭窗口即可。如图 10.36 所示。

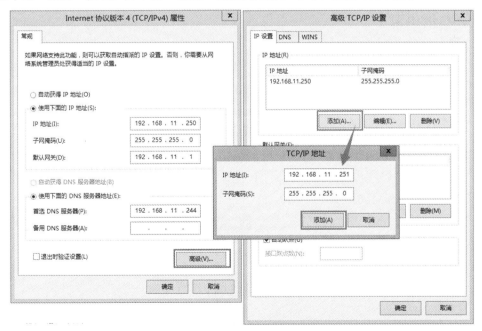

图 10.36　为原网卡增加新 IP 地址

以上两种方法二选其一即可。

（2）www.abc.com 网站的主目录及默认的网站主页，在这里不再重新配置，沿用上一小节的配置内容。只有 IP 地址发生了变化，因此将 www.abc.com 网站的 DNS 记录更改为 192.168.11.251，如图 10.37 所示。

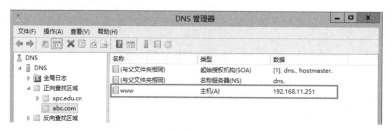

图 10.37　配置新网站的 DNS 记录

（3）打开 ABC 网站的绑定信息及默认网站的绑定信息，为了证明之后的访问是通过 IP 地址来区分不同的网站的，分别清除掉主机名，仅为 ABC 和默认网站分别绑定 IP 地址 192.168.11.251 和 192.168.11.250。在此，两个网站的操作步骤一致，因此，只截取 ABC 网站的绑定信息配置界面，默认网站以此类推，如图 10.38 所示。

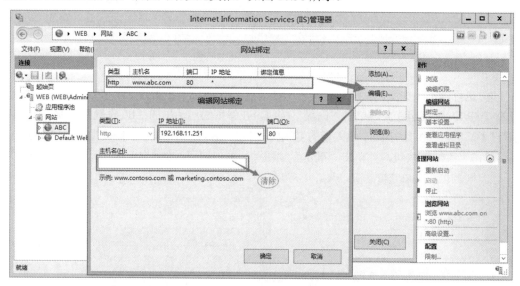

图 10.38　配置网站的绑定 IP 地址

（4）在客户机上打开浏览器，分别使用 www.xpc.edu.cn 和 www.abc.com 两个网址做访问测试。由于两个网站分别映射到了不同的 IP 地址，因此都能访问到，互不影响。这里给出 ABC 网站的访问结果，如图 10.39 所示。

图 10.39　绑定不同 IP 地址的网站访问结果

由于已经清掉了两个网站的主机名绑定，因此，也可以直接使用 IP 地址来访问网站。结果如图 10.40 所示。

图 10.40　利用 IP 地址访问被绑定的网站

注意：如果是连续完成几个小节的实验，由于 DNS 客户端有缓存功能，因此，为了能正确地将网站域名解析到对应的 IP 地址，可能需要在客户端运行"ipconfig /flushdns"命令清空 DNS 缓存数据，并关闭 IE 浏览器重新打开网站，即可访问成功。必要时，还需要清空 IE 浏览器的临时文件记录。

10.5　扩展知识

10.5.1　网站应用程序设置

前面几个小节介绍的都是静态网站的发布方法。但现在日渐流行的动态网站开发工具，如 ASP.NET、PHP 等，制作出来的网站功能更加强大，管理便捷。所以，IIS 也需要安装网页应用程序来对动态网站进行支持。

1．ASP.NET 应用程序

IIS 8.5 支持 ASP.NET 3.5/4.5，只需要安装所需的角色服务即可。但 ASP.NET 3.5 需要从 Windows Server 2012 的 DVD 安装光盘的"sources/sxs"文件夹内，或者联网从微软官方网站获取安装包。

添加 ASP.NET3.5/4.5 角色服务的方法是，打开"服务器管理器"，在仪表板单击"2 添加角色和功能"，打开"添加角色和功能向导"，"下一步"→"基于角色或基于功能的安装"→"下一步"→在服务器池中选择本机→"下一步"，在服务器角色中选中复选框"Web 服务器（IIS）"，并依次展开至"应用程序开发"，勾选"ASP.NET 3.5"和"ASP.NET 4.5"复选框，如图 10.41 所示。之后分别按要求添加 ASP.NET 3.5 和 ASP.NET 4.5 所需功能，如图 10.42 所示。

安装界面提示要为 ASP.NET 3.5"指定备用源路径"，如图 10.43 所示。可以将 Windows Server 2012 的安装光盘放入光驱，并填写对应的路径，如"E:\sources/sxs"，如图 10.44 所示。或者，如果这台服务器能访问公网，也可以直接从微软官方网站利用 Windows 更新的渠道下载安装包。单击"确定"按钮之后单击"安装"按钮。安装成功后，关闭页面重启 Web 服务器即可。

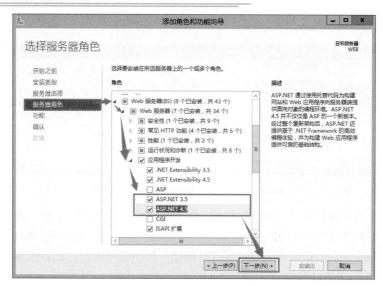

图 10.41　选择服务器角色

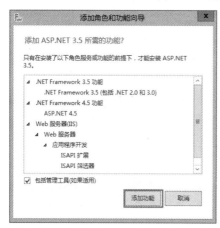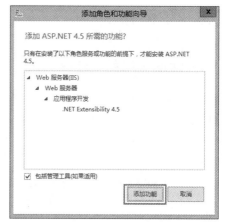

图 10.42　添加 ASP.NET 3.5/4.5 的角色功能

图 10.43　系统提示指定备用源路径

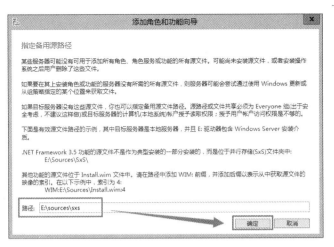

图 10.44 指定备用源路径

安装完成之后，打开 IIS 管理器，可以在界面左侧单击"应用程序池"选项，看到安装后的结果，如图 10.45 所示。其中：

- .NET v2.0 和.NET v2.0 Classic：这是 IIS 为提供 ASP.NET 3.5 或更旧版本的应用程序运行环境而新增的集区；
- .NET v4.5 和.NET v4.5 Classic：这是 IIS 为提供 ASP.NET 4.5 应用程序运行环境而新增的集区；
- Classic .NET AppPool 和 DefaultAppPool：Windows Server 2012 默认执行 ASP.NET 4.5 应用程序。这两个程序池也是默认网站所使用的应用程序池。

图 10.45 查看和添加 IIS 应用程序池

可以从图 10.45 中看到，之前架设的 ABC 网站，也创建了一个同名的应用程序池"ABC"。它们的".NET CLR 版本"为"v4.0"的，支持的是 ASP.NET 4.5。如果需要支持 ASP.NET 3.5 及以前的版本的程序池，可以更改某网站的应用程序池版本。选择一个应用程序池，如默认网站的应用程序池"DefaultAppPool"，单击右侧的"基本设置"链接，在".NET CLR 版本"下拉框中选择合适的版本，如图 10.46 所示。

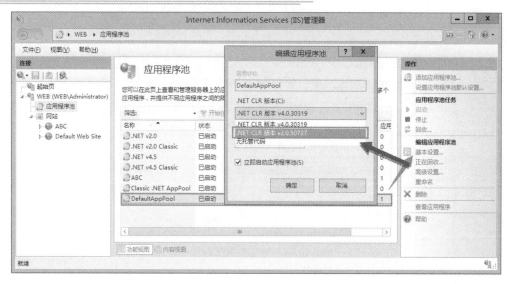

图 10.46　修改应用程序池版本

一般使用 ASP.NET 开发的动态网站，其主页是以".aspx"为扩展名的文件。架设网站时，可以将主页程序文件放在网站的主目录下，并设置默认文档，将该文件的文件名移动到默认文档列表的首位即可，在这里不再细述。

另外，IIS 8.5 是允许一个网站同时运行 ASP.NET 4.5 和 ASP.NET 3.5 两个版本的应用程序的。例如，可以在".NET CLR 版本"为"v4.0"的 ABC 网站主目录下创建一个名为"ASP35"的文件夹，放入 ASP.NET 3.5 应用程序文件，并右击该子目录，在弹出的快捷菜单中选择"转换为应用程序"命令，单击应用程序池右侧的"选择…"按钮，选择之前创建的".NET V2.0"应用程序池即可，如图 10.47 所示。如图 10.48 所示是配置后的结果。

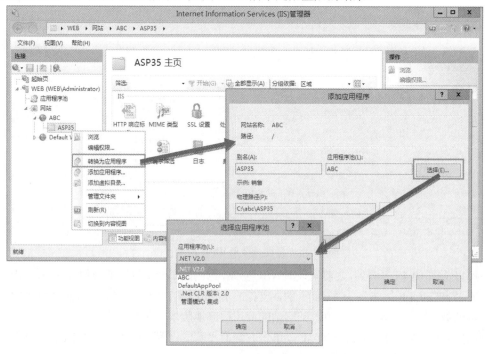

图 10.47　设置网站同时运行 ASP.NET 3.5 和 ASP.NET 4.5 程序

图 10.48　配置后的结果

2．PHP 应用程序

IIS 8.5 如果想要支持运行 PHP 应用程序，则需要安装 CGI（Common Gateway Interface protocol，通用网关接口协议）模块，并从 PHP 官方网站 http://www.php.net/downloads.php 来查找并下载安装包来安装 PHP 的运行环境。需要选择支持 Windows x64 系统的安装文件，有两种不同的版本，分别是 Thread Safe（线程安全版）和 No Thread Safe（非线程安全版）。前者支持多线程在一个环境内安全并发运行，后者不支持并发运行，但效率较高。因为 IIS 与 CGI 已经为每一个线程提供了独立且隔离的运行环境，因此选择 No Thread Safe 版本。而 Thread Safe 版更适合与 Apache 搭配作为网站发布环境。

（1）安装 CGI 模块的方法是：打开"服务器管理器"，在仪表板单击"2 添加角色和功能"，打开"添加角色和功能向导"，"下一步"→"基于角色或基于功能的安装"→"下一步"→在服务器池中选择本机→"下一步"，在服务器角色中选中复选框"Web 服务器（IIS）"，并依次展开至"应用程序开发"，勾选"CGI"复选框，并单击"下一步"按钮直至"安装"即可，如图 10.49 所示。CGI 模块包含 CGI 协议和 FastCGI，FastCGI 主要是将 CGI 解释器进程保持在内存中并因此获得较高的性能，因此这里使用 FastCGI 来运行 PHP 应用程序。

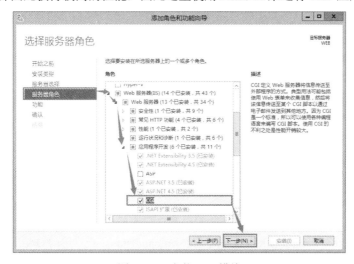

图 10.49　安装 CGI 模块

（2）去 PHP 官方网站下载目前最新版的 PHP 安装压缩包 "php-7.0.11-nts-Win32-VC14-x64.zip"，页面如图 10.50 所示。

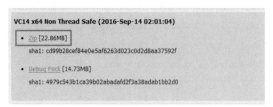

图 10.50　下载 PHP 安装包

将 zip 压缩包解压，如解压至 "C:\PHP" 目录下。将目录下的 "php.ini-production" 文件重命名为 "php.ini"，选择该文件，并右键点击 "编辑"。在文件内搜索并修改几个参数值并保存。（注意，由于.ini 文件中，分号开头的是注释内容，注意将搜到的参数前边的分号删掉）

- extension_dir = <指向扩展库目录的路径>：指向存放 PHP 扩展库文件的目录。可以是绝对路径（如"C:\PHP\ext"）或相对路径（如".\ext"）。在 php.ini 文件中要加载的扩展库都必须在 extension_dir 所指定的目录之中。

- extension = *.dll：对每个需要激活的扩展，都需要一行相应的"extension="语句来说明 PHP 启动时加载 extension_dir 目录下的哪些扩展。（将所有这一系列参数前的分号删掉即可）

- log_errors = on：PHP 有错误日志的功能，可以将错误报告发送到一个文件或者系统服务中（如系统日志），与下面的 error_log 指令配合工作。在 IIS 下运行时，log_errors 应被激活，并且配合有效的 error_log。

- error_log = <指向错误日志文件的路径>：error_log 需要指向一个具有绝对或相对路径的文件名用于记录 PHP 的错误日志。Web 服务器需要对此文件有可写权限。最常用的位置是各种临时目录，如 "C:\inetpub\temp\php-errors.log"。

- cgi.force_redirect = 0：在 IIS 下运行时需要关闭此项指令。这是个在许多其他 Web 服务器中都需要激活的目录安全功能，但是在 IIS 下如果激活则会导致 PHP 引擎在 Windows 中出错。

- cgi.fix_pathinfo = 1：此指令可以允许 PHP 遵从 CGI 规则访问真实路径信息。IIS 的 FastCGI 实现需要激活此指令。

- fastcgi.impersonate = 1：IIS 下的 FastCGI 支持模拟呼叫用户方安全令牌的能力。这使得 IIS 可以定义请求方的安全上下文。Apache 不支持此功能。

- fastcgi.logging = 0：FastCGI 日志在 IIS 下应被关闭。如果激活，则任何类的任何消息都被 FastCGI 视为错误条件，从而导致 IIS 产生 HTTP 500 错误。

- cgi.fix_pathinfo=1

- cgi.force_redirect = 0

（3）还需要安装一个支持 PHP 运行的插件，在 Windows 下运行 PHP7 都需要 Visual C++Redistributable 2015，而之前的版本是不需要那么高的，这个组件是运行 Visual Studio 2015 所建立的 C++应用的必要组件，安装一次即可解决环境问题，那么去微软官网下载即可。下载地址为 "https://www.microsoft.com/en-US/download/details.aspx?id=48145"，下载后的文件为 "vc_redist.x86.exe" 和 "vc_redist.x64.exe"，将 32 位和 64 位的程序文件都安装上，如

图 10.51 所示。

图 10.51 安装 Visual C++Redistributable 2015 插件

（4）可以为整个服务器开启运行 PHP 应用程序的功能，也可以单独指定某网站启用 PHP。例如，尝试为 ABC 网站启用 PHP 功能。在这里，ABC 网站的主目录、绑定信息设置沿用上一小节。

（5）打开 IIS 管理器，单击 ABC 网站，并找到"处理程序映射"的图标，如图 10.52 所示。

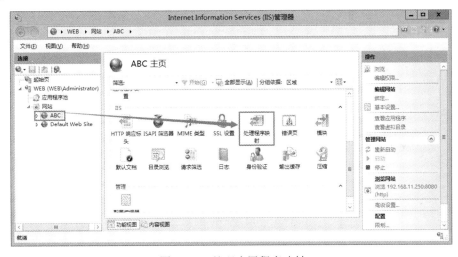

图 10.52 处理应用程序映射

双击打开后，点击右侧的"添加模块映射"链接，在弹出的对话框中输入请求路径为"*.php"，模块下拉列表选择"FastCgiModule"，可执行文件（可选）处输入 PHP 的解压路径内的 php-cgi.exe 文件（如本节使用的是"C:\PHP\php-cgi.exe"），为这个模块映射起一个名字，如"FastCGI"。之后，单击"请求限制"按钮，在弹出的对话框的"映射"标签，勾选"仅当请求映射至以下内容时才调用处理程序"复选框，选择"文件或文件夹"单选项并单击"确定"按钮。如图 10.53 所示。

最后，确认添加此模块映射即可，如图 10.54 所示。至此，IIS 对 PHP 程序的支持环境已经设置完毕了。

（6）测试一下 PHP 功能。在 ABC 网站的主目录"C:\ABC"文件夹内，创建一个记事本文件，输入如图 10.55 所示内容并保存后，再重命名为"index.php"文件。

图 10.53　添加模块映射

图 10.54　确认添加模块映射

图 10.55　创建 PHP 测试主页

为 ABC 网站添加默认文档"index.php"，如图 10.56 所示。

图 10.56　为网站设置 PHP 主页为默认文档

将该主页文件名移至默认文档列表首位，如图 10.57 所示。

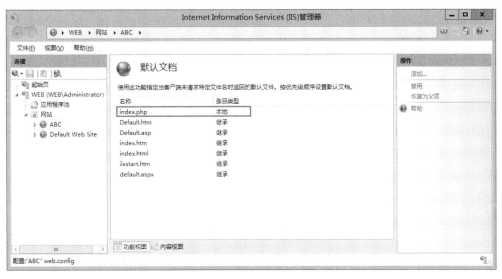

图 10.57　默认文档次序设置

在客户机上打开浏览器，在地址栏输入"www.abc.com"，访问 ABC 网站。如果之前 PHP 安装环境配置正确，那么正常情况应得到如图 10.58 所示的结果。

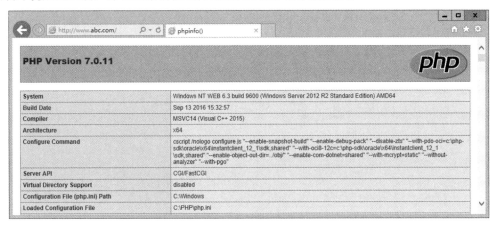

图 10.58　访问 PHP 测试网站

10.5.2　网站的安全设置

1．验证用户身份

大多数网站都是支持匿名访问的，也就是说，任何人都可以访问网站。但如果网站需要只针对特定的用户开放，就需要使用账号密码来确认用户的身份。IIS 提供 4 种验证账号密码的方式，分别是：匿名验证、基本身份验证、摘要式身份验证（Digest Authentication）和 Windows 身份验证。IIS 默认只启用了匿名验证的方式。而其他的验证方式需要通过"添加角色服务"来安装，如图 10.59 所示。可以针对服务器、网站、文件夹等各个层级来启用身份验证，只需要在对应位置双击"身份验证"的图标来设置即可，如图 10.60 所示。

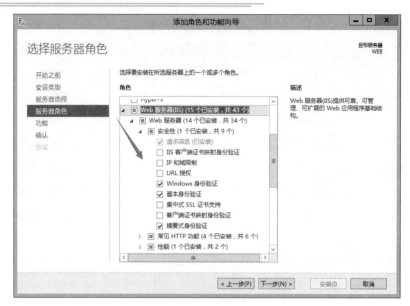

图 10.59 安装身份验证角色服务

图 10.60 打开身份验证功能

（1）匿名验证。系统内置了一个名为"IUSR"的特殊组账户，当用户使用任何浏览器匿名访问网站时，系统就自动以 IUSR 来登录系统。当然，IUSR 账户组的权限很低，并且默认没有密码。

也可以使用其他账号来代替 IUSR 实现匿名账户的功能。例如，可以创建一个本地账户（独立 Web 服务器）或域账户（域内成员 Web 服务器）。然后打开 IIS 管理器，然后双击"身份验证"图标。选择"匿名身份验证"，并单击右侧的"编辑"链接，可以看到默认的匿名账户 IUSR。单击"设置"按钮，填入创建好的账户名和密码。如图 10.61 所示。

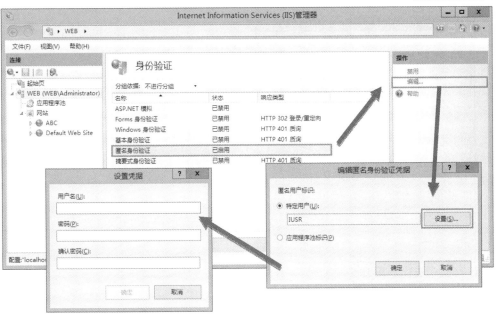

图 10.61　设置匿名身份验证账号

（2）基本身份验证。大多数浏览器支持基本身份验证方法，这种验证方式，要求用户事先在服务器上创建过本地账户或域账户。并且，由于其他所有身份验证方法的优先级要高于基本身份验证，因此，需要先禁用其他的验证方式，才能使用基本身份验证。

这时，从客户端的浏览器访问网站，浏览器会要求用户输入用户账户和密码来获得访问授权，如图 10.62 所示。

（3）摘要式身份验证。基本身份验证有一个缺点，就是浏览器是通过明文来传递用户账户和密码的，如果被别有用心的

图 10.62　基本身份验证

人截取，容易造成安全隐患。除非配套采用其他数据传输安全措施，如采用 SSL 加密连接。

而摘要式身份验证与基本身份验证的区别就在于，账户名和密码在传送之前，会使用 MD5 加密算法来处理，即使被拦截，因为经过加密，也无法破解出账户和密码。相比基本身份验证更加安全。

要想使用摘要式身份验证，要求客户机浏览器必须支持 HTTP 1.1 以上版本，IIS 服务器必须是域内成员服务器或域控制器，用户账户必须是域信任账户。

摘要式身份验证的优先级高于基本身份验证，而低于 Windows 身份验证和匿名身份验证。

（4）Windows 身份验证。Windows 身份验证更适用于内部客户端连接内部网络的情况。IE 浏览器会自动使用当前客户机正在使用的账户和密码来连接网站，如果当前账户不具备访问权限，则会要求用户输入账户名和密码，同时账户和密码在传输之前也会加密处理。

可以在网站启用了 Windows 身份验证之后，从客户机的浏览器添加本地 Intranet 站点，来允许浏览器自动登录连接网站。设置方法是：在"Internet 选项"的"安全"选项卡，选择"本地 Intranet"并单击"站点"按钮，单击"高级"按钮，添加网站的 URL 地址即可。如图 10.63 所示。

图 10.63　Windows 身份验证—添加本地 Intranet 站点

2. 限制 IP 地址连接

大多数网站对网站访问者并没有特别的限制。可以通过允许或拒绝特定的某台计算机或一组计算机，来达到对网站安全管理的目的。这时需要安装"IP 和域限制"角色服务，如图 10.64 所示。

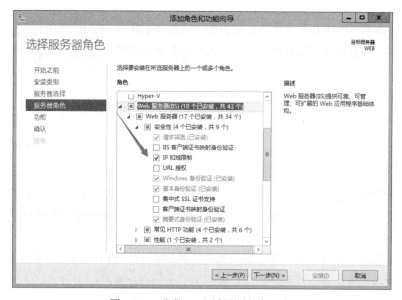

图 10.64　安装 IP 和域限制角色服务

既可以从服务器级别限制访问的 IP 地址，也可以仅针对一个网站限制访问 IP 地址。双击"IP 和域限制"图表打开此功能即可，如图 10.65 所示。

（1）功能设置。单击右侧的"编辑功能设置"链接，可以针对不同的 IP 地址限制需求来做出设置，如图 10.66 所示。

例如，如果希望大多数请求连接都允许访问，仅指定部分 IP 地址拒绝访问，则可以设置"未指定的客户端的访问权"为"允许"。反之，若希望仅放行部分 IP 地址的访问，则可以设置"未指定的客户端的访问权"为"拒绝"。

图 10.65　打开 IP 地址和域限制功能

图 10.66　配置 IP 地址和域限制功能

如果希望通过域名来限制连接，则要勾选上"启用域名限制"的复选框。

如果客户端通过代理服务器来连接服务器，有可能造成 IP 地址和域名限制无效。因此，可以勾选"启用代理模式"复选框，服务器就会检查连接数据包内的 X-Forwarded-For 包头，从中找出原始客户端的 IP 地址。

如果服务器拒绝了客户端的访问，则会返回给客户机浏览器一个拒绝消息。可以设置一个拒绝操作的类型："已禁止"返回 HTTP 403 响应；"未经授权"返回 HTTP 401 响应；"未找到"返回 HTTP 404 响应；"中止"则 IIS 会直接中断此 HTTP 连接。

（2）添加条目。编辑好 IP 地址和域限制功能之后，就可以添加一个拒绝条目或者添加一个允许条目了。以拒绝条目为例，如图 10.67 所示，可以仅添加一个特定的 IP 地址，也可以通过填写一个网络号及掩码，来拒绝一个范围内所有的 IP 地址连接访问。

（3）动态限制。此设置可以根据客户端计算机的连接行为来动态地决定是否要拒绝客户端的连接，如图 10.68 所示。

如果勾选了"基于并发请求数量拒绝 IP 地址"的复选框，则可以设置一个最大数值，如果同一个客户端同时连接服务器的连接数量超过此数值，则拒接连接。

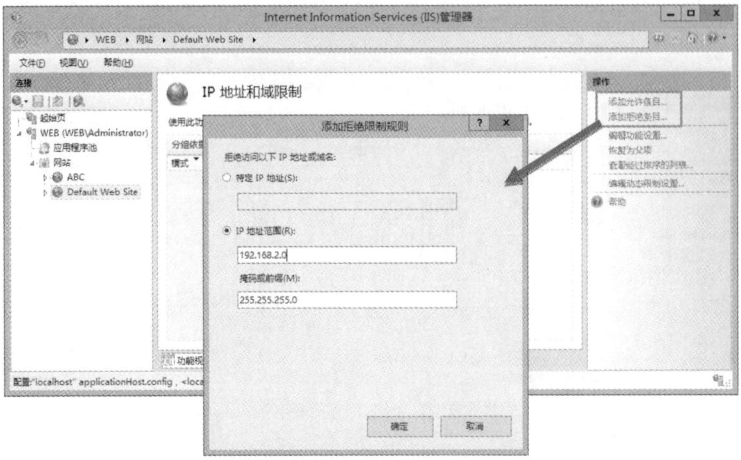

图 10.67　添加拒绝条目

图 10.68　编辑动态限制

　　如果勾选了"基于一段时间内的请求数量拒绝 IP 地址"的复选框，则同一客户端，在一定时间内，连接数量超过指定数值的情况，就拒绝其连接。

习题

一、解释名词

1. 统一资源定位符　　2. 超文本传输协议　　3. 虚拟目录

二、填空题

1. _____是 Internet Information Services 的缩写，它是微软公司主推的信息服务器。

2. 每个 Web 站点都具有唯一的、由 3 部分组成的标志用来接收和响应请求，它们分别是_____、_____和_____。

3. 默认的 Web 站点的默认主目录是_____。

4. WWW 服务采用_____模式，客户机即_____，服务器即_____，它以_____和_____为基础，为用户提供界面一致的信息浏览系统。

5．用户使用浏览器总是从访问某个_____开始的。

6．HTTP 的 URL 的一般形式为_____，使用 FTP 访问站点的 URL 的形式为_____。

7．HTTP 会话过程包括_____、_____、_____、_____4 个步骤。

8．用户浏览页面的方法有_____、_____两种。

9．IIS8.5 默认的主页文档文件名可以为_____、_____、_____、_____等几种。

三、选择题

1．浏览器与 Web 服务器之间使用的协议是（　　）。

　　A．DNS　　　　　　　B．SNMP　　　　　　　C．HTTP　　　　　　　D．SMTP

2．下列不是 IIS8.5 提供的组件是（　　）。

　　A．Web　　　　　　　B．FTP　　　　　　　C．TCP/IP　　　　　　　D．SMTP

3．在 Internet 信息服务管理器中，可操作的对象不包括（　　）。

　　A．Web 或 FTP　　　　B．计算机　　　　　C．Web 或 FTP 目录　　　D．DNS

4．在 Web 站点组成中，下列（　　）项不是必须的识别数据。

　　A．端口编号　　　　　B．IP 地址　　　　　C．主目录　　　　　D．主机标题名称

5．默认 Web 服务器端口号是（　　）。

　　A．80　　　　　　　　B．81　　　　　　　C．21　　　　　　　D．20

6．关于因特网中的 Web 服务，以下说法正确的是（　　）。

　　A．Web 服务器中存储的通常是符合 HTML 规范的文档

　　B．Web 服务器必须具有创建和编辑 Web 页面的功能

　　C．Web 客户端程序也称为 Web 浏览器

　　D．Web 服务器也称为 WWW 服务器

7．通过（　　）服务器，用户可以有效直观地将企业信息发布给企业内部用户和 Internet 远程用户。

　　A．FTP　　　　　　　B．DHCP　　　　　　C．DNS　　　　　　　D．Web

8．一个 Web 站点，主机头是 www.abc.com，端口是 8080，则客户端访问该站点时，在 IE 浏览器的地址栏中的完整输入应该是（　　）。

　　A．http://www.abc.com　　　　　　　　B．http://www.abc.com/index.htm

　　C．http://www.abc.com/8080　　　　　　D．http://www.abc.com:8080

四、思考题

1．虚拟目录与普通目录有什么区别？

2．在 IIS8.5 中创建新站点的方法有几种？它们各自如何操作？

3．客户登录 Web 站点的方法有几种？

五、实训题

在 Windows Server 2012 系统下搭建并发布自己的 Web 站点。

项目 11

PKI 与 SSL 网站

在网络迅速发展的同时，网络安全问题也越来越令人担忧，特别是一些电子交易类型的网站，一旦数据被人截获、篡改或假冒等，给企业和用户都会带来难以想象的严重后果。因此，通常利用电子证书为传输的数据进行加密，这样即使数据被人截获，也无法获得数据中的内容，从而保护用户的网络及传输信息的安全。

11.1 项目内容

1. 项目目的

在已经学习并掌握了 Web 服务器配置方法的基础上，进一步理解安全通信的基本原理和实施方法，学习并掌握证书服务器的安装和配置方法，并结合 Web 服务器，架设有安全连接的 SSL 网站。

2. 项目任务

某学院的网站挂载了学生信息管理系统，为学生提供成绩、选课、奖惩信息等查询功能。为了保证隐私信息不被泄露，希望能利用证书服务器，架设一个满足安全通信的网站。

3. 任务目标

（1）了解 PKI 的工作原理。

（2）了解基本加密技术的相关知识。

（3）了解证书颁发机构（CA）的概念。

（4）学会安装根 CA。

（5）学会管理证书服务。

（6）学会架设利用证书加密的 SSL 网站。

11.2 相关知识

11.2.1 信息安全

随着因特网的普及，人们通过因特网传输的信息越来越多。而 HTTP 超文本传输协议等一系列应用层协议所使用的数据报文，大多采用明文传输。HTTP 明文协议的缺陷，是导致数据泄露、数据篡改、流量劫持、钓鱼攻击等安全问题的重要原因。通过网络的嗅探设备及一些技术手段，就可以很容易地还原 HTTP 报文内容，从中谋取非法利益。这就为信息安全带来了隐患。

信息安全的达成，涉及以下几个要素。

（1）机密性。保证保密信息在公开网络的传输过程中不被窃取，只能让有权读到或更改的人读到和更改。

（2）完整性。存储或传输信息的过程中，原始的信息不允许被随意更改。这种更改有可能是无意的错误，如输入错误、软件瑕疵；也有可能是有意的人为更改和破坏。

（3）有效性（可用性）。在信息传输过程中，要对发送和接收的双方进行身份认证，防止信息被不应该得到信息的人获取。而对于信息的合法拥有和使用者，则要保证在他们需要这些信息的任何时候，都应该能够及时得到所需要的信息。

（4）不可抵赖性。不可抵赖性也称作不可否认性，所有参与者都不可能否认或抵赖曾经完成的操作和承诺。利用信息源证据可以防止发信方不真实地否认已发送信息，利用递交接收证据可以防止收信方事后否认已经接收的信息。

11.2.2　PKI 的概念

为了解决以上的安全问题，现在被广泛采用的是一种名为 PKI 的安全解决方案。

PKI（Public Key Infrastructure，公钥基础设施），是一种遵循标准的利用公钥加密技术为电子商务的开展提供一套安全基础平台的技术和规范 URL 的格式。PKI 提供了 3 种功能来确保数据传输的安全性。

（1）加密（Encryption）：将要传输的数据加密，防止数据信息被窃取。

（2）身份验证（Authentication）：由收信方计算机验证所收到的数据是否由发信方本人所发送。

（3）完整性（Integrity）检查：收信方计算机会确认数据的完整性，确保数据在传输过程中不会发生错误或者篡改。

完整的 PKI 系统必须具有权威认证机构（CA）、数字证书库、密钥备份及恢复系统、证书作废系统、应用接口（API）等基本构成部分，构建 PKI 也将围绕着这 5 大系统来着手构建。PKI 的基础技术包括加密、数字签名、数据完整性机制、数字信封、双重数字签名等。

11.2.3　加密

PKI 的原理是基于公钥密码技术的。所谓加密，是以某种特殊的算法改变原有的信息数据，使得未授权的用户即使获得了已加密的信息，但因为不知道解密的方法，仍然无法了解信息的内容。比如，在古代中国较"流行"使用淀粉水在纸上写字，再浸泡在碘水中使字浮现出来。通信双方首先约定密码解读规则，发信方将一段信息明文通过加密，就得到了密文。使用密文在 Internet 上传输至收信方，收信方再通过解密，就得到了原信息的明文，如图 11.1 所示。

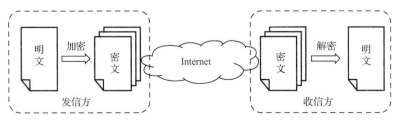

图 11.1　信息的加密和解密

加密算法建立在对信息进行数学编码和解码的基础上，加密和解密都需要结合某个运算参数来进行，这个参数就是密钥。它就像一把钥匙，任何人只有掌握了对应的钥匙及合适的方法，才能打开锁。根据发信方和接收方所掌握的密钥是否相同，加密和解密推导过程是否相同，可以将加密算法分为对称加密算法和非对称加密算法。

1．对称加密算法

对称加密算法又称私钥加密或会话密钥加密算法，即信息的发送方和接收方使用同一个密钥去加密和解密数据。

举个例子，甲和乙双方要传递重要的货物，为了保证货物的安全，他们商定制作一个保险盒，将物品放入其中。他们打造了两把相同的钥匙分别保管，以便在收到包裹时用这个钥匙打开保险盒，以及在邮寄货物前用这把钥匙锁上保险盒。只要甲乙双方小心保管好钥匙，那么就算有人得到保险盒，也无法打开。

在对称加密中，数据发送方将明文（原始数据）和加密密钥一起经过特殊加密算法处理后，使其变成复杂的加密密文发送出去。接收方收到密文后，若想解读原文，则需要使用加密密钥及相同算法的逆算法对密文进行解密，才能使其恢复成可读明文。在对称加密算法中，使用的密钥只有一个，发信收信双方都使用这个密钥对数据进行加密和解密。

对称加密算法的最大优势是算法公开、计算量小、加密速度快、加密效率高，适合于对大数据量进行加密，但密钥管理困难。由于通信双方都使用相同的密钥，因此无法实现数据签名和不可否认性等功能，而且如果一方的密钥遭泄露，那么整个通信就会被破解。

在对称加密算法中常用的算法有：DES、3DES、TDEA、Blowfish、RC2、RC4、RC5、IDEA、SKIPJACK、AES 等。

2．非对称加密算法

与对称加密算法不同的非对称加密算法，具有两个密钥，一个是公钥，一个是私钥，它们都具有这种性质：用公钥加密的文件只能用私钥解密，而私钥加密的文件只能用公钥解密。

还是刚才的例子，甲乙两方传递重要的货物。乙方打造了两把不同的钥匙——公钥和私钥。乙方将公钥向直接送给甲方，同时将私钥藏起。甲方只能使用公钥将货物箱子上锁，却不能用公钥将上锁的货物箱子打开。这样在货物传输过程中，即使攻击者截获了传输的箱子，并得到了乙方公开传递给甲方的公钥，也无法破解箱子，因为只有乙方的私钥才能解锁箱子。反过来，假如乙方要向甲方传递货物，则需要甲方也打造两把钥匙，并将公钥公开给乙方用于锁上货物，而甲方则保留私钥用于解锁货物。

非对称加密与对称加密相比，其安全性更好。非对称加密使用一对密钥，一个用来加密，一个用来解密。公钥顾名思义是公开的，所有的人都可以得到它；私钥也顾名思义是私有的，不应被其他人得到，具有唯一性。不需要像对称加密那样在通信之前要先同步密钥，减少了密钥泄露的风险。这也是 PKI 技术所使用的加密方式，可以满足特定的安全要求。

比如说要证明某个文件是特定人的，这个人就可以用他的私钥对文件加密，别人如果能用他的公钥解密此文件，说明此文件就是这个人的，这就可以说是一种认证的实现。还有如果只想让某个人看到一个文件，就可以用此人的公钥加密文件然后传给他，这时只有他自己可以用私钥解密，这可以说是保密性的实现。

非对称加密的缺点是加密和解密花费时间长、速度慢，只适合对少量关键数据进行加密。

在非对称加密中使用的主要算法有：RSA、Elgamal、背包算法、Rabin、D-H、ECC（椭圆曲线加密算法）等。

11.2.4 数字签名

数字签名（Digital Signature，又称电子签章）是一种类似写在纸上的普通的物理签名，但是使用了公钥加密领域的技术来实现，用于鉴别数字信息的方法。一套数字签名通常定义两种互补的运算，一种用于签名，另一种用于验证。主要用于保证信息传输的完整性、认证发信者的身份、防止交易中的抵赖发生。

发送报文时，发信方用一个哈希函数从报文文本中生成报文摘要（也叫做数字指纹，Digital Fingerprint），然后用自己的私钥对这个摘要进行加密，这个加密后的摘要将作为报文的数字签名和报文一起发送给收信方。因为私钥是唯一只有发信方知道的密钥，因此可以作为发信方的身份标志。而报文摘要所使用的哈希函数，可以保证即使报文内容只发生一丁点变化，摘要信息就会发生显著变化。收信方收到信息后，首先用与发信方一样的哈希函数从接收到的原始报文中计算出报文摘要，接着再用发信方的公用密钥来对报文附加的数字签名进行解密，如果这两个摘要相同，那么收信方就能确认该数字签名是发信方的，报文内容没有被破坏或篡改。

11.2.5 数字证书及证书颁发机构（CA）

尽管使用非对称加密算法可以有效地控制信息在传输过程中的泄露、破坏、抵赖风险，但在信息传输之前，对于公开的公钥信息，还是不能完全确认来自于哪里。

举个例子，假如某发信方打算传输一份文件给收信方 A，首先需要查找 A 的公钥来进行加密。如果在这个过程中出现了一个破坏者 B，用自己的公钥替换了 A 的公钥。而发信方并不知道这个公钥被替换，错误地使用了 B 伪造的公钥来加密文件。那么，收信方 A 收到加密文件后就无法解密文件。而破坏者 B 却可以利用自己的私钥顺利解密文件，达到信息窃取的目的。无法鉴别公钥的真伪，就不能保证信息的安全。这时，如果能有一个有公信力的权威机构能提供所需的某人的公钥就好了。

在 PKI 中，为了确保用户的身份及他所持有密钥的正确匹配，公开密钥系统需要一个值得双方都信赖而且独立的第三方机构充当证书的颁发和认证机构（Certification Authority，CA），来确认公钥拥有人的真正身份。就像公安局发放的身份证一样，CA 发放一种名为"数字证书"的身份证明。

客户端系统的浏览器，通常会设置自动信任一些知名的商业 CA。以 Internet Explorer 8 为例，打开浏览器，按"Alt"键调出程序菜单，选择"工具"→"Internet 选项"命令，在弹出的对话框中选择"内容"选项卡，单击"证书"按钮，在新弹出的对话框中选择"受信任的根证书颁发机构"选项卡，就可以看到该浏览器已经信任的 CA，如图 11.2 所示。

数字证书，也叫作电子证书。它是一种电子文档，由权威公正的第三方认证机构 CA 颁发，证书中主要绑定了这个数字证书包含了用户身份的部分信息及用户所持有的公钥，另外就像公安局对身份证盖章一样，CA 使用机构本身的私钥为数字证书附加该机构的数字签名。数字证书的格式遵循由国际电信联盟（ITU-T）制定的 X.509 标准。

CA 可以是区域性、行业性的机构，也可以是企业级的 CA。可以选择去商业 CA 申请证书。例如，Symantec、GeoTrust、GlobalSign 等都是国际知名的证书品牌，它们会收取费用。这些商业 CA 作为通信双方都信任的可信第三方机构，它与用户之间是互相独立的实体，CA

以自己的信用和技术能力作为担保，为通信的双方提供安全服务，用户如果因为信任证书而导致了损失，证书可以作为有效的证据用于追究 CA 的法律责任，获得安全赔付。银行、投资、保险等企业网站会与此类 CA 合作。

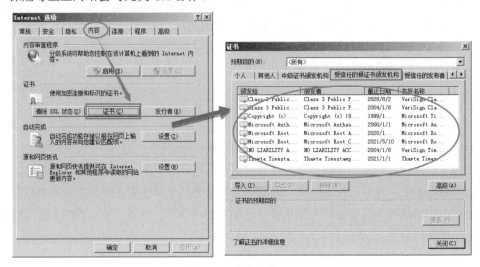

图 11.2　受信任的 CA

但若只是希望企业内各个部门、合作伙伴之间能够安全地通过因特网传送数据，则可以不需要向上述商业 CA 申请证书，因为可以利用 Windows Server 2012 的 Active Directory 证书服务（Active Directory Certificate Services，AD CS）来自行配置一个 CA（虽然该服务名称中带有 AD，但并不需要强制使用域环境），然后使用此 CA 发放证书给员工、客户、合作伙伴等，并让他们的计算机来信任此 CA 即可。

总结一下，CA 作为 PKI 的核心，需要做到以下功能。

- 接收验证最终用户数字证书的申请。
- 确定是否接受最终用户数字证书的申请——证书的审批。
- 向申请者颁发、拒绝颁发数字证书——证书的发放。
- 接收、处理最终用户的数字证书更新请求——证书的更新。
- 接收最终用户数字证书的查询、撤销。
- 产生和发布证书废止列表（CRL）。
- 数字证书的归档。
- 密钥归档。
- 历史数据归档。

认证中心 CA 为了实现其功能，主要由以下 3 部分组成。

- 注册服务器：通过 Web Server 建立的站点，可为客户提供 24×7 不间断的服务。客户在网上提出证书申请和填写相应的证书申请表。
- 证书申请受理和审核机构：负责证书的申请和审核。它的主要功能是接受客户证书申请并进行审核。
- 认证中心服务器：是数字证书生成、发放的运行实体，同时提供发放证书的管理、证书废止列表（CRL）的生成和处理等服务。

11.2.6　SSL 协议和 HTTPS 协议

SSL（安全套接层，Secure Sockets Layer）协议，是一个以 PKI 为基础的安全性通道协议，是为网络通信提供安全及数据完整性的一种安全协议，工作在传输层，对网络连接进行加密。若要让网站拥有 SSL 安全连接功能，就需要为网站向证书颁发机构（CA）申请 Web 服务器的 SSL 证书，证书内包含公钥、证书有效期限、发放此证书的 CA、CA 的数字签名等数据。

HTTPS（Hyper Text Transfer Protocol over Secure Socket Layer）协议与 HTTP 协议一样工作在应用层，用于传输网页的超文本信息，不同之处就在于传输层使用 SSL 协议。

在网站拥有 SSL 证书之后，客户机的浏览器与服务器的网站之间就可以通过 SSL 安全连接进行通信了，网站的 URL 也会由 http 改为 https，如 www.xpc.edu.cn 这个网站，浏览器就会利用 https://www.xpc.edu.cn 来连接网站。

SSL 的工作流程包括服务器认证阶段和用户认证阶段。利用数字证书和数字签名来对通信双方做出身份验证。其中，服务器认证阶段是必选阶段，而用户认证阶段则是可选阶段。仅做服务器认证，就能保证数据传输的机密性、完整性、可靠性。如果将服务器和用户双方都进行认证，则能保证数据传输的不可抵赖性。如果是电子交易平台，则必须保证客户端和服务器双方的身份验证。

1．服务器认证阶段

（1）客户端向服务器发送一个开始信息"Hello"以便开始一个新的会话连接。

（2）服务器根据客户端的信息确定是否需要生成新的主密钥，如需要则服务器在响应客户的"Hello"信息时将包含生成主密钥所需的信息（网站证书的公钥信息）。

（3）客户端根据收到的服务器响应后，与服务器协商创建一个使用对称加密的会话密钥，会话密钥的安全等级与加密位数有关，位数越多越难以破解，数据传输越安全，当然网站的性能效率会受到影响。

（4）客户端将创建好的会话密钥用服务器的公钥加密后传给服务器。

（5）服务器利用自己的私钥解密该会话密钥。此时，这个会话密钥只有服务器和这个客户端双方知道。服务器返回给客户端一个用会话密钥认证的信息，以此让客户端认证服务器。

（6）此后，客户端和服务器双方之间传输的所有数据，都会利用这个会话密钥进行加密与解密。

以上过程如图 11.3 所示。

2．用户认证阶段

在服务器认证阶段，服务器已经得到了客户端的认证，接下来这一阶段主要完成服务器对用户的认证。经认证的服务器发送一个消息给客户端，客户端则将这个消息附上数字签名和客户端的公钥，从而向服务器提供认证。

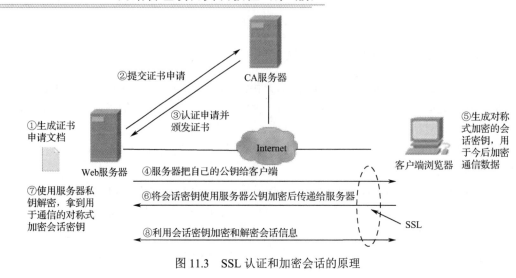

图 11.3　SSL 认证和加密会话的原理

11.2.7　服务器名称指示（SNI）

从前一个项目中可以知道，在同一个服务器的 IIS 上可以架设多个网站。假设多个网站使用了相同的 IP 地址及端口号，仅通过主机名区分，客户端请求了哪个网站的数据，会将该网站的主机名写在应用层的 HTTP 的数据包内，服务器就可以将对应的数据信息传输给客户端。

但如果是采用 SSL 协议的加密传输，在应用层 HTTP 协议建立会话之前，就需要首先由客户端在传输层发起 Hello 请求来交换用于加密通信的密钥信息等，这个时候服务器收到的请求信息数据包内仅有 IP 地址和端口号而并没有包括主机名，就无法区分究竟该将哪个网站的公钥信息传回客户端，以建立加密会话。

为了解决这个问题，就需要在客户端一开始发出 Hello 请求的时候，就将网站的主机名包含在内，Web 服务器就才能将对应网站的信息正确地响应给客户端。这就是 SNI（Server Name Indication，服务器名称指示）功能，用于配置同一个服务器的多个网站证书同时生效。

目前需要 IIS 8.0 以上版本的服务器端才能支持 SNI，大部分客户端浏览器也都支持 SNI。但 Windows XP 系统内置的 Internet Exploer 就不能支持 SNI 功能。

11.3　方案设计

1．项目规划

某学院内部局域网要提供 SSL 网站服务，以便用户能够安全地浏览单位网站。要求如下：

（1）CA 服务器端：在一台安装 Windows Server 2012 的计算机（IP 地址为 192.168.11.244）上配置 CA 证书服务器，要求 Web 服务器和客户端计算机都信任此 CA，并能从 CA 获取数字证书用于 SSL 安全通信。CA 服务器应能够对证书进行有效管理。

（2）Web 服务器端：在一台安装 Windows Server 2012 的计算机（IP 地址为 192.168.11.250）上设置 1 个 Web 站点，网站域名为 www.xpc.edu.cn，网站主目录及测试页面文件可参照前一项目自行准备。

（3）DNS 服务器端：为简化实验环境，DNS 服务器由 CA 服务器所在计算机兼任。具体

234

配置要求参照之前项目，以满足学院网站（www.xpc.edu.cn）的域名解析即可。

（4）客户端：在 IE8 浏览器的地址栏中输入 https://www.xpc.edu.cn，以 SSL 加密安全的方式来访问刚才创建的 Web 站点。

根据以上要求，本项目实施的网络拓扑图如图 11.4 所示。

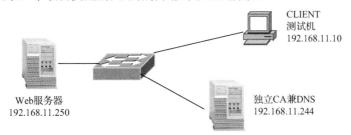

图 11.4　证书服务器及 SSL 网站架设

2．材料清单

（1）安装 Windows Server 2012 的 PC 2 台。

（2）测试用计算机 1 台（操作系统不要 Windows XP，要求包含 IE 8.0 以上版本的浏览器程序）。

（3）以上计算机已连入校园网。

11.4　项目实施

11.4.1　硬件连接及 IP 地址设置

按照图 11.4 所示模型图，搭建 CA 服务器、Web 服务器、DNS 服务器的虚拟网络。VMware 虚拟机配置方法在这里不再赘述。

设置各计算机的 IP 地址、子网掩码、网关等信息如表 11.1 所示。

表 11.1　TCP/IP 属性配置

计算机	IP 地址	子网掩码	网关	首选 DNS 服务器
CA 兼 DNS 服务器	192.168.11.244	255.255.255.0	192.168.11.1	本机
Web 服务器	192.168.11.250	255.255.255.0	192.168.11.1	CA/DNS
CLIENT 客户机	192.168.11.10	255.255.255.0	192.168.11.1	CA/DNS

使用 ping 命令测试各计算机之间的连通性。如果全部连通则继续进行，否则检测网线、计算机 TCP/IP 配置及 Windows 防火墙是否放行 ICMPv4 协议数据包，直到各计算机之间全部连通。

11.4.2　安装 AD CS 与配置根 CA

首先需要说明的是，只有使用 Administrators 组成员的用户身份登录服务器，才可以安装 AD CS 服务。若要安装企业根 CA，则需要使用域 Enterprise Admins 组成员身份登录服务器。

（1）打开服务器管理器，单击仪表板处的"添加角色和功能"，打开"添加角色和功能向导"，"下一步"→"基于角色或基于功能的安装"→"下一步"→在服务器池中选择本机→"下一步"，在服务器角色中选中复选框"Active Directory 证书服务"→"添加功能"，如图 11.5 和图 11.6 所示。

图 11.5　添加证书服务角色

图 11.6　添加角色功能

（2）返回"选择服务器角色"界面后继续单击"下一步"按钮，直至 AD CS 的"角色服务"界面，增加勾选"证书颁发机构 Web 注册"→"添加功能"，如图 11.7 和图 11.8 所示。这样会在证书服务器上安装一个 IIS 网站，以便让用户利用浏览器来申请证书。

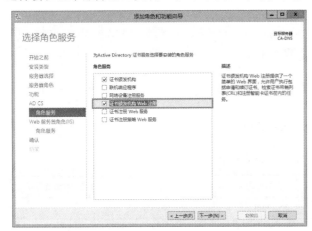

图 11.7　添加角色服务

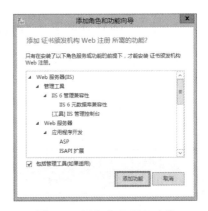

图 11.8　添加角色服务功能

（3）连续单击"下一步"按钮，保持 Web 服务器角色（IIS）的角色服务为默认即可，直至"确认"信息界面，单击"安装"按钮，等待安装进度完成后，暂时不要关闭窗口。

（4）在安装完成的"结果"界面，单击"配置目标服务器上的 Active Directory 证书服务"超链接，打开"AD CS 配置"窗口，如图 11.9 和图 11.10 所示。

（5）单击"下一步"按钮，勾选上要配置的角色服务，即刚刚安装好的"证书颁发机构"和"证书颁发机构 Web 注册"两个角色服务，如图 11.11 所示。

（6）单击"下一步"按钮，就到了选择 CA 类型的界面，如图 11.12 所示。

图 11.9　配置证书服务　　　　　　　　　　　图 11.10　AD CS 配置向导

图 11.11　勾选需要配置的角色服务　　　　　图 11.12　指定 CA 的类型（1）

在这里介绍几种 CA 类型之间的区别：

- 企业根 CA（Enterprise root CA）。它需要 Active Directory 域，可以安装在域控制器 DC 或者成员服务器，发放的证书仅限于域用户，企业根 CA 会从活动目录中得知该用户是否有权来申请所需的证书。企业根 CA 主要用来发放证书给从属 CA。当然，也能直接发放证书给需要安全加密的服务的计算机（如 Web 服务器），不过这些工作大都由从属 CA 来完成。
- 企业从属 CA（Enterprise subordinate CA）。企业从属 CA 也需要 Active Directory 域，适合于用来发放保护电子邮件安全、网站 SSL 安全连接等证书。企业从属 CA 必须在向其父 CA（如企业根 CA）取得证书之后才能正常工作。也可以发放证书给下一级从属 CA。
- 独立根 CA（standalone root CA）。类似于企业根 CA，但不需要 Active Directory 域，可以安装在独立服务器、成员服务器或域控制器上。无论是否为域用户，都可以向独立根 CA 申请证书。
- 独立从属 CA（standalone subordinate CA）。类似于企业从属 CA，但不需要 Active Directory 域，安装方式和服务对象与独立根 CA 相同。

　　如果 CA 证书服务器不是域内计算机，则企业 CA 是灰色不可选的状态。这次选择以独立根 CA 为例，如图 11.12 和图 11.13 所示。单击"下一步"按钮。

图11.13 指定CA的类型（2）

（7）选择"创建新的私钥"单选项。这是CA的私钥，CA必须拥有私钥后才可以给客户端发放证书。如果是在之前曾经安装过CA的计算机上重新安装，则可以选择使用前一次安装时所创建的私钥。如图11.14所示。单击"下一步"按钮。

图11.14 创建新的私钥

（8）在"指定加密选项"界面选择一种加密程序和加密算法，并设置密钥长度。在此选择默认选项来建立私钥，如图11.15所示。单击"下一步"按钮。

（9）在"指定CA名称"界面为此CA设置一个能标志它的名称，如xpc standalone root，表示此CA是学院的独立根CA，如图11.16所示。单击"下一步"按钮。

（10）在"指定有效期"界面可以设置CA的有效期，默认是5年，如图11.17所示。单击"下一步"按钮。

（11）在"指定数据库位置"界面可以设置数据库的存储路径，如图11.18所示。单击"下一步"按钮。

（12）在"确认"界面单击"配置"按钮，并在"结果"界面出现后单击"关闭"按钮即可。

（13）打开"服务器管理器"窗口，在菜单栏选择"工具"→"证书颁发机构"命令就可以管理CA了，如图11.19所示。如果是企业CA，则在左侧目录栏会多出一个"证书模板"，提供了可以对文件加密的证书、保护电子邮件安全的证书、验证客户端身份的证书，如图 11.20 所示。

图 11.15　指定加密选项

图 11.16　指定 CA 名称

图 11.17　指定 CA 有效期

图 11.18　指定 CA 数据库存储路径

图 11.19　独立 CA 的证书颁发机构管理界面

图 11.20　企业 CA 的证书颁发机构管理界面

11.4.3　设置信任 CA

网站服务器 Web 和客户机浏览器都应该信任发放 SSL 证书的 CA，否则，浏览器在利用 https 连接网站时，会显示警告信息。从图 11.2 已经在浏览器中看到了默认信任的一些知名商业 CA。而其他 CA，就需要设置 CA 信任。设置信任 CA 的方法，是将该 CA 的证书安装在"受信任的根证书颁发机构"位置。

1．信任独立 CA

无论是否为域成员的计算机，默认都并没有信任独立 CA，但可以手动设置信任独立 CA 的程序。

（1）在 Web 服务器和客户机 CLIENT 上分别打开 Internet Explorer，在地址栏输入 URL "http://192.168.11.244/certsrv" 访问独立 CA。在这里，URL 中的 IP 地址就是独立 CA 的 IP 地址，也可以写为该独立 CA 的 DNS 主机名或者 NetBIOS 计算机名称。结果如图 11.21 所示。

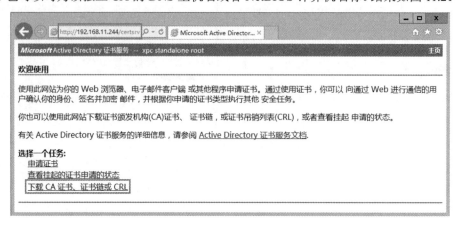

图 11.21　访问独立 CA 的 Web 注册站点

（2）客户机如果是安装有 Windows Server 一系列操作系统的计算机，则要将 IE 浏览器的 "IE 增强的安全配置" 关闭，否则可能会被阻止连接独立 CA。具体方法是：打开 "服务器管理器" → "本地服务器" → "IE 增强的安全配置" → "关闭"。还需要设置独立 CA 的 IP 地址为 IE 浏览器的可信任站点。具体方法是：打开 IE 浏览器，按 "Alt" 键调出菜单，选择 "工具" → "Internet 选项" → "安全" 选项卡 → "站点"，然后输入独立 CA 的 URL 地址，单击 "添加" 按钮即可。

（3）在图 11.21 所示的页面，单击 "下载 CA 证书、证书链或 CRL" 链接，进入如图 11.22 所示的页面。

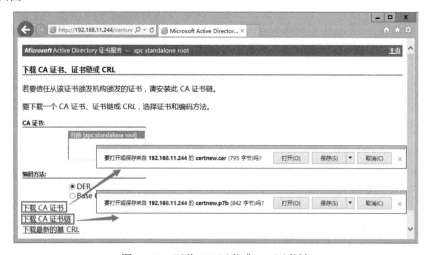

图 11.22　下载 CA 证书或 CA 证书链

前文曾经提到，根 CA 和从属 CA 都可以向终端客户颁发证书。而为了保证根 CA 的绝对安全性，将根证书隔离得越严格越好，所以根 CA 一般不直接颁发证书给终端客户，而是颁发证书给多级从属 CA，由一系列证书链来确认从属 CA 的可靠性。所以客户如果要信任从属 CA，则需要下载从根 CA 开始发放给一级一级从属 CA 的证书链以验证证书的有效性和可靠性。

而本项目为了简化实验环境，只配置了一个根 CA，因此，下载单一的 CA 证书和下载证书链的效果是一样的。

（4）以下载证书链为例，在如图 11.22 所示的页面单击"下载 CA 证书链"链接，并在弹出的下载提示中，单击"保存"按钮或者选择"保存"旁边的下拉菜单里的"另存为"命令，将证书链文件保存到本地，默认文件名为"certnew.p7b"。

（5）右击该文件，在弹出的快捷菜单中选择"安装证书"命令，打开"证书导入向导"窗口，如图 11.23 所示。

（6）单击"下一步"按钮，选择"将所有的证书都放入下列存储"单选项，然后单击"浏览"按钮，选择"受信任的根证书颁发机构"，如图 11.24 所示。之后单击"下一步"→"完成"按钮。

图 11.23　证书导入向导

图 11.24　安装位置—受信任的根证书颁发机构

（7）会有一个"安全警告"窗口，如图 11.25 所示。提示信任这个独立 CA 可能存在的风险，单击"是"按钮来确定安装证书，之后会弹出一个"导入成功"的窗口，单击"确定"按钮后，证书就被安装好了。

（8）可以从 IE 浏览器，按"Alt"键调出主菜单，选择"工具"→"Internet 选项"命令，选择"内容"选项卡，单击"证书"按钮，选择"受信任的根证书颁发机构"，查看刚刚安装好的证书，如图 11.26 所示。

2. 信任企业 CA

Active Directory 域会自动通过组策略来让域内所有的计算机信任企业 CA，也就是说，会将企业 CA 的证书自动安装到域内所有的成员计算机内，查看证书的方法同上，在此不再详述。

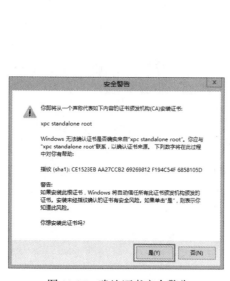

图 11.25　确认证书安全警告　　　　图 11.26　查看安装好的证书

11.4.4　架设 SSL 网站

Web 服务器信任 CA 之后，就可以申请 SSL 证书，架设具备 SSL 安全连接能力的网站了。若网站是面向 Internet 用户提供服务的，建议申请商业 CA 的证书，安全更有保障。若网站只是企业内部使用，面向员工、合作伙伴等，则可以利用 AD CS（Active Directory 证书服务）来配置 CA，并向此 CA 申请证书即可。

首先，需要在 Web 服务器上安装好"网页服务器（IIS）"角色，利用默认网站 Default Web Site 架设网站。网站主机名为"www.xpc.edu.cn"，绑定 IP 地址为"192.168.11.250"。接下来，在独立 CA 服务器上安装"DNS 服务器"角色，让它兼任 DNS 服务器，创建正向查找区域"xpc.edu.cn"，并添加名为"www"的主机记录，IP 地址设为 Web 服务器的地址"192.168.11.250"。这几步与之前项目设置方法一样，在此不再详述。接下来，就可以正式进入 SSL 网站的架设了。

1．创建证书申请文件

（1）在 Web 服务器，打开"服务器管理器"，在主菜单单击"工具"，单击打开 "Internet Information Servises（IIS）管理器"窗口。在服务器目录处双击"服务器证书"，单击右侧的"创建证书申请"链接，如图 11.27 所示。

（2）打开申请证书向导页面，首先需要填写证书申请的可分辨名称属性。如果网站设置了主机名，则通用名称应当与主机名一致，而客户端则必须通过主机名访问该网站。其他内容按需填写即可，如图 11.28 所示。

（3）单击"下一步"按钮，选择加密服务提供程序，其中"位长"越长，加密安全性越高，但是传输效率会越低，如图 11.29 所示。

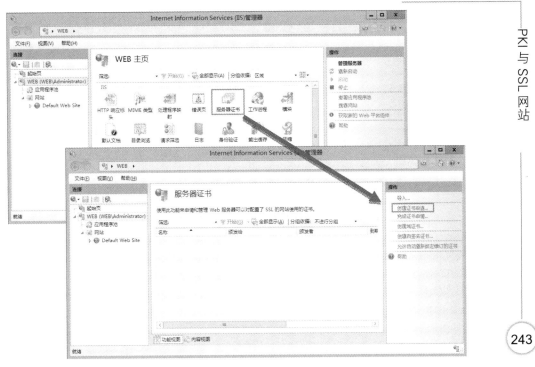

图 11.27　创建证书申请

图 11.28　填写证书的可分辨名称属性　　　图 11.29　选择加密服务提供程序

（4）单击"下一步"按钮，指定证书申请文件的保存路径和文件名，一般保存成.txt 文本文件即可，如图 11.30 所示。

2．申请证书及下载证书

（1）在 Web 服务器上打开 IE 浏览器（需关闭"IE 增强的安全配置"，并将证书服务器设为可信任站点，如前所述），在地址栏输入 URL "http://192.168.11.244/certsrv"，IP 地址为独立 CA 的地址。在打开的页面，单击"申请证书"链接，然后在接下来的页面选择提交一个"高级证书申请"，如图 11.31 所示。

（2）根据之前创建的证书申请 TXT 文件及 CA 策略，选择"使用 base64 编码的 CMC 或 PKCS#10 文件提交一个证书申请，或使用 base64 编码的 PKCS#7 文件续订证书申请"。如图 11.32 所示。（注：base64 是一种常见的为了在网络上传输的 8bit 字节代码编码方式，用于在 HTTP 环境下传递较长的标志信息，具有不可读性，不会被人直接看懂。）

图 11.30　设置证书申请文件的文件名　　　　图 11.31　从浏览器申请证书

（3）用记事本打开之前创建的证书申请文件，将内容复制下来，如图 11.33 所示。

图 11.32　选择申请的证书类别　　　　图 11.33　复制证书申请文件内容

（4）将所复制下来的文本文件，粘贴在"Base-64 编码证书申请"的文本框内，如图 11.34 所示。如果是域环境下的企业 CA，则该页面还会多出一个"证书模板"的下拉列表框，那么可以在证书模板中选择"Web 服务器"选项，如图 11.35 所示。之后单击"提交"按钮即可。

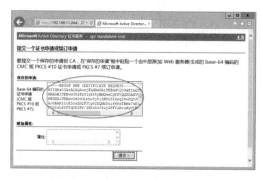

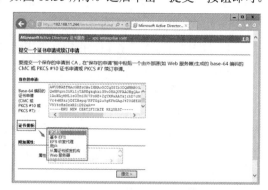

图 11.34　粘贴证书申请文本内容　　　　图 11.35　企业 CA 的证书申请页面

（5）因为是以独立 CA 为例，因此，提交了申请之后，独立 CA 并不会自动颁发证书，而是先将该申请挂起，如图 11.36 所示。

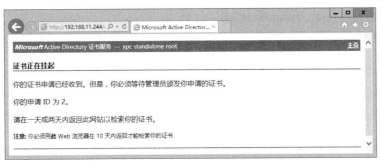

图 11.36　证书申请被挂起

因此，需要使用管理员账户登录 CA 服务器，手动发放此证书，之后再使用 Web 服务器的浏览器访问 CA 来下载证书。在 CA 服务器上，打开"服务器管理器"窗口，在菜单栏选择"工具"→"证书颁发机构"命令，然后选择"挂起的申请"，就能看到从 Web 服务器发来的申请，如图 11.37 所示。右击这个证书申请，在弹出的快捷菜单中选择"所有任务"→"颁发"命令即可。

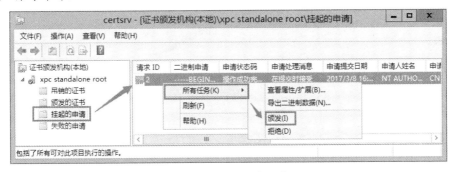

图 11.37　手动颁发证书

（6）回到 Web 服务器，在浏览器重新连接 CA 的网页"http://192.168.11.244/certsrv"，选择"查看挂起的证书申请的状态"，之后选择"保存的申请证书"，如图 11.38 所示。

图 11.38　保存申请的证书

（7）由于独立 CA 是一个根 CA，从根 CA 下载证书，因此，选择"Base 64 编码"单选项，并单击"下载证书链"链接，将证书链的文件保存至本地，如图 11.39 所示。

3．安装证书

（1）在 Web 服务器，打开"服务器管理器"窗口，在主菜单单击"工具"，单击打开"Internet

Information Servises（IIS）管理器"窗口。在服务器目录处双击"服务器证书"，单击右侧的
"完成证书申请"链接，如图11.40所示。

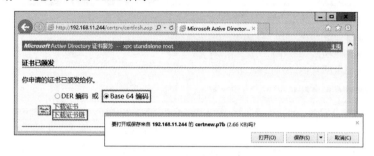

图11.39　下载证书链

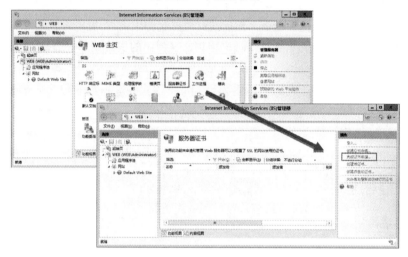

图11.40　完成证书申请

（2）在弹出的对话框中选择之前下载好的证书或证书链文件，然后给证书起一个好记的
名称，如"XPC certificate"，然后选择证书的存储位置为"个人"，如图11.41所示。

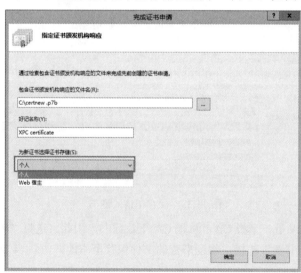

图11.41　设置证书名称及存储区域

注：如果在一个 Web 服务器上架设了多个网站，IP 地址和端口号都相同，仅主机名不同，则证书应该安装到"Web 宿主"存储区。

安装好的证书可在图 11.42 所示的界面中看到。

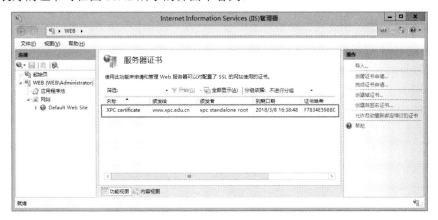

图 11.42　查看 Web 服务器证书

4．为网站绑定证书

（1）为网站的 https 通信协议绑定证书。在 IIS 管理器界面，选择"Default Web Site"，单击右侧的"绑定"链接，如图 11.43 所示。

图 11.43　为网站绑定证书

（2）弹出如图 11.44 所示对话框，网站已经绑定了默认的 http 协议。单击"添加"按钮，填写网站绑定信息，如图 11.45 所示。类型选择"https"，端口号默认是"443"，选择之前安装好的服务器证书，单击"确定"按钮即可。至此，SSL 网站基本设置完毕。

图 11.44　添加网站绑定　　　　　　　图 11.45　填写绑定信息

11.4.5 测试访问 SSL 网站

1. 建立网站测试页

一般网站并不会将所有网页都采用 SSL 安全连接，例如，只有在用户输入机密数据的页面，才需要 SSL 安全连接。因此，设计网站的首页采用 http 连接即可，然后在网站主目录内新建一个"ssltest"文件夹，在其中创建一个需要使用 https 连接的网页。分别测试两种连接方式是否成功。

首先建立网站主页，打开默认网站的主目录"C:\inetpub\wwwroot\"，新建一个记事本文件，另存成名为"default.htm"的网站默认首页文件，输入如图 11.46 所示内容并保存。

图 11.46 创建测试网站默认首页

接下来建立 SSL 测试页面。在网站主目录内新建"ssltest"文件夹，进入文件夹内，同样新建一个记事本文件并另存成名为"default.htm"的网站子目录默认页面，输入如图 11.47 所示内容并保存。

图 11.47 创建 SSL 测试页面

2. 连接网站测试

到客户机 Client 上，打开 IE 浏览器。首先访问网站首页，不需要 SSL 连接，可以直接在地址栏输入 URL "http://www.xpc.edu.cn"，得到如图 11.48 所示页面。

图 11.48 访问测试网站首页

单击网站首页下方的"SSL 安全连接测试"链接，打开网站子目录页面，如图 11.49 所示。细心观察一下浏览器地址栏位置，会发现，现在的访问方式已经切换到 https，地址栏右侧多出来一个锁形标志，代表这个页面已经执行安全加密的 SSL 连接，信息传输只有本机和

Web 服务器两方能够得到。

图 11.49 访问测试 SSL 安全连接页面

假如之前客户机 CLIENT 没有信任独立 CA，则访问 SSL 安全链接时，页面会出现如图 11.50 所示的警告信息。单击"继续浏览此网站（不推荐）"链接也可以打开测试页面。

图 11.50 安全证书警告

另外，事实上系统并没有强制客户端要利用 https 的 SSL 方式连接网站。例如，如果直接在 IE 浏览器地址栏输入 URL "http://www.xpc.edu.cn/ssltest"，也可以打开页面，如图 11.51 所示。可以看到，地址栏的 URL 是 http 协议，也没有锁形标志。

图 11.51 没有使用 SSL 安全连接的测试页面

那么，能不能让整个网站或者某些特定目录特定页面强制使用 SSL 安全连接呢？答案是肯定的。以网站子目录 ssltest 为例，可以在 Web 服务器的 IIS 管理器，选择默认网站的 ssltest 子目录，双击"SSL 设置"，勾选"要求 SSL"复选框并单击"应用"按钮即可，如图 11.52 所示。

再次测试网站 ssltest 子目录，使用 URL "https://www.xpc.edu.cn/ssltest"可以像之前图 11.49 一样正常访问，换成"http://www.xpc.edu.cn/ssltest"，则会显示如图 11.53 所示的错误页面。

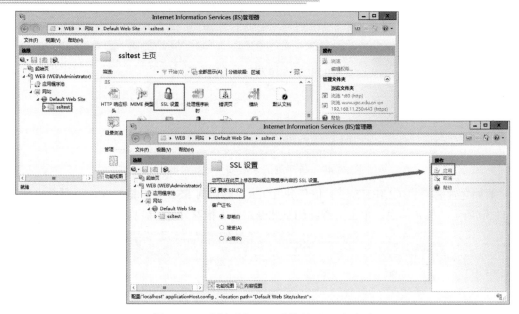

图 11.52　强制要求 SSL 连接的子目录页面

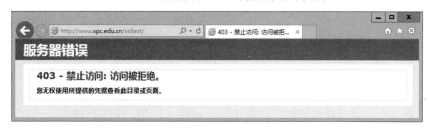

图 11.53　使用 http 访问强制要求 SSL 连接的页面

注：如果设置正确但网页显示不出正确结果，那么有可能是因为 IE 浏览器缓存了之前的数据，可以清空 IE 浏览器的临时文件并关闭浏览器，重新打开再试试看。

11.4.6　证书的管理

1．自动颁发证书

前文提到，如果是企业 CA，因为在域环境内，由域控制器（AD）验证用户提供的域账户和密码来确认用户身份，并以此决定用户是否有权限申请证书，如果有权限，则 CA 会自动颁发证书。独立 CA 并不要求用户提供账号密码，也无法验证用户身份，因此默认是不能自动颁发证书的，当某计算机向 CA 提交了证书申请，该申请会被挂起，直至在 CA 的证书颁发机构界面手动颁发该证书，才能下载证书。

假如想要设置让独立 CA 也自动办法证书，那么就需要在 CA 服务器上，打开"服务器管理器"，在菜单栏单击"工具"→"证书颁发机构"，右击 CA 的名称，在弹出的快捷菜单中选择"属性"命令，进行设置，如图 11.54 所示。

在属性对话框选择"策略模块"选项卡，如图 11.55 所示。单击"属性"按钮，在弹出的对话框中选择单选项"如果可以的话，按照证书模板中的设置，否则，将自动颁发证书"，如图 11.56 所示。

图 11.54　设置 CA 属性

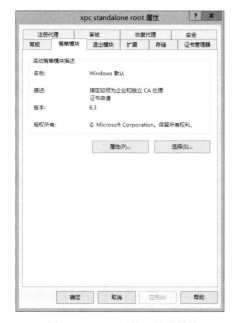

图 11.55　CA 属性—策略模块

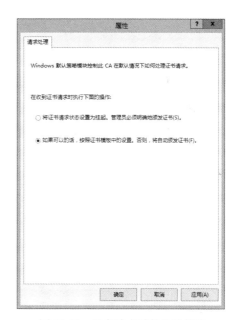

图 11.56　证书请求时的处理策略

2．CA 证书的备份和还原

（1）在 CA 服务器上，打开"服务器管理器"，在菜单栏选择"工具"→"证书颁发机构"命令，右击 CA 的名称，在弹出的快捷菜单中选择"所有任务"→"备份 CA"命令，如图 11.57 所示，可以打开证书颁发机构备份向导。

图 11.57　备份 CA

（2）单击"下一步"按钮，勾选要备份的项目，如私钥和 CA 证书、证书数据库和证书数据库日志，并设置要存储备份的路径，如图 11.58 所示。最后设置还原密码，如图 11.59 所示。单击"下一步"→"完成"按钮即可。

图 11.58　设置备份 CA 的项目　　　　　　　　图 11.59　设置还原密码

（3）还原 CA 数据库时，还是在"证书颁发机构"界面，右击 CA 的名称，在弹出的快捷菜单中选择"所有任务"→"还原 CA"命令，如图 11.60 所示。

图 11.60　还原 CA

图 11.61　停止证书服务

（4）系统会弹出警告框，提示要想还原 CA，必须停止 Active Directory 证书服务，单击"确定"按钮，如图 11.61 所示。

（5）在打开的证书颁发机构还原向导对话框，勾选要还原的项目，浏览到之前存储备份的目录，如图 11.62 所示。输入在备份的时候所设置的还原密码，如图 11.63 所示。单击"下一步"→"完成"按钮即可。

图 11.62　设置还原项目

图 11.63　输入还原密码

另外，由于 CA 的数据库存储于 Windows 系统的系统状态（System State）内，因此可以利用服务器的 Windows Server Backup 功能来备份和还原系统状态，也能够备份和还原 CA 证书的数据。可以通过服务器管理器添加角色和功能来安装 Windows Server Backup 功能。在此不再详述。

3．吊销证书

申请的证书都有一定的有效期限，例如电子邮件证书的有效期是一年。但是也有可能因为一些原因，如企业员工离职、密钥泄露等，需要将还未到期的证书吊销作废掉。

吊销证书的方法是：在证书颁发机构界面，单击"颁发的证书"，可以看到之前曾经发放过的证书，右击其中一个证书，在弹出的快捷菜单中选择"所有任务"→"吊销证书"命令，如图 11.64 所示。

图 11.64　吊销证书

需要指定一个吊销证书的理由。在此请注意，已吊销的证书会被放到"吊销的证书"列表内。只有吊销理由为"证书待定"的证书，才能解除吊销。其他的理由，都会导致证书直接吊销作废。如图 11.65 所示。

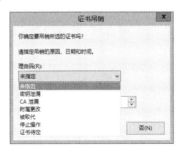

图 11.65　选择吊销证书的原因

那么，假如想将待定的证书解除吊销，可以在证书颁发机构界面，单击"吊销的证书"，选中吊销原因为"证书待定"的证书并右击，在弹出的快捷菜单中选择"所有任务"→"解除吊销证书"命令即可，如图 11.66 所示。

图 11.66　解除吊销证书

这个证书吊销列表（Certificate Revocation List，CRL），是可以发布给网络中的其他计算机，让其得知究竟有哪些证书已经被吊销。

CA 默认每隔一星期会自动发布一次 CRL，也可以自行设置合适的时间间隔。方法是在证书颁发机构界面，右击"吊销的证书"，在弹出的快捷菜单中选择"属性"命令，如图 11.67 所示。在属性对话框内，可以设置 CRL 的发布时间间隔，如果勾选了"发布增量"复选框，则网络中的其他计算机在下载 CRL 的时候，不必每次都下载完整内容，只需下载增量内容，这样可以减少通信量，节约下载时间。

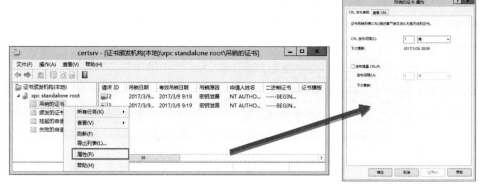

图 11.67　修改自动发布 CRL 的时间间隔

CA 服务器的管理员也可以选择手动直接发布 CRL。操作方法是：在证书颁发机构界面，右击"吊销的证书"，在弹出的快捷菜单中选择"任务"→"发布"命令。可以选择发布一个"新的 CRL"；如果之前在"吊销的证书"→"属性"对话框勾选过"发布增量"复选框，那么也可以选择发布"仅增量"，如 11.68 所示。

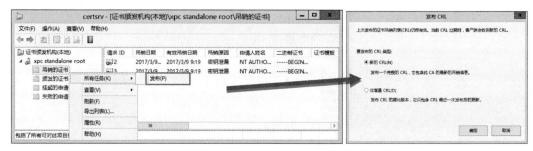

图 11.68　手动发布 CRL

客户计算机下载 CRL，也有手动或自动两种方式。IE 浏览器默认是自动下载 CRL 的。配置项就在"Internet 选项"→"高级"选项卡里面，包括"检查发行商的证书是否已吊销"和"检查服务器证书是否已吊销"两项，如图 11.69 所示。

也可以在客户机 CLIENT 上手动下载 CRL。在 IE 浏览器地址栏输入 URL "http://192.168.11.244/certsrv"，打开 CA 颁发证书的页面，单击"下载 CA 证书、证书链或 CRL"链接，如图 11.70 所示。在接下来的页面，按需单击"下载最新的基 CRL"或者"下载最新的增量 CRL"链接，并将文件保存至本地，如图 11.71 所示。

找到保存下来的 CRL 文件，右击并在弹出的快捷菜单中选择"安装 CRL"命令，之后就像安装证书时的操作一样，安装位置选择"根据证书类型自动选择证书存储"即可。在此不再详述。

图 11.69　IE 自动下载 CRL

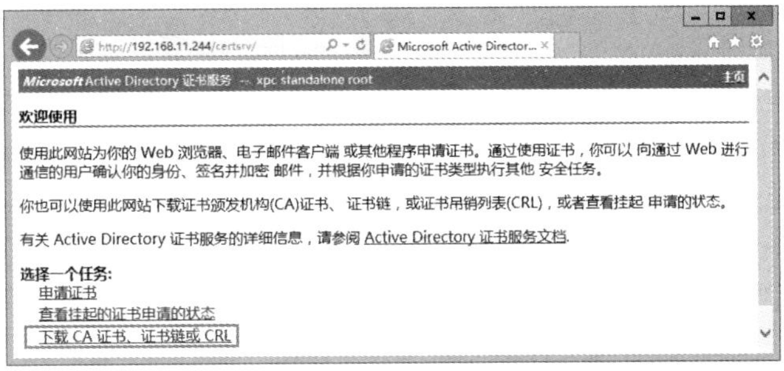

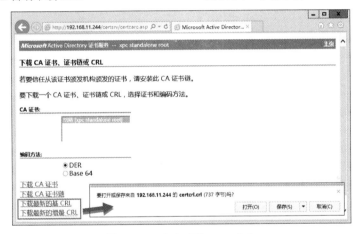

图 11.70　手动下载 CRL（1）

图 11.71　手动下载 CRL（2）

4．续订证书

各类证书都有一定的有效期，一般 CA 证书默认的有效期为 5 年，而其他证书（如电子邮件证书）的有效期为 1 年。从属 CA 的证书是由根 CA 颁发的，所以从属 CA 的证书有效期不能超过根 CA 的有效期，那么假如根 CA 有效期快要过了，它所发放的从属 CA 证书有效期也会非常短。证书到期就会失效，如果还想继续使用该证书，就要在它到期之前进行续订。

如果要续订 CA 证书，则在证书颁发机构页面，右击 CA 名称，在弹出的快捷菜单中选择"所有任务"→"续订 CA 证书"命令。然后会提示若要续订 CA 证书，必须先关闭 Active Directory 证书服务。单击"是"按钮，就会关闭服务，并弹出续订 CA 证书的对话框，选择是否要重新生成新的公钥和私钥，并单击"是"按钮，证书续订完毕，如图 11.72 所示。

如果是续订网站的证书，那么需要在 Web 服务器，打开 IIS 管理器，选择左侧导航的服务器名，双击"服务器证书"，选择 Web 服务器的证书，单击"续订"链接，如图 11.73 所示。

之后会弹出"续订现有证书"的对话框，如图 11.74 所示。选择"创建续订证书申请"单选项，单击"下一步"按钮，将这个证书续订申请保存为文本文件，如图 11.75 所示，单击"完成"按钮。

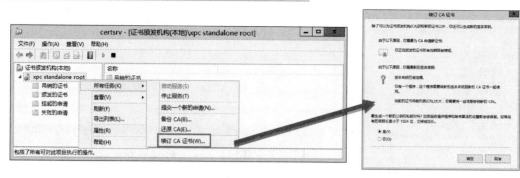

图 11.72　续订 CA 证书

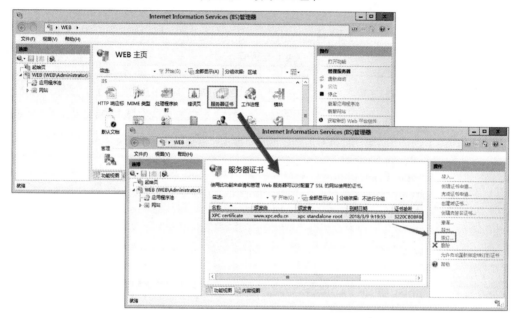

图 11.73　续订网站证书

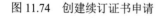

图 11.74　创建续订证书申请　　　图 11.75　将续订证书申请保存成文本文件

　　打开这个文本文件，将其中的内容复制下来。接下来的步骤与申请网站证书时的步骤相同。可以参照前文图 11.31 至图 11.39 所示步骤操作，从 CA 下载证书，在此不再详述。

重新打开图 11.74 所示的页面，选择"完成证书续订申请"单选项，单击"下一步"按钮并选择下载好的证书，就可以将网站证书续订。

5．网站证书的导出和导入

申请好证书之后，应该将证书导出并备份，以便万一系统重装时，可以将导出的证书重新导入到新系统内。

导出的方法是：在 Web 服务器的 IIS 管理器，选择左侧导航的服务器名，双击"服务器证书"，也就是在图 11.73 所示的界面，选择 Web 服务器的证书，单击"导出"链接，就打开了"导出证书"对话框。指定导出证书的文件，格式是".pfx"，再设置一个将来导入时使用的导入密码，单击"确定"按钮即可，如图 11.76 所示。将此文件妥善保存。

将来要导入证书，还是进入图 11.73 所示的界面，单击"导入"链接，在弹出的"导入证书"对话框中，选择之前保存的备份证书文件，并输入密码，即可导入网站证书，如图 11.77所示。

图 11.76　导出网站证书

图 11.77　导入网站证书

习题

一、填空题

1．PKI 提供了 3 种功能来确保数据传输的安全性，分别是_____、_____、_____。

2．一套数字签名通常定义两种互补的运算，一种用于_____，另一种用于_____。主要用于保证信息传输的完整性、认证发信者的身份、防止交易中的抵赖发生。

二、选择题

1．在对称加密中常用的算法有（　　）。

A．RSA　　　　　　B．DES　　　　　　C．Elgamal　　　　　D．ECC

2．在非对称加密中常用的算法有（　　）。

A．RSA　　　　　　B．DES　　　　　　C．TDEA　　　　　D．RC2

三、思考题

1．什么是 PKI？

2．什么是数字签名？

3．什么是 SSL？

4．Web 服务器的 SSL 证书内包含哪些内容？

项目 *12*
架设单位内部 FTP 服务器

在 Internet 和 Intranet 中，FTP 是除 Web 之外最为广泛的一种应用，大量的软件及音、视频等大容量文件的上传和下载多使用 FTP 方式。

12.1 项目内容

1. 项目目的
在了解 FTP 工作原理和 IIS 操作特点的基础上，以 Windows Server 2012 操作系统为服务平台，掌握在 IIS 中创建和管理 FTP 站点的具体方法，并熟悉 FTP 客户端的使用方法。

2. 项目任务
有一所高等院校，组建了学校的校园网，开发了学院网站，为了便于管理，需要将学院的 Web 服务器配置成 FTP 服务器，便于文件的上传和下载。

3. 任务目标
（1）熟悉 FTP 的工作原理。
（2）了解 FTP 的应用特点。
（3）掌握 IIS 中 FTP 服务器的安装和配置方法。
（4）掌握 FTP 客户端的使用方法。

12.2 相关知识

FTP 至今未被 HTTP 完全取代的原因就是它的管理简单，且具备双向传输功能。在建立 FTP 站点之前，先了解 FTP 的基本知识是很有必要的。

12.2.1 FTP 的概念

1. 什么是 FTP
FTP（File Transfer Protocol）就是文件传输控制协议，是用于 TCP/IP 网络及 Internet 的最简单、广泛的协议之一。FTP 的主要作用就是让用户连接上一个远程计算机（该计算机运行着 FTP 服务进程，并且存储着各种格式的文件，包括计算机软件、声音文件、图像文件、重要资料、电影等），查看远程计算机上有哪些文件，然后把文件从远程计算机上复制到本地计算机，或把本地计算机的文件传送到远程计算机上。前者称为"下载"，后者称为"上传"。

FTP 的一项突出的优点就是可在不同类型的计算机之间传送文件。如 PC 机、服务器、小型机、大型机，以及 Windows 平台、Linux 平台、UNIX 平台，只要双方都支持 FTP，支持 TCP/IP 协议，就可以方便地交换文件。

FTP 是一个通过 Internet 传送文件的系统。Internet 上很多站点都提供了匿名 FTP 服务，允许任何用户访问该站点，并可从该站点免费复制文件。许多商业软件都是通过 FTP 发行的，不过下载时需要特定的账户。

FTP 服务要求用户登录服务器来使用服务。登录后，用户可指向 FTP 服务可用的目录。目前，FTP 服务主要用于以下 3 个方面：

- 提供软件下载的高速站点；
- Web 站点维护和更新；
- 在不同类型计算机之间传输文件。

2．FTP 文件格式

FTP 有文本方式与二进制方式两种文件传输类型，所以用户在进行文件传输之前，还要选择相应的传输类型：根据远程计算机文本文件所使用的字符集是 ASCII 或 EBCDIC，用户可以用 ASCII 或 EBCDIC 命令来指定文本方式传输；二进制文件是指非文本文件，如压缩文件、图形与图像、声音文件、电子表格、计算机程序、电影或其他文件，都必须用二进制方式传输，用户输入 binary 命令可将 FTP 转换成二进制模式。

3．FTP 服务器软件

许多综合性的 Web 服务器软件，如 IIS、Apache 等，都集成了 FTP 功能。目前有许多 FTP 服务器软件可供选择，这些软件都比较小，并且共享和免费的居多。Serv-U 是一种广泛使用的 FTP 服务器软件。

12.2.2　FTP 的工作原理

FTP 使用客户机/服务器模式，即由一台计算机作为 FTP 服务器提供文件传输服务，而由另一台计算机作为 FTP 客户端提出文件服务请求并得到授权的服务。客户端和服务器端使用 TCP 进行连接，在连接时，都必须各自打开一个 TCP 端口。FTP 服务器预置两个端口：21 和 20。其中端口 21 用来发送和接收 FTP 的控制信息，一旦建立 FTP 会话，端口 21 的连接在整个会话期间始终保持打开状态；端口 20 用于发送和接收 FTP 数据，只有在传输数据时才打开，一旦传输结束就断开。FTP 客户端激发 FTP 客户端服务之后，动态分配自己的端口（端口号为 1224～65535）。

FTP 工作的过程就是一个建立 FTP 会话并传输文件的过程，如图 12.1 所示。具体传输过程如下所述。

（1）FTP 客户端程序向远程的 FTP 服务器申请建立连接。

（2）FTP 服务器的端口 21 侦听到 FTP 客户端的请求之后，作出响应，与其建立会话连接。

（3）客户端程序打开一个控制端口，连接到 FTP 服务器的端口 21。

（4）需要传输数据时，客户端打开一个数据端口（使用 netstat），连接到 FTP 服务器的 20 号端口，文件传输完毕后断开连接，释放端口。

（5）要传输新的文件时，客户端会再打开一个新的数据端口，连接到 FTP 的端口 21。

（6）空闲时间超过规定后，FTP 会话自行终止。也可由客户端或服务器强行断开连接。

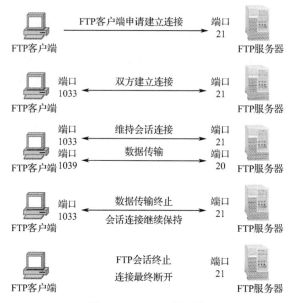

图 12.1　FTP 工作过程

12.2.3　匿名 FTP 和用户 FTP

用户对 FTP 服务的访问有两种方式：匿名 FTP 和用户 FTP。

1. 匿名 FTP

所谓匿名就是允许任何用户访问 FTP 服务器并下载文件，无论用户是否拥有该 FTP 服务器的账户，都可以使用"anonymous"用户名进行登录，一般以自己的 E-mail 地址作为密码。

2. 用户 FTP

这种方式为已在 FTP 服务器上建立了特定账户的用户使用，必须以用户名和口令来登录。但当用户从 Internet 与 FTP 服务器连接时，所使用的口令以明文形式传输，接触系统的任何人都可以使用相应的程序获取该用户的账户和口令。

在一般情况下，在许多 FTP 站点上，都可以自动匿名登录，从而查看或下载文件。要上载、重命名或删除文件，可能需要特殊的用户名和密码登录。同时，相同站点的不同区域也可能需要进行不同的登录。

12.2.4　主动模式和被动模式

根据 FTP 数据连接建立方法，可将 FTP 客户端对 FTP 服务器的访问分为两种模式：主动模式（又称标准模式）和被动模式。

1. 主动模式 FTP

主动模式的 FTP 是这样的：客户端从一个任意的非特权端口 N（N>1224）连接到 FTP 服务器的命令端口，也就是 21 端口；然后客户端开始监听端口 N+1，并发送 FTP 命令"port N+1"到 FTP 服务器；接着服务器会从它自己的数据端口（20）连接到客户端指定的数据端口（N+1）。

主动模式 FTP 的主要问题实际上在于客户端。FTP 的客户端并没有实际建立一个到服务器数据端口的连接，它只是简单地告诉服务器自己监听的端口号，服务器再回来连接客户端这个指定的端口。

2. 被动模式 FTP

为了解决服务器发起到客户端的连接的问题，人们开发了一种不同的 FTP 连接方式。这就是所谓的被动模式，或者叫做 PASV，当客户端通知服务器它处于被动模式时才启用。

在被动模式 FTP 中，命令连接和数据连接都由客户端发起，这样就可以解决从服务器到客户端的数据端口的入方向连接被防火墙过滤掉的问题。当开启一个 FTP 连接时，客户端打开两个任意的非特权本地端口（N>1224 和 N+1）。第一个端口连接服务器的端口 21，但与主动模式的 FTP 不同，客户端不会提交 port 命令并允许服务器来回连它的数据端口，而是提交 PASV 命令。这样做的结果是，服务器会开启一个任意的非特权端口（P>1224），并发送 port P 命令给客户端。然后客户端发起从本地端口 N+1 到服务器的端口 P 的连接用来传送数据。

主动模式 FTP：

命令连接：客户端>端口 1224→服务器端口 21

数据连接：客户端>端口 1224←服务器端口 20

被动 FTP：

命令连接：客户端>端口 1224→服务器端口 21

数据连接：客户端>端口 1224→服务器端口>1224

下面是主动模式与被动模式 FTP 优缺点的简要总结。

主动模式 FTP 对 FTP 服务器的管理有利，但对客户端的管理不利。因为 FTP 服务器企图与客户端的高位随机端口建立连接，而这个端口很有可能被客户端的防火墙阻塞掉。被动模式 FTP 对 FTP 客户端的管理有利，但对服务器端的管理不利。因为客户端要与服务器端建立两个连接，其中一个连到一个高位随机端口，而这个端口很有可能被服务器端的防火墙阻塞掉。

12.2.5 简单文件传输协议 TFTP

TFTP 是一个很小且易于实现的文件传输协议。TFTP 也采用客户机/服务器模式，使用 UDP 数据报。TFTP 没有一个庞大的命令集，没有列目录的功能，也不能对用户进行身份验证。

TFTP 可用于 UDP 环境，而且 TFTP 代码所占的内存较小。每次传送的数据有 512 字节，但最后一次可不足 512 字节；可支持 ASCII 码或二进制传送；可对文件进行读或写。

在一开始工作时，TFTP 客户进程发送一个读请求 PDU 或写请求 PDU 给 TFTP 服务器进程，其端口号为 69。TFTP 服务器进程要选择一个新的端口和 TFTP 客户进程进行通信。TFTP 共有 5 种协议数据单元 PDU，即读请求 PDU、写请求 PDU、数据 PDU、确认 PDU 和差错 PDU。

TFTP 协议被 Cisco 的网络设备用来作为操作系统和配置文件的备份工具。在 Cisco 网络设备组成的网络里，可以用一台主机或服务器作为 TFTP 服务器，并且把网络中各台 Cisco 设备的 IOS 和配置文件备份到这台 TFTP 服务器上，以防备可能的严重故障或人为因素使网络设备的 IOS 或运行配置丢失。当发生这种情况时，可以方便快速地通过 TFTP 协议从 TFTP 服务器上把相应的文件传送到网络设备中，及时恢复设备以正常工作。

12.3 方案设计

1．设计

架设一台基于 Windows Server 2012 系统下 IIS 的 FTP 服务器，要求如下。

（1）服务器端：在一台安装 Windows Server 2012 系统的计算机（IP 地址为 192.168.11.250，子网掩码为 255.255.255.0，网关为 192.168.11.1）上设置 1 个 FTP 站点，端口为 21，FTP 站点标志为"FTP 站点训练"；连接限制为 120000 个，连接超时 120s；日志采用 W3C 扩展日志文件格式，新日志时间间隔为每天；启用带宽限制，最大网络使用 1224 KB/s；主目录为 D:\ftpserver，允许用户访问读取和下载文件。允许匿名访问（Anonymous），匿名用户登录后进入的将是 D:\ftpserver 目录；虚拟目录为 D:\ftpxuni，允许用户浏览和下载。

（2）客户端：在 IE 浏览器的地址栏中输入 ftp://192.168.11.250 来访问刚才创建的 FTP 站点。配合项目 4 中 DNS 服务器的配置，将 IP 地址 192.168.11.250 与域名 ftp://ftp.xpc.edu.cn 对应起来，在 IE 浏览器的地址栏中输入 ftp://ftp.xpc.edu.cn 来访问刚才创建的 FTP 站点。

根据以上要求，本项目实施的网络拓扑图如图 12.2 所示。

图 12.2　FTP 服务网络拓扑图

2．材料清单

为了搭建图 12.2 所示的网络环境，需要下列设备：

（1）安装 Windows Server 2012 系统的 PC 1 台；

（2）Windows 7 系统计算机 2 台；

（3）以上两台计算机已连入校园网。

12.4 项目实施

步骤 1：硬件连接

按照图 12.2 所示，搭建 FTP 服务器配置网络模型。

步骤 2：设置 IP 地址及测试连通性

设置各计算机的 IP 地址、子网掩码、网关见表 12.1 所示。

表 12.1　计算机的 IP 地址设置

计算机	IP 地址	子网掩码	网关
FTP 服务器	192.168.11.250	255.255.255.0	192.168.11.1
PC A	192.168.11.12	255.255.255.0	192.168.11.1
PC B	192.168.11.11	255.255.255.0	192.168.11.1

使用 ping 命令测试各计算机之间的连通性。如果全部连通则继续进行，否则检测网线及计算机的配置，直到各计算机之间全部连通。

步骤 3：安装 Internet 信息服务和 FTP 服务

由于 FTP 依赖 Microsoft Internet 信息服务（IIS），因此计算机上必须安装 IIS 和 FTP 服务。在一台安装了 IIS8.0 的服务器中可以安装多个 FTP 站点主机，而不需要为每个 FTP 站点设置一个专用的服务器。

注意： 在 Windows Server 2012 系统中，安装 IIS 时不会默认安装 FTP 服务。如果已在计算机上安装了 IIS，必须使用"服务器管理器"中的"配置此本地服务器"来安装 FTP 服务，如图 12.3 所示。

（1）打开 Windows Server 2012 "的服务器管理器"窗口，选择"管理→添加角色和功能"选项。单击"下一步"按钮，选择"基于角色或基于功能的安装"选项，如图 12.4 所示。

图 12.3　配置本地服务器　　　　　　　　图 12.4　添加角色和功能向导

（2）单击"下一步"按钮，选择"从服务器池中选择服务器"选项，安装程序会自动检测与显示这台计算机采用静态 IP 地址设置的网络连接，单击"下一步"按钮，如图 12.5 所示。

（3）在"服务器角色"中，选择"Web 服务器（IIS）"复选框，如图 12.6 所示。

图 12.5　从服务器池中选择服务器　　　　图 12.6　选择服务器角色

（4）单击"下一步"按钮继续，选择要安装服务器的功能，如图 12.7 所示。

（5）单击"下一步"按钮继续，在"为 Web 服务器（IIS）选择要安装的角色服务"对话框中，勾选"FTP 服务器"复选框，单击"下一步"按钮继续，如图 12.8 所示。

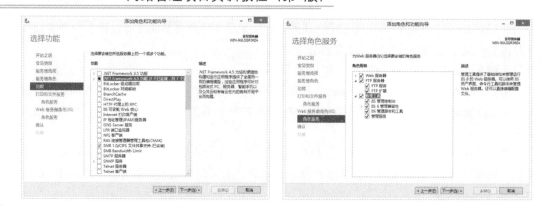

图 12.7　选择添加功能　　　　　　图 12.8　选择安装的 FTP 服务器角色服务

（6）等待安装进度，安装完成后，单击"关闭"按钮完成安装，如图 12.9 所示。

图 12.9　正在开始安装

IIS 和 FTP 服务现已安装，下面再配置 FTP 服务，然后才能使用它。

步骤 4：新建 FTP 站点

如果用户希望添加新的 FTP 站点，将 FTP 服务器的文件目录存放在 Windows Server 2012 服务器的 C 盘，然后开始创建 FTP 站点，将服务器 IP 地址（192.168.11.250）和端口号绑定到 FTP 站点，并指定用户名为"wangluo"的用户来进行访问 FTP，可以执行以下步骤创建 FTP 站点。

（1）打开"IIS 管理器"，从服务器的右键菜单中选择"添加 FTP 站点"命令，如图 12.10 所示。

（2）输入 FTP 站点名称，选择物理路径"C:\ftpserver"，如图 12.11 所示。

（3）单击"下一步"按钮，打开"绑定和 SSL 设置"对话框，如图 12.12 所示。在"IP 地址"的文本框中输入 FTP 服务器的 IP 地址，如"192.168.11.250"，选择默认的端口号，让 FTP 站点自动启动。因为 FTP 网站尚未拥有 SSL 证书，因此最后一个选择"无 SSL"选项。

（4）单击"下一步"按钮，弹出"身份验证和授权信息"对话框，如图 12.13 所示。勾选"身份验证"下的"基本"复选框，在"授权"下的"允许访问"中选择"所有用户"，"权限"设置为"读取"。

图 12.10　添加 FTP 站点

图 12.11　添加 FTP 站点发布

图 12.12　绑定 IP 地址和自动启动 FTP 站点

图 12.13　身份验证和授权信息

（5）单击"下一步"按钮，单击"完成"按钮完成 FTP 站点的创建。

（6）从"控制面板→管理工具→计算机管理"中找到"本地用户和组"，并新建用户"wangluo"，设置密码为"wangluo"（密码就是 FTP 密码）。同时将"wangluo"用户加入到"Administrators"这个组中，设置"wangluo"隶属于管理员权限，如图 12.14 和图 12.15 所示。

图 12.14　查找计算机管理选择的组

图 12.15　隶属于管理员权限

步骤5：测试FTP站点

在测试计算机Windows 7系统上连接FTP站点，不过因为FTP服务器的Windows防火墙会封锁FTP的相关连接，所以需先关闭FTP服务器的Windows防火墙。在FTP服务器上选择"开始→控制面板→系统和安全→Windows防火墙→启用或关闭Windows防火墙→关闭"后，单击"确定"按钮。然后在测试计算机上可以利用以下3种方式来连接FTP服务器。

（1）利用内置的FTP客户端连接程序ftp.exe测试连接FTP服务器。

在客户端打开"命令提示符"窗口，输入如下命令：ftp 192.168.11.250，如图12.16所示。如果在图12.13中选择身份验证为"匿名"方式，则在图12.16中的"用户"处输入匿名账户"anonymous"，"密码"处可输入电子邮件账号或直接按"Enter"键。进入ftp提示符后可以利用"dir"命令来查看FTP服务器主目录中的文件。

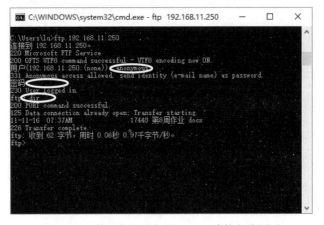

图12.16 利用客户端内置ftp.exe连接程序测试

在ftp提示符下可以利用"?"命令查看可供使用的命令。如果需断开与FTP服务器的连接，可使用"bye"或"quit"命令。

（2）FTP服务器绑定的IP地址，并且当前客户机路由是可达的，在客户机通过浏览器（Windows资源管理器）访问ftp://192.168.11.250（通过计算机管理的账户管理创建的用户名wangluo和密码wangluo），此时输入用户名和密码，进行测试，如图12.17所示。登录成功后就能看到测试文件wangluo.txt，如图12.18所示。

图12.17 登录FTP服务器输入用户名和密码　　　图12.18 登录FTP站点，查看测试文件

（3）利用浏览器Internet Explorer。在客户端打开浏览器，在地址栏中输入

"ftp://192.168.11.250"，则输入用户名和密码连接 FTP 服务器。连接成功后可以看到 FTP 服务器主目录中的文件。

步骤6：FTP 站点的配置

为了使 FTP 站点能够正常工作，还必须对 FTP 站点进行合理配置。

FTP 站点配置都是在 ftp 主页设置的，其中 FTP 主页包含：FTP IP 地址和域限制、FTP SSL 设置、FTP 登录尝试限制、FTP 防火墙支持、FTP 目录浏览、FTP 请求筛选、FTP 日志、FTP 身份验证、FTP 授权规则、FTP 消息和 FTP 用户隔离等 11 个项目，如图 12.19 所示。

图 12.19　FTP 主页设置

1）FTP 站点基本设置

在图 12.19 所示的 FTP 主页设置中，选择右侧操作框可以进行基本设置。对 FTP 站点属性配置的方法如下。

（1）浏览，可以显示当前 FTP 站点的基本信息和浏览 FTP 服务器上的内容。

（2）编辑权限，可以对 ftpserver 进行安全设置和权限管理，如图 12.20 所示。

（3）绑定，在"IP 地址"下拉列表中可以为该站点选择一个 IP 地址，该 IP 地址必须是在"网络连接→本地连接"中配置给当前计算机（网卡）的 IP 地址。由于 Windows Server 2012 可安装多块网卡，并且每块网卡可绑定多个 IP 地址，因此，服务器可以拥有多个 IP 地址。如果这里不分配 IP 地址，即选用"全部未分配"，则该站点将响应所有未分配给其他站点的 IP 地址，即以该计算机默认站点的身份出现。当用户向该计算机的一个 IP 地址发出连接请求时，

图 12.20　ftpserver 属性设置

如果该 IP 地址没有被分配给其他站点使用，将自动打开这个默认站点。如图 12.21 所示。

在"TCP 端口"文本框中为站点指定一个 TCP 端口以运行服务，默认的 TCP 端口号是 21。也可以设置其他任意一个唯一的 TCP 端口，这时在客户端需以"IP:TCP Port"的格式访问，否则将无法连接到该站点。

（4）基本设置，编辑网站名称和物理路径，可以对 FTP 的存储路径进行修改，同时还提

供测试设置等，如图 12.22 所示。

图 12.21　网站绑定　　　　　　　　　　　　图 12.22　编辑网站

（5）在"连接"区域中，可以设置站点的连接属性，这些属性通常决定了站点的访问性能。如默认的连接超时为 120s。如果一个连接与 FTP 站点未交换信息的时间达到指定的连接超时时间，FTP 站点将中断该连接。

（6）日志是以文件形式监视网站使用情况的手段。双击图 12.19 中的"FTP 日志"图标，则打开该站点的"FTP 日志"窗口。

在图 12.23 中单击"选择 W3C 字段"按钮，弹出"要记录的信息"对话框，如图 12.24 所示。

图 12.23　日志文件记录信息　　　　　　　　图 12.24　日志要记录的信息

可以指定日志文件记录何种事件及相关对象的细节。只需选取相应对象前面的复选框即可。例如，如果需要记录客户访问站点内容所使用的服务器端口号，就应选择"服务器端口"前面的复选框。

2）FTP 授权规则

FTP 身份验证提供了基本身份验证和匿名身份验证两种验证方式，如图 12.25 所示。

（1）允许匿名连接：选中"允许匿名连接"复选框，任何用户都可以使用"匿名（anonymous）"作为用户名登录到 FTP 服务器上。允许匿名连接后，对资源的所有请求都不会提示用户输入用户名或密码，Windows 用户账户作为其用户名。

如果清除了该复选框，用户在登录到 FTP 服务器时，需要输入有效的 Windows 用户名和密码。如果 FTP 服务器不能证实用户的身份，服务器将返回错误消息。

（2）用户名：该用户名为在匿名连接时使用的用户名，默认为 IUSR_computername。若要另行选用其他的 Windows 用户账户，可单击"浏览"按钮，在弹出的"选择用户"对话框中选择。为了 FTP 服务器数据的安全，还是采用默认的、拥有最低权限的 IUSR_computername 作为匿名账户。

（3）编辑允许授权规则：可以对"所有用户"、"所有匿名用户"、"指定用户和组"进行授权管理，同时给对应的用户相应的读取和写入权限，如图 12.26 所示。

图 12.25　FTP 身份验证

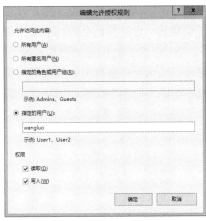

图 12.26　编辑允许授权规则

（4）只允许匿名连接：选中"只允许匿名连接"复选框之后，用户就不能使用用户名和密码登录。选用该复选框可避免具有管理权限的账户访问，而仅允许指定为匿名的账户访问。由于匿名用户往往是权限最低的用户，因此，在特殊情况下有助于保护数据安全。

3）FTP 消息

FTP 站点消息分为 4 种：标题、欢迎、退出、最大连接数，分别在"消息"选项卡中的"横幅""欢迎""退出"和"最大连接数"栏中进行指定，如图 12.27 所示。

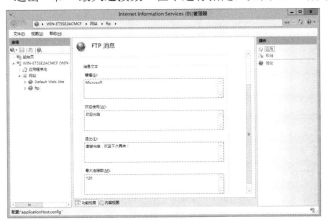

图 12.27　FTP 消息设置

横幅：用户连接 FTP 站点时，会先看到此处的文字。

欢迎使用：用户登录 FTP 站点后，会看到此处的欢迎词。

退出：用户注销时会看到此处的欢送词。

最大连接数：若 FTP 站点有连接数量限制，而且目前连接的数目已经到达限制值，则用户连接 FTP 时，将看到此处所设置的信息。

4）配置 FTP 站点主目录

FTP 站点主目录是指映射为 FTP 根目录的文件夹，FTP 站点中的所有文件全部保存在该文件夹中，而且当用户访问 FTP 站点时，也只有该文件夹中的内容可见，并且作为该 FTP 站点的根目录。在 FTP 站点主目录下建立多个子文件夹，然后将文件夹存储到主目录与这些子文件夹内，这些子文件夹被称为物理目录。

（1）修改主目录位置。FTP 站点物理目录的位置可以指定本地计算机中的其他文件夹，甚至是另一台计算机上的共享文件夹，然后通过虚拟目录来映射到这个文件夹。

① 查看 FTP 网站的物理目录。如图 12.28 所示，本地物理目录的指定方法为：在"物理路径"选项卡中选择主目录位置为"此计算机上的目录"，单击"浏览"按钮指定主目录位置，单击"应用"按钮、"确定"按钮完成。

② 另一台计算机上的共享位置。在"物理目录"选项卡中选择主目录位置为"另一计算机上的共享位置"，然后从"网络共享"栏中指定共享主目录的 UNC 路径。

（2）修改访问权限。

• 读取：选择"读取"选项，允许用户阅读或下载存储在主目录或虚拟目录中的文件。
• 写入：选择"写入"选项，允许用户向服务器中已启用的目录上传文件。仅对那些可能接受用户文件的目录选择该选项。

（3）目录列表风格。在"FTP 主页"窗口中双击"FTP 目录浏览"图标，打开"FTP 目录浏览"窗口，可以指定目录列表风格。可选的站点目录列表风格有 MS-DOS 和 UNIX 两种，在"目录列表样式"下选择"MS-DOS"或"UNIX"。这两种风格分别适用于 DOS/Windows 用户和 UNIX 用户，如图 12.29 所示。

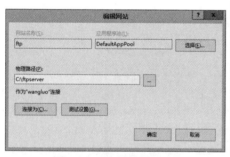

图 12.28　选择物理路径

图 12.29　FTP 目录浏览

步骤 7：IIS 的 FTP 安全管理

IIS 的 FTP 安全管理也是以 Windows 操作系统和 NTFS 文件系统的安全性为基础的。FTP 的安全问题主要是解决访问控制问题，即让特定的用户能够访问特定的资源，既要控制 FTP 用户及其使用的计算机或网络，又要确定特定的资源（站点、目录和文件）可让特定的用户访问。当用户访问 FTP 服务器时，IIS 利用其本身和 Widnows 操作系统的多层安全检查和控制来实现有效的访问控制。具体的访问控制包括：

（1）FTP 服务器检查 FTP 服务客户使用的 IP 地址；

（2）检查 FTP 用户是否拥有有效的 Windows 用户账户；

（3）IIS 检查用户是否具有请求资源的访问权限；

（4）IIS 检查资源的 NTFS 权限。

这些设置与 Web 安全管理类似，在这里不再详述。

步骤 8：FTP 站点的启动与停止

如果 FTP 站点当前为"停止"状态，那么可以单击"活动工具栏的"中的"启动项目"按钮或右击该站点从弹出的快捷菜单中执行"启动"命令来启动该 FTP 站点。如果 FTP 站点当前为"启动"状态，那么可以单击"活动工具栏的"中的"停止项目"按钮或右击该站点从弹出的快捷菜单中执行"停止"命令来停止该 FTP 站点。

步骤 9：创建虚拟目录

用户可以在 FTP 站点中创建虚拟目录。所谓虚拟目录是指在物理上并非包含在 FTP 站点主目录中的目录，但对于访问 FTP 站点的用户来说，该目录又好像确实存在。实际上，创建虚拟目录就是建立一个到实际目录的指针，实际目录下的内容并不需要迁移到 FTP 站点的主目录下。创建虚拟目录的过程如下。

（1）选择要在其中创建虚拟目录的 FTP 站点，如 FTP 站点训练，右击该站点，在弹出的快捷菜单中执行"新建→虚拟目录"命令，弹出"虚拟目录创建向导"对话框。

（2）用户按照"虚拟目录创建向导"的要求，分别在"别名"文本框中输入"ftpxuni"、"路径"文本框中输入"D:\ftpxuni"、"权限"列表中选择"读取"等信息。一旦输入完成，系统将在"FTP 站点训练"站点下创建一个虚拟目录。如图 12.30 所示。

图 12.30　添加虚拟目录

（3）虚拟目录浏览。打开 IE 浏览器，在地址栏中键入 ftp://IP 地址/目录名或"ftp://域名/目录名"，如 ftp://192.168.11.250/ ftpxuni 或 ftp://www.xpc.edu.cn/ ftpxuni，即可直接浏览建立的虚拟目录。

步骤 10：利用 Web 浏览器访问 FTP 站点

Web 浏览器除了可以访问 Web 站点以外，还可以用来访问 FTP 站点，浏览 FTP 站点中的文件夹和文件，并实现文件的下载。在访问 FTP 站点时，在浏览器地址栏中输入的内容稍有不同。

1）访问 FTP 站点

运行 Web 浏览器，如 Internet Explorer，并在地址栏中输入欲连接的 FTP 站点的 Internet 地址或域名，如 ftp://192.168.11.250。此时，将在浏览器中显示该 FTP 站点主目录中所有的文件夹和文件。

如果 FTP 站点采用 Windows 身份验证，而要求用户输入用户名和密码，则需要在地址中包括这些信息，格式为"ftp://用户名:密码@ftpIPaddress"。

（1）浏览和下载。当该 FTP 站点只被授予"读取"权限时，则只能浏览和下载该站点中的文件夹和文件。

- 浏览的方式非常简单，只需双击即可打开相应的文件夹和文件。
- 若欲下载，只需单击鼠标右键，并在弹出的快捷菜单中选择"复制"命令，而后打开 Windows 资源管理器，将该文件或文件夹粘贴到欲保存的位置即可。

（2）重命名、删除、新建文件夹和文件上传。当该 FTP 站点被授予"读取"和"写入"权限时，则不仅能够浏览和下载该站点中的文件夹和文件，而且还可以直接在 Web 浏览器中实现新文件的建立，以及对文件夹和文件的重命名、删除和文件的上传。

- 在 Web 浏览器中重命名和删除 FTP 站点中文件夹和文件的方式与在 Windows 资源管理器中相同。
- 在目标文件夹的空白处单击鼠标右键，并在弹出的快捷菜单中选择"新建文件夹"命令，即可在当前文件夹下建立一个新文件夹。
- 通过 Web 浏览器向 FTP 站点中上传文件夹和文件，先打开 Windows 资源管理器，选中并复制欲上传的文件夹和文件，然后在 Web 浏览器中浏览并找到目标文件夹，而后在浏览器的空白处单击鼠标右键，在弹出的快捷菜单中选择"粘贴"命令即可。

2）访问虚拟目录

打开 Web 浏览器，在地址栏中键入"ftp://IP 地址/目录名"或"ftp://域名/目录名"，即可浏览虚拟目录中的所有文件。

当需要使用用户名和密码访问时，采用的格式为"ftp://用户名:密码@IP 地址/目录名"或"ftp://用户名:密码@域名/目录名"。

通过 Web 浏览器对虚拟目录中文件的操作与在 FTP 站点中的操作完全相同，可根据虚拟目录的访问权限不同，分别进行浏览、重命名、删除、下载、上传和文件夹的建立。

步骤 11：利用 FTP 客户端访问 FTP 站点

FTP 服务借助于 FTP 客户端有时比 Web 浏览器更方便，下面以 WSFTP 为例简要介绍一下如何实现对 FTP 站点的访问。

① 运行 WSFTP。

② 在"Connection"对话框右侧的文本框中依次键入相关信息，如 Host Name（FTP 站点的 IP 地址或域名）、UserID（用户名，匿名登录时可以为空）、Password（密码，匿名登录时可以为空）等，如图 12.31 所示。

单击"Connect"按钮，尝试实现与 FTP 站点的连接。登录成功后的界面如图 12.32 所示。其中，左侧栏为本地硬盘中的文件夹列表，右侧栏为 FTP 站点中根目录下的文件列表。若要上传文件，则只需先调整 FTP 站点的当前文件夹，然后选中左侧栏中欲上传的文件，单击"➡"按钮，即可完成上传。若要下载文件，则只需先选中本地硬盘的当前文件夹，然后选中右侧栏中欲下载的文件，单击"⬅"按钮，即可完成下载。

③ 操作完成后，单击工具栏中的"Disconnect"按钮，终止与 FTP 服务器的连接。

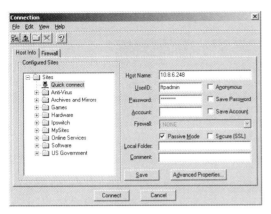

图 12.31 "Connection" 对话框

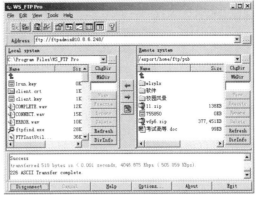

图 12.32 "WS_FTP PRO" 登录成功界面

12.5 扩展训练——使用 FTP 用户隔离

"隔离用户"是 IIS8.0 中包含的 FTP 组件的一项功能。配置成"用户隔离"模式的 FTP 站点可以使用户登录后直接进入属于该用户的目录中，且该用户不能查看或修改其他用户的目录。隔离就是把用户隔离在自己的文件夹里，也就是主目录内，无法查看和修改其他用户的目录和文件。这样做可以提高文件服务器的安全性。

在 IIS8.0 中为 wangluo001 和 wangluo002 两个用户创建隔离的 FTP 服务。

1．创建各不同的用户账号

执行"开始→控制面板→管理工具→计算机管理"，创建 wangluo001 和 wangluo002 两个用户账号，如图 12.33 所示。

图 12.33 创建不同用户账号

2．规划文件夹结构，创建各用户对应的子文件夹

在 IIS8.0 中启用隔离用户，创建站点主目录 ftproot，然后在站点主目录 ftproot 之下建立以下的文件夹结构。

"LocalUser\用户名称"："LocalUser"文件夹是本机用户专用的文件夹，"用户名称"是在本机上新建的用户名称，需要在 LocalUser 文件夹下为每位需要登录 FTP 站点的本地用户各建立一个专用子文件夹，该子文件夹名称需与用户账户名称完全相同，如 wangluo001 和 wangluo002 两个子文件夹。

"LocalUser\Public"：Public 是用户利用匿名账户（anonymous）登录 FTP 站点时，会被

导向 Public 子文件夹，如图 12.34 所示。

图 12.34　创建对应用户名的文件夹

3. 新建隔离用户的 FTP 站点

打开 IIS 管理器，选择网站—右键—添加 FTP 站点，如图 12.35 所示。在新建的 FTP 站点主页上双击"FTP 用户隔离"，打开"FTP 用户隔离"窗口，如图 12.36 所示。在"隔离用户，将用户局限于以下目录："下选择"用户名目录（禁用全局虚拟目录）"选项，单击右侧的"应用"按钮，以上就基本完成了用户隔离的操作。

图 12.35　新建 FTP 站点

图 12.36　设置隔离用户的 FTP 站点

习题

一、名词解释

1．FTP　　2．匿名 FTP　　3．TFTP

二、填空题

1．_____是 File Transfer Protocol 的缩写，是_____的简称，是网络计算机之间进行文件传输的协议，特别适合传送较大的文件。

2．FTP 的默认端口是_____，HTTP 的默认端口是_____。

3．FTP 是 TCP/IP 的一种具体应用，它工作在 OSI 参考模型的_____层。

4．在 FTP 中采用匿名登录的用户名是_____。

三、选择题

1．如果没有特殊声明，匿名 FTP 服务登录账号为（　　　）。

　　A．User　　　　　　　　　　　　　B．Anonymous

　　C．Guest　　　　　　　　　　　　 D．用户自己的电子邮件地址

2．通过（　　　）服务器，可以实现服务器和客户机之间的快速文件传输。

　　A．WWW　　　　　B．DHCP　　　　　C．FTP　　　　　D．Web

3．一个 FTP 站点，IP 地址是 192.168.1.120，端口是 2121，则客户端访问该站点时，在 IE 浏览器的地址栏中的完整输入应该是（　　　）。

　　A．http://192.168.1.120　　　　　　B．http://192.168.1.120:2121

　　C．ftp://192.168.1.120/2121　　　　D．ftp://192.168.1.120:2121

4．下面说法正确的是（　　　）。

　　A．Web 站点的主目录和操作系统最好方在不同的分区中

　　B．服务器上同时有 Web 站点和 FTP 站点时，两个站点的主目录最好在同一分区

　　C．为了方便用户访问，Web 站点的主目录应该开放写入权限

　　D．为了方便用户访问，Web 站点的主目录应该开放目录浏览权限

四、思考题

1．简述 FTP 协议的工作原理。

2．TFTP 协议有何特点？用在什么地方？

3．下载文件的常用方法有哪些？

五、实训题

在 Windows Server 2012 操作系统中安装 FTP 服务器，并进行匿名访问设置。

项目 *13*

路由器和网桥设置

13.1 项目内容

1．项目目的

在了解路由器概念和工作原理，熟悉路由器和网桥工作过程的基础上，学习并掌握如何在 Windows Server 2012 系统中路由器的安装和基本配置方法。

2．项目任务

某公司采用不同网段的地址，不同网络之间通过路由器（Router）和网桥（Bridge）进行连接后，可以让分别位于不同网络内的计算机进行通信。

3．任务目标

（1）了解路由器的概念。

（2）理解路由器的工作原理。

（3）掌握如何在 Windows Server 2012 系统中安装与配置路由器和网桥。

（4）掌握添加静态路由的方法。

13.2 相关知识

如何在异地安全地访问本地网络是网络应用中常遇到的问题，如出差在外的工作人员或派外地的办事机构，他们可能需要从异地连接公司的内部网络来获取一些信息等。这类应用的特点一是要求安全访问内部网络；二是要求异地访问能够像本地访问一样运行数据库客户端软件，甚至浏览共享文件夹。路由器，是连接因特网中各局域网、广域网的设备，它会根据信道的情况自动选择和设定路由，以最佳路径，按前后顺序发送信号。路由器是互联网络的枢纽。

13.2.1 路由器的原理

路由器（Router）是一种典型的网络层设备。它在两个局域网之间按帧传输数据，在OSI/RM 之中被称为中介系统，完成网络层在两个局域网的网络层之间按帧传输数据，转发帧时需要改变帧中的地址。当数据从一个子网传输到另一个子网时，可通过路由器的路由功能来完成。因此，路由器具有判断网络地址和选择 IP 路径的功能，它能在多网络互联环境中，建立灵活的连接，可用完全不同的数据分组和介质访问方法连接各种子网。路由器只接受源站或其他路由器的信息，属网络层的一种互联设备。

路由器用于连接多个逻辑上分开的网络，所谓逻辑网络是代表一个单独的网络或者一个子网。它不关心各子网使用的硬件设备，但要求运行与网络层协议相一致的软件。路由器分本地路由器和远程路由器，本地路由器是用于连接网络传输介质的，如光纤、同轴电缆、双绞线；远程路由器是用于连接远程传输介质，并要求相应的设备，如电话线要配调制解调器，无线要通过无线接收机、发射机。

13.2.2　路由器的作用与功能

（1）连通不同的网络。从过滤网络流量的角度来看，路由器的作用与交换机和网桥非常相似。但是与工作在网络物理层，从物理上划分网段的交换机不同，路由器使用专门的软件协议从逻辑上对整个网络进行划分。例如，一台支持 IP 协议的路由器可以把网络划分成多个子网段，只有指向特殊 IP 地址的网络流量才可以通过路由器。对于每一个接收到的数据包，路由器都会重新计算其校验值，并写入新的物理地址。因此，使用路由器转发和过滤数据的速度往往要比只查看数据包中的物理地址的交换机慢。但是，对于那些结构复杂的网络，使用路由器可以提高网络的整体效率。路由器的另外一个明显优势就是可以自动过滤网络广播。总体上说，在网络中添加路由器的整个安装过程要比即插即用的交换机复杂很多。

（2）数据处理和路径选择。路由器提供包括分组过滤、分组转发、优先级、复用、加密、压缩和防火墙等功能；它的主要工作就是为经过路由器的每个数据帧寻找一条最佳传输路径，并将该数据有效地传送到目的站点。由此可见，选择最佳路径的策略即路由算法是路由器的关键所在。为了完成这项工作，在路由器中保存着各种传输路径的相关数据——路由表（Routing Table），供路由选择时使用。路由表中保存着子网的标志信息、网上路由器的个数和下一个路由器的名字等内容。

（3）网络管理。路由器提供包括配置管理、性能管理、容错管理和流量控制等功能。对于那些结构复杂的网络，使用路由器可以提高网络的整体效率。路由器的另外一个明显优势就是可以自动过滤网络广播。

13.2.3　路由协议

1．静态路由协议

路由协议由一组处理进程、算法和消息组成，用于交换路由信息，并将其选择的最佳路径添加到路由表中。路由协议的用途如下。

（1）发现远程网络。

（2）维护最新路由信息。

（3）选择通往目的网络的最佳路径。

静态路由主要在不会显著增长的小型网络中，使用静态路由便于维护路由表。同时，静态路由可以路由到末端网络，或者从末端网络路由到外部。使用单一默认路由，如果某个网络在路由表中找不到更匹配的路由条目，则可使用默认路由作为通往该网络的路径。

静态路由的优点主要有：占用的 CPU 处理时间少；便于管理员了解路由；易于配置。

静态路由的缺点主要有：配置和维护耗费时间；配置容易出错，尤其对于大型网络；需要管理员维护变化的路由信息；不能随着网络的增长而扩展，维护会越来越麻烦；需要完全地了解整个网络的情况才能进行操作。

2．动态路由协议

一般来说，动态路由协议的运行过程如下。

（1）路由器通过其接口发送和接收路由消息。

（2）路由器与使用同一路由协议的其他路由器共享路由信息。

（3）路由器通过交换路由信息来了解远程网络。

（4）如果路由器检测到网络拓扑结构的变化，路由协议可以将这一变化告知其他路由器。

动态路由的优点主要有：增加或删除网络时，管理员维护路由配置的工作量较少；网络拓扑结构发生变化时，协议可以自动做出调整；配置不容易出错；扩展性好，网络增长时不会出现问题。

动态路由的缺点主要有：需要占用路由器资源（CPU 周期、内存和链路带宽）；管理员需要掌握更多的网络知识才能进行配置、验证和故障排除工作。

13.3 项目实施

13.3.1 安装 Windows Server 2012 路由器

在 Windows Server 2012 计算机内安装两块网卡，这两块网卡分别对应链接名称默认为以太网络 1 和以太网络 2，启用 Windows Server 2012 路由器的步骤如下。

（1）在仪表盘添加远程访问功能，添加角色和功能，如图 13.1 所示。

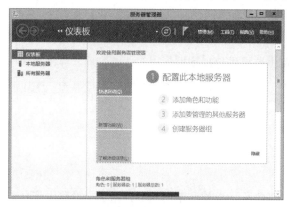

图 13.1　配置本地服务器

（2）在添加角色和功能向导界面，从服务器池中选择服务器，如图 13.2 所示。

图 13.2　从服务器池中选择服务器

（3）选择要安装在所选服务器上的一个或多个角色。勾选"远程访问"复选框，单击"添加功能"按钮，如图 13.3 所示。

图 13.3　选择角色服务界面，勾选"远程访问"复选框

（4）单击"下一步"按钮，出现选择角色服务界面时刻，勾选"路由"复选框，如图 13.4 所示。

图 13.4　勾选"路由"复选框

（5）持续单击"下一步"按钮，直到出现确认安装所选内容界面时，单击"安装"按钮，如图 13.5 和图 13.6 所示。

图 13.5　确认安装所选项目

图 13.6　确认开始安装

（6）完成安装后单击"关闭"按钮，然后重新启动计算机，并以系统管理员身份登录。

（7）安装完远程访问后，打开路由和远程访问工具，如图 13.7 所示。

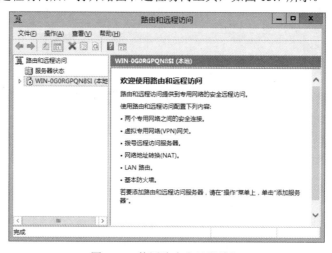

图 13.7　使用路由和远程访问

13.3.2　查看路由表

在 Windows Server 2012 系统中的路由器设置完成后，可以查看路由表。选择"IP v4"右键快捷菜单中的"显示 IP 路由表"命令，如图 13.8 所示，可以查看路由表信息，如图 13.9 所示。

在图 13.8 中的协议字段用来说明此路由是如何产生的：如果是通过路由和及远程访问控制台手动建立的路由，则此处为静态（Static）；如果是利用其他方式手动建立的路由，例如利用 router add 命令建立的或者是在网络连接（如以太网络）的 TCP/IP 中设置的，则此处为网络管理（Network Management）；如果是利用 RIP 通信协议从其他路由器学习来的路由，则此处为 RIP。以上情况之外，此处是本地（Local）。

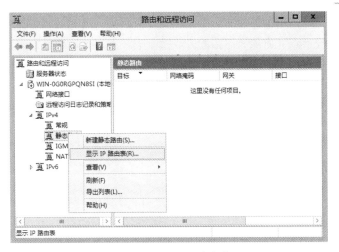

图 13.8　显示 IP 路由表

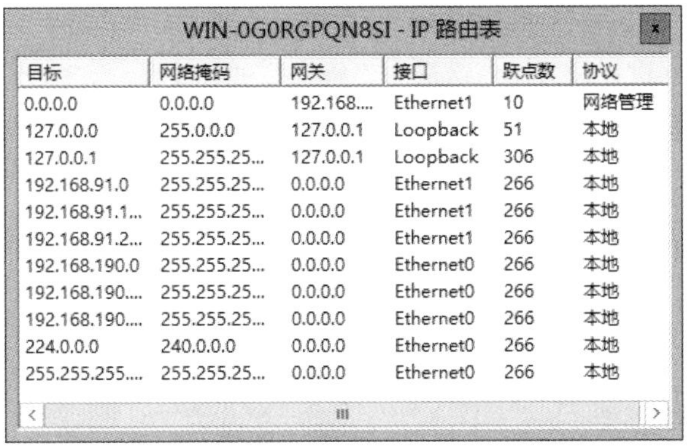

目标	网络掩码	网关	接口	跃点数	协议
0.0.0.0	0.0.0.0	192.168...	Ethernet1	10	网络管理
127.0.0.0	255.0.0.0	127.0.0.1	Loopback	51	本地
127.0.0.1	255.255.25...	127.0.0.1	Loopback	306	本地
192.168.91.0	255.255.25...	0.0.0.0	Ethernet1	266	本地
192.168.91.1...	255.255.25...	0.0.0.0	Ethernet1	266	本地
192.168.91.2...	255.255.25...	0.0.0.0	Ethernet1	266	本地
192.168.190.0	255.255.25...	0.0.0.0	Ethernet0	266	本地
192.168.190...	255.255.25...	0.0.0.0	Ethernet0	266	本地
192.168.190...	255.255.25...	0.0.0.0	Ethernet0	266	本地
224.0.0.0	240.0.0.0	0.0.0.0	Ethernet0	266	本地
255.255.255...	255.255.25...	0.0.0.0	Ethernet0	266	本地

图 13.9　查看路由表信息

13.3.3　添加静态路由

可以通过"路由和远程访问"控制台进行设置，选中"静态路由"，右击并在弹出的快捷菜单中选择"新建静态路由"命令，通过 IPv4 静态路由对话框来设定新路径，图 13.10 中示例表示传送给 Ethernet0 接口 192.168.4.0 网络的数据包，将通过网络接口送出，传给 IP 地址为 192.168.2.253 的网关，而此路径的跃点数为 256。在静态路由表中，可以查看到增加了一条到 192.168.4.0 的路由，如图 13.11 所示。

图 13.10　IPv4 静态路由设置

图 13.11　增加静态路由表信息

其中跃点指的是网络中的路由。一个路由为一个跃点，传输过程中需要经过多个网络，每个被经过的网络设备点（有能力路由的）叫做一个跃点，地址就是它的 IP。跃点数是经过了多少个跃点的累加器，为了防止无用的数据包在网上流散。为路由指定所需跃点数的整数值（范围是 1～9999），用来在路由表里的多个路由中选择与转发包中的目标地址最为匹配的路由。所选的路由具有最少的跃点数。跃点数能够反映跃点的数量、路径的速度、路径可靠性、路径吞吐量及管理属性。

13.3.4　网桥设置

使用 Windows Server 2012 系统中网桥的桥接功能来通信，Windows Server 2012 系统设置网桥的方法如下。

（1）选择桌面"网络"，右击并在弹出的快捷菜单中选择"属性"命令，单击更"改适配器设置"选项。

（2）按住"Ctrl"键不放，选择要被包含在网桥内的所有网络接口（如图 13.12 所示），选择以太网 2 和以太网进行设置。右键选中"桥接"进行设置。

（3）设置完成后，结果如图 13.13 所示。完成了网桥设置，可以进行网桥内的资源管理和通信。

图 13.12　"桥接"进行设置

图 13.13　设置两个以太网桥接

▽ 习题

一、名词解释

1．路由器（Router）　　2．网桥　　3．路由表

二、填空题

1．路由器的作用与功能有＿＿＿＿、＿＿＿＿、＿＿＿＿。

2．跃点指的是网络中的＿＿＿＿，每个被经过的网络设备点（有能力路由的）叫做一个＿＿＿＿。

三、选择题

1．路由器是一种用于网络互联的计算机设备，但作为路由器，并不具备的是（　　）。

　　A．支持多种路由协议　　　　　　　　B．多层交换功能

　　C．支持多种可路由协议　　　　　　　D．具有存储、转发、寻址功能

2．以下不会在路由表里出现的是（　　）。

A．下一跳地址　　　　B．网络地址　　　　C．度量值　　　　D．MAC 地址

四、思考题

1．简述路由器的工作原理。

2．简述路由器的作用与功能。

3．简述网桥的工作原理。

4．如何在 Windows Server 2012 系统中查看路由表？

5．静态路由和动态路由的优缺点有什么？

五、实训题

在 Windows Server 2012 操作系统中设置路由器，并添加静态路由。

项目 14

网络地址转换

14.1 项目内容

1. 项目目的

在了解 NAT 概念和熟悉 NAT 工作过程的基础上，学习并掌握如何在 Windows Server 2012 系统中 NAT 的安装和基本配置方法。

2. 项目任务

某公司采用实名认证上网，认证软件只限本人在一台计算机上进行认证。但现在需要上网的设备比较多，例如，有手机、平板电脑，也有其他的多台计算机上网，这时候就需要做一个代理服务器，通过 NAT 服务器实现共享上网。

3. 任务目标

（1）了解 NAT 的概念。

（2）理解 NAT 的工作过程。

（3）掌握如何在 Windows Server 2012 系统中安装与配置 NAT 服务。

（4）掌握 NAT 连接的设置。

14.2 相关知识

如何在异地安全地访问本地网络是网络应用中常遇到的问题，如出差在外的工作人员或派外地的办事机构，他们可能需要从异地连接公司的内部网络来获取一些信息等。这类应用的特点一是要求安全访问内部网络；二是要求异地访问能够像本地访问一样运行数据库客户端软件，甚至浏览共享文件夹。

14.2.1 NAT 的概念

NAT 网络地址转换（Network Address Translation）属接入广域网（WAN）技术，是一种将私有（保留）地址转化为合法 IP 地址的转换技术，它被广泛地应用于各种类型的 Internet 接入方式和各种类型的网络中。原因很简单，NAT 不仅完美地解决了 IP 地址不足的问题，而且还能够有效地避免来自网络外部的攻击，隐藏并保护网络内部的计算机。

（1）宽带分享：这是 NAT 主机的最大功能。

（2）安全防护：NAT 之内的计算机联机到 Internet 上时，它所显示的 IP 地址是 NAT 主机的公共 IP 地址，所以客户端的计算机当然就具有一定程度的安全了，外界在进行 portscan

（端口扫描）的时候，就侦测不到源客户端的计算机。

14.2.2　NAT 实现方式和技术背景

NAT 的实现方式有 3 种，即静态转换（Static NAT）、动态转换（Dynamic NAT）和端口多路复用（OverLoad）。

（1）静态转换是指将内部网络的私有 IP 地址转换为公有 IP 地址，IP 地址对是一对一的，是一成不变的，某个私有 IP 地址只转换为某个公有 IP 地址。借助于静态转换，可以实现外部网络对内部网络中某些特定设备（如服务器）的访问。

（2）动态转换是指将内部网络的私有 IP 地址转换为公用 IP 地址时，IP 地址是不确定的，是随机的，所有被授权访问 Internet 的私有 IP 地址可随机转换为任何指定的合法 IP 地址。也就是说，只要指定哪些内部地址可以进行转换，以及用哪些合法地址作为外部地址时，就可以进行动态转换。动态转换可以使用多个合法外部地址集。当 ISP 提供的合法 IP 地址略少于网络内部的计算机数量时，可以采用动态转换的方式。

（3）端口多路复用是指改变外出数据包的源端口并进行端口转换，即端口地址转换（Port Address Translation，PAT）采用端口多路复用方式。内部网络的所有主机均可共享一个合法外部 IP 地址实现对 Internet 的访问，从而可以最大限度地节约 IP 地址资源。同时，又可隐藏网络内部的所有主机，有效避免来自 Internet 的攻击。因此，目前网络中应用最多的就是端口多路复用方式。

要真正地了解 NAT 就必须先了解现在 IP 地址的适用情况，私有 IP 地址是指内部网络或主机的 IP 地址，公有 IP 地址是指在因特网上全球唯一的 IP 地址。RFC 1918 为私有网络预留出了如下 3 个 IP 地址块：

A 类：10.0.0.0～10.255.255.255

B 类：172.16.0.0～172.31.255.255

C 类：192.168.0.0～192.168.255.255

上述 3 个范围内的地址不会在因特网上被分配，因此可以不必向 ISP 或注册中心申请而在公司或企业内部自由使用。

随着接入 Internet 的计算机数量的不断猛增，IP 地址资源也就愈加显得捉襟见肘。事实上，一般用户几乎申请不到整段的 C 类 IP 地址。在其他 ISP 那里，即使是拥有几百台计算机的大型局域网用户，当他们申请 IP 地址时，所分配的地址也不过只有几个或十几个 IP 地址。显然，这样少的 IP 地址根本无法满足网络用户的需求，于是也就产生了 NAT 技术。

虽然 NAT 可以借助于某些代理服务器来实现，但考虑到运算成本和网络性能，很多时候都是在路由器上实现的。

14.2.3　NAT 工作原理

当内部网络中的一台主机想传输数据到外部网络时，它先将数据包传输到 NAT 路由器上，路由器检查数据包的报头，获取该数据包的源 IP 信息，并从它的 NAT 映射表中找出与该 IP 匹配的转换条目，用所选用的内部全局地址（全球唯一的 IP 地址）来替换内部局部地址，并转发数据包。

当外部网络对内部主机进行应答时，数据包被送到 NAT 路由器上，路由器接收到目的地址为内部全局地址的数据包后，它将用内部全局地址通过 NAT 映射表查找出内部局部地址，然后将数据包的目的地址替换成内部局部地址，并将数据包转发到内部主机。

借助于 NAT，私有（保留）地址的"内部"网络通过路由器发送数据包时，私有地址被转换成合法的 IP 地址，一个局域网只需使用少量 IP 地址（甚至是 1 个）即可实现私有地址网络内所有计算机与 Internet 的通信需求。

NAT 将自动修改 IP 报文的源 IP 地址和目的 IP 地址，IP 地址校验则在 NAT 处理过程中自动完成。有些应用程序将源 IP 地址嵌入到 IP 报文的数据部分中，所以还需要同时对报文的数据部分进行修改，以匹配 IP 头中已经修改过的源 IP 地址。否则，在报文数据部分嵌入 IP 地址的应用程序就不能正常工作。

NAT 技术有以下优点。

（1）对于那些家庭用户或者小型的商业机构来说，使用 NAT 可以更便宜，更有效率地接入 Internet；

（2）使用 NAT 可以缓解目前全球 IP 地址不足的问题；

（3）在很多情况下，NAT 能够满足安全性的需要；

（4）使用 NAT 可以方便网络的管理，并大大提高了网络的适应性。

NAT 技术有以下缺点。

（1）NAT 会增加延迟，因为要转换每个数据包包头的 IP 地址，自然要增加延迟；

（2）NAT 会使某些要使用内嵌地址的应用不能正常工作。

14.3 项目实施

在图 14.1 中，服务器由一台安装有 Windows Server 2012 Datacenter 系统的双网卡计算机充当，一个网卡接校园网并自动获得 IP 地址，用来连接 Internet，另一个网卡设置为 LAN，设置一个私有 IP 地址，LAN 口网卡连接到一个普通的交换机上，然后将宽带路由器的 LAN 口（一般 4 个 WAN 口、1 个 LAN 口）接到普通交换机上，并将宽带路由器的 DHCP 功能禁用。这样平板电脑、手机将通过宽带路由器，并从 Windows Server 2012 服务器的 DHCP 获得 IP 地址、子网掩码、网关。而工作站 1、工作站 2 则设置为"自动获取 IP 地址与 DNS 地址"即可，必须先在 Windows Server 2012 上安装"远程访问"服务器角色。

图 14.1　NAT 网络拓扑图

14.3.1 NAT 服务器安装

（1）在 Windows Server 2012 系统上安装"远程访问"服务器角色。

打开"服务器管理器"窗口，单击"添加角色和功能"选项，选择"远程访问"选项，安装"远程访问角色"，如图 14.2 和图 14.3 所示。

图 14.2　配置此本地服务器

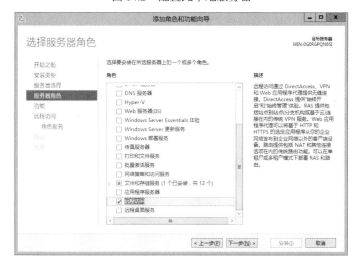

图 14.3　在服务器角色中选择"远程访问"选项

（2）单击"下一步"按钮，勾选"DirectAccess 和 VPN（RAS）"与"路由"复选框，如图 14.4 所示。

图 14.4　选择"DirectAccess 和 VPN（RAS）"和"路由"

（3）单击"安装"按钮，进行路由和远程访问的安装，如图 14.5 所示。

图 14.5　安装完成

14.3.2　NAT 服务器配置

（1）打开"服务器管理器"窗口，单击"工具"菜单，选择"路由和远程访问"。

打开"路由和远程访问"控制台，在如图 14.6 所示的本地计算机上单击鼠标右键，在弹出的快捷菜单中选择"配置并启用路由和远程访问"命令。

（2）在"欢迎使用路由和远程访问服务器安装向导"对话框中，单击"下一步"按钮。如图 14.7 所示。

（3）在"配置"对话框选中"网络地址转换"单选框，如图 14.8 所示。

图 14.6　配置并启用路由和远程访问

图 14.7　"路由和远程访问服务器安装向导"对话框

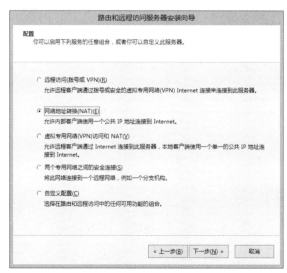

图 14.8　选择"网络地址转换（NAT）"服务

（4）在"NAT Internet 连接"对话框，选择连接到 Internet 的网卡，如图 14.9 所示。

图 14.9　NAT Internet 连接设置

（5）在"正在完成路由和远程访问服务器安装向导"对话框，单击"完成"按钮，如图 14.10 所示，NAT 服务安装成功提示。

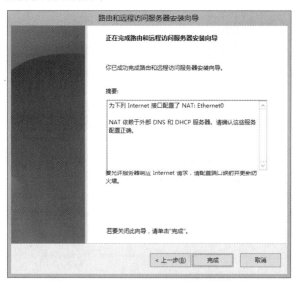

图 14.10　完成 NAT 配置

配置完 RRAS 之后，安装拨号软件客户端，然后拨号。

14.3.3　客户端的使用

在客户端计算机上设置成"自动获得 IP 地址及 DNS 地址"即可上网，手机与平板电脑连接到宽带路由器获得地址也可以上网。当然可以在宽带路由器中进行安全配置，如 MAC 地址限制、设置连接密码等，这些不一一介绍。在服务器上，在"路由和远程访问"窗口中的"NAT"中可以看到地址映射总数、转换的连接等。

习题

一、填空题

1．NAT 的实现方式有 3 种，即_____、_____和_____。

2．NAT（Network Address Translation）的中文意思是_____。

二、选择题

下面有关 NAT 叙述不正确的是（　　）。

A．NAT 是英文"网络地址转换"的缩写

B．地址转换又称为地址翻译 用来实现私有地址与公有地址之间的转换

C．当内部网络的主机访问外部网络的时候一定不需要 NAT

D．网络地址转换的提出为解决 IP 地址紧张的问题提供了一个有效途径

三、思考题

1．什么是 NAT？NAT 技术的优点和缺点分别是什么？

2．NAT 实现方式有哪些？

3．NAT 工作原理是什么？

4．如何在 Windows Server 2012 系统中进行 NAT 的安装和配置？

四、实训题

在一台 Windows Server 2012 的服务器上进行 NAT 配置和安装。

VPN 服务器的配置与管理

15.1 项目内容

1．项目目的
在了解 VPN 概念和熟悉 VPN 工作过程的基础上，学习并掌握如何在 Windows Server 2012 系统中 VPN 的安装和基本配置方法。

2．项目任务
某公司组建了单位内部的办公网络，业务人员需要经常出差到外地，但需要经常通过公众信息网络访问单位网络，在安全性上存在着很多问题，这时考虑使用 VPN 组网技术解决信息在公众网上传输的安全问题。

3．任务目标
（1）了解 VPN 的概念。
（2）理解 VPN 的工作过程。
（3）掌握如何在 Windows Server 2012 系统中安装与配置 VPN 服务。
（4）掌握客户端 VPN 连接的设置。

15.2 相关知识

如何在异地安全地访问本地网络是网络应用中常遇到的问题，如出差在外的工作人员或派外地的办事机构，他们可能需要从异地连接公司的内部网络来获取一些信息等。这类应用的特点一是要求安全访问内部网络；二是要求异地访问能够像本地访问一样运行数据库客户端软件，甚至浏览共享文件夹。

15.2.1 VPN 的概念

虚拟专用网（Virtual Private Network，VPN）技术是通过 ISP（Internet 服务提供商）和其他 NSP（网络服务提供商）在公用网络中建立专用的数据通信网络的技术。虚拟专用网虽不是真的专用网络，但却能够实现专用网络的功能。虚拟是指用户不必拥有实际的长途数据线路，而是使用 Internet 公众数据网络的长途数据线路。在虚拟专用网络中，任意两个节点之间的连接并没有传统专用网所需的端到端的物理网络，数据通过安全的加密管道在公共网络中传播。虚拟专用网可以实现不同网络的组件和资源之间的相互连接，能够利用 Internet 或其他公共互联网的基础设施为用户创建隧道，并提供与专用网络相同的安全和功能保障。

15.2.2 VPN 服务的原理及类型

VPN 服务的原理如图 15.1 所示，VPN 客户机可以利用电话线路或者 LAN 接入本地 Internet。当数据在 Internet 上传输时，利用 VPN 协议对数据进行加密和鉴别，这样，VPN 客户机和服务器之间经过 Internet 的传输好像是在一个安全的"隧道"中进行。通过"隧道"建立的连接就像专门的网络连接一样，这就是虚拟专用网络的含义。

图 15.1 VPN 服务原理

在 TCP/IP 协议中，对数据进行封装的过程如图 15.2 所示。VPN 技术就是在网络层对数据进行加密的一种技术，称为隧道方式的加密和鉴别技术，其数据报文如图 15.3 所示。

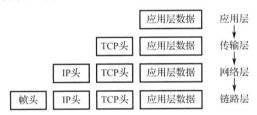

图 15.2 TCP/IP 网络的数据报文封装流程

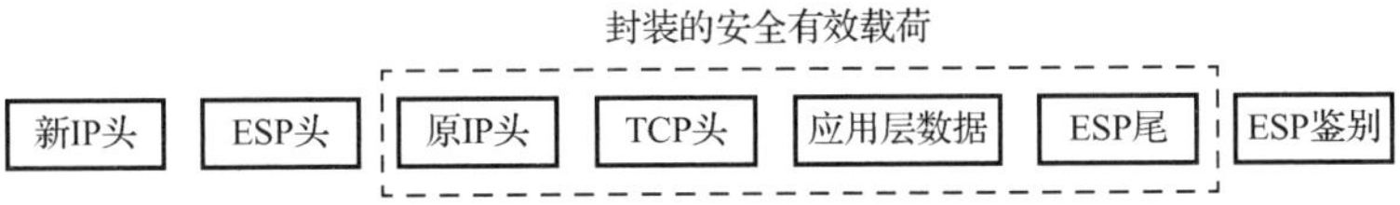

图 15.3 VPN 技术的数据报文

VPN 有以下类型。

1．客户端发起的 VPN

远程客户通过 Internet 连接到企业内部网，通过网络隧道协议与企业内部网建立一条加密的 IP 连接，从而安全地访问内部网的资源。

在这种方式下，客户机必须维护和管理发起隧道连接的有关协议和软件。

2．接入服务器发起的 VPN

远程客户接入本地 ISP 的接入服务器后，接入服务器发起一条隧道连接到用户需要连接的企业内部网。构建 VPN 所需的软件和协议均由接入服务器来提供和维护。

15.2.3 VPN 的隧道协议

VPN 使用隧道协议来加密数据，目前主要使用 4 种隧道协议：PPTP（点对点隧道协议）、L2TP（第二层隧道协议）、网络层隧道协议 IPSec 及 Socks V5。它们在 OSI 七层模型中的位置如表 15.1 所示。各协议工作在不同层次，在选择 VPN 产品时，应注意不同的网络环境适合不同的协议。

表 15.1 4 种隧道协议在 OSI 模型中的位置

OSI 七层模型	安全技术	安全协议
应用层	应用层代理	
表示层		
会话层	会话层代理	Socks V5
传输层		
网络层	包过虑	IPSec
数据链路层		PPTP/L2TP
物理层		

1. PPTP

PPTP（Point to Point Tunneling Protocol，点到点隧道协议）是在 Window95/98 中支持的，为中小企业提供的一个 VPN 解决方案。PPTP 是在 PPP（点对点协议）的基础上开发的新的增强型安全协议，可以使远程用户通过拨入 ISP、通过直接连接 Internet 或其他网络安全地访问企业网。通过使用 PPTP 可以增强 VPN 连接的安全性，例如，可对 IP、IPX 或 NetBEUI 数据流进行 40 位或 128 位加密，然后封装在 IP 包中，通过企业 IP 网络或公共互联网发送到目的地。另外，使用 PPTP 还可以控制网络流量，减少网络堵塞的可能性。但 PPTP 性能不高，目前，PPTP 在 VPN 产品中使用较少。

2. L2TP

L2TP（Layer 2 Tunneling Protocol，第二层隧道协议）是 Microsoft 的 PPTP 和 Cisco 的 L2F（Layer 2 Forwarding，第二层转发）的组合，该技术由 Cisco 公司首先提出，指在 IP、X.25、帧中继或 ATM 网络上用于封装所传送 PPP 帧的网络协议。以数据报传送方式运行 IP 时，L2TP 可作为 Internet 上的隧道协议。L2TP 还可用于专用的 LAN 之间的网络。它同样适用于非 IP 协议，支持动态寻址，是目前唯一能够提供全网状 Intranet VPN 连接的多协议隧道。

3. IPSec

IPSec 是一组开放的网络安全协议的总称，提供访问控制、无连接的完整性、数据来源验证、防重放保护、加密及数据流分类加密等服务。IPSec 在 IP 层提供这些安全服务，它包括两个安全协议 AH（报文验证头协议）和 ESP（报文安全封装协议）。AH 主要提供的功能有数据来源验证、数据完整性验证和防报文重放功能。ESP 在 AH 协议的功能之外再提供对 IP 报文的加密功能。AH 和 ESP 同时具有认证功能，IPSec 存在两个不同的认证协议是因为 ESP 要求使用高强度密码学算法，无论产际上是否在使用。而高强度密码学算法在很多国家都存在很多严格的政策限制。但认证措施是不受限制的，因此 AH 可以在全世界自由使用。另外一个原因是很多情况下人们只使用认证服务。AH 或 ESP 协议都支持两种模式的使用：隧道模式和传输模式。隧道模式对传经不安全的链路或 Internet 的专用 IP 内部数据包进行加密和封装（适合于有 NAT 的环境）。传输模式直接对 IP 负载内容（即 TCP 或 UDP 数据）加密（适合于无 NAT 的环境）。

4．Socks V5 协议

Socks V5 协议工作在会话层，它可作为建立高度安全的 VPN 的基础。Socks V5 协议的优势在于访问控制，因此适用于安全性较高的 VPN。该协议最适合于客户机到服务器的连接模式，适用于外部网 VPN 和远程访问 VPN。

15.2.4　VPN 的应用

（1）以安全方式，通过 Internet 实现访问企业局域网。

（2）通过 Internet 实现网络互连，分别可以采用专线连接和拨号连接，这样就可以将与当地 ISP 建立的连接和 Internet 网络在企业分支机构和企业端路由器之间创建一个 VPN。

（3）连接企业内部网络计算机，通过使用 VPN 服务器来与整个企业局域网连接，并可保证数据的安全性。

15.3　方案设计

1．设计

任务要求如下。

（1）VPN 服务器安装双网卡，内网设置一个私有 IP 地址：10.8.32.253/24，连接公司内网，外网设一个可以连接到 Internet 的公有 IP 地址：211.81.192.2/24。

（2）远程客户端需要连接到 Internet 上。然后通过在 Internet 上建立虚拟专用通道连接到公司内部网络的 VPN 服务器上，即建立一个虚拟专用连接，可以自由地访问内部网络。网络拓扑图如图 15.4 所示。

2．设备清单

为了搭建图 15.4 所示的网络环境，需要如下设备：

（1）安装 Windows Server 2012 的 PC 1 台；

（2）安装 Windows 7 的计算机 1 台；

（3）以上两台计算机已连入校园网。

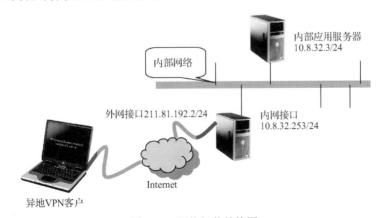

图 15.4　网络拓扑结构图

15.4　项目实施

步骤 1：配置 VPN 服务器的网卡 IP 地址

在安装 Windows Server 2012 VPN 服务器之前，需要安装所有硬件并使其正常工作。首先要设置两块网卡（连接内网的网卡和连接外网的网卡）的属性，分别在 TCP/IP 属性对话框中，输入 IP 地址、子网掩码等信息，默认网关不必设置或设置为本机的 IP 地址，如图 15.5 和图 15.6 所示。

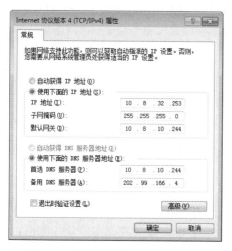

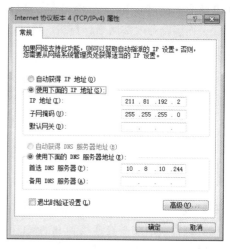

图 15.5　连接内网网卡 TCP/IP 设置　　　　　图 15.6　连接外网网卡 TCP/IP 设置

步骤 2：安装和启动 VPN 服务器

使用 Windows Server 2012 安装 VPN 服务器，由于 Windows　Server 2012 默认没有安装 VPN 服务，具体的操作步骤如下。

（1）打开"服务器管理器→添加角色和功能"窗口勾选"远程访问"复选框，如图 15.7，同样选择"网络策略和访问服务"进行安装单击"下一步"按钮，如图 15.8 所示。然后单击"下一步"按钮。

图 15.7　添加远程访问　　　　　　　　图 15.8　选择 DirectAccess 和 VPN

（2）在角色服务中，选择"DirectAccess 和 VPN"然后单击"下一步"按钮，安装完成，如图 15.9 所示。

（3）安装"DirectAccess 和 VPN"功能。

图 15.9　选择 DirectAccess 和 VPN

启动 VPN 服务器：重启后服务器管理器面板中有告警提示，点击打开。

（1）单击"DirectAccess 和 VPN"功能，打开"远程访问设置"对话框，单击"配置远程访问—运行开始向导"，或者选择"工具"→右键→"路由和远程访问"命令，选择"配置并启用路由和远程访问"，如图 15.10 所示。

（2）选择"仅部署 VPN"选项，如图 15.11 所示。

图 15.10　工具选择"路由和远程访问"

图 15.11　配置远程访问"仅部署 VPN"

（3）打开路由和远程访问控制台，由于还未配置，所以是红色状态，如图 15.12 所示。

（4）选择路由和远程访问服务器，右击并在弹出的快捷菜单中选择"配置并启用路由和远程访问"命令，如图 15.13 所示。按照路由和远程访问服务器安装向导，单击"下一步"按钮，如图 15.14 所示。

（5）选择"自定义配置"，如图 15.15 所示，单击"下一步"按钮。

（6）勾选所有选项，如图 15.16 所示。单击"下一步"按钮，完成路由和远程访问服务器安装向导，如图 15.17 所示。

图 15.12　路由和远程访问控制台

图 15.13　配置并启用路由和远程访问

图 15.14　路由和远程访问服务器安装向导

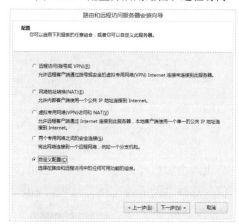

图 15.15　选择"自定义配置"

图 15.16　勾选服务器上启用的服务

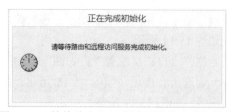

图 15.17　完成路由和远程访问服务器安装向导

（7）完成路由和远程服务器安装之后，路由和远程访问的服务将启动，如图 15.18 和图 15.19 所示。

图 15.18　启动路由和远程访问服务

图 15.19　等待路由和远程访问服务完成初始化

（8）配置完成：启动完成，服务已经启动，相关菜单项展开，如图 15.20 所示。

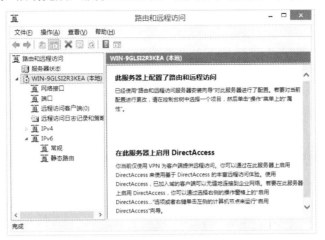

图 15.20　完成路由和远程访问的配置

步骤 3：配置 VPN 访问账户

（1）配置 VNP 相关服务及配置 VPN 访问账户的方法，具体如下：选择路由和远程访问服务器，右击并在弹出的快捷菜单中选择"属性"命令，如图 15.21 所示，在弹出的对话框中勾选"IPv4 路由器配置"和"IPv4 远程访问服务器"复选框，如图 15.22 所示。

图 15.21　选择路由和远程访问服务器属性　　　图 15.22　选择 IPv4 路由器

（2）切换到"IPv4"选项卡，选择静态 IP 地址池方式如图 15.23 所示；也可以选择 DHCP 方式，采用 DHCP 管理分配 IP 地址更简单方便，但若网络中没有安装 DHCP 服务器，则必须指定一个地址范围给远程客户端分配静态 IP 地址，选择"来自一个指定的地址范围"。

（3）单击"添加"按钮，弹出"新建 IPv4 地址范围"对话框，单击"添加"按钮，指定"起始 IP 地址"和"结束 IP 地址"。Windows 将自动计算地址的数目。单击"确定"按钮以返回到地址范围分配窗口，如图 15.23 所示。本例中为远程访问客户分配了从 10.8.32.3 至

10.8.32.15 共 13 个 IP 地址，如图 15.24 所示。远程访问客户在 VPN 客户端设置时，可以选择该范围中的任何一个 IP 地址来分配。

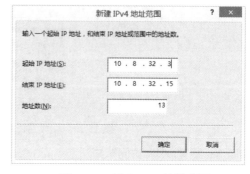

图 15.23　配置静态地址池　　　　　　　　　　图 15.24　新建 IPv4 地址范围

（4）单击"确定"按钮，选择"应用"静态地址池，系统启用路由和远程访问服务并将该服务器配置为远程访问服务器，如图 15.25 所示。

步骤 4：配置用户的属性

对于允许远程连接的客户账户必须设定其"允许远程访问"，具体步骤如下。

① 选择"开始→控制面板→管理工具→计算机管理"命令，打开"计算机管理"窗口，选择"本地用户和组"，单击"用户"，如图 15.26 所示。

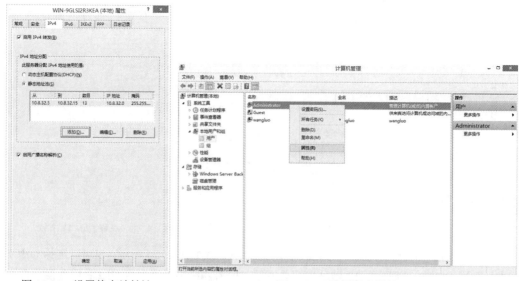

图 15.25　设置静态地址池　　　　　　　　　　图 15.26　设置用户属性

② 在用户窗口中选择要设置的用户，右击用户，在弹出的快捷菜单中选择"属性"命令。

③ 在出现的"属性"对话框中单击"拨入"选项，如图 15.27 所示，选择"允许访问"或"通过 NPS 网络策略控制访问"，则该用户具有远程连接权力。

（1）添加 VPN 访问账户的操作，打开服务器管理器，选择工具中的"计算机管理"，选择用户；右键选择"Administrator"属性。

（2）切换到"拨入"选项卡，选择"允许访问"，在静态 IP 里面填写远程访问 WAN 地址，如图 15.28 所示。

图 15.27　网络访问权限　　　　　　　图 15.28　分配静态 IP 地址

步骤 5：配置客户端的 VPN 连接

VPN 客户端既可以通过拨号，也可通过局域网的形式访问 VPN 服务器。实验客户端操作系统为 Windows 7，以下是客户端在运行 Windows 7 的客户机通过局域网的形式访问 VPN 服务器的具体步骤。

（1）在 VPN 客户机上新建一个网络连接。打开控制面板，切换到网络和共享中心，在更改网络设置选项中，选择"设置新的连接或网络"，如图 15.29 所示，选择设置新的连接或网络，选择连接到工作区，弹出"设置连接和网络"对话框，选择连接到工作区，如图 15.30 所示。

图 15.29　更改网络设置，选择新的连接网络　　　图 15.30　连接工作区

（2）在"连接到工作区"对话框，选择"使用我的 Internet 连接（VPN）"选项，通过 Internet 使用虚拟专用网络（VPN）来连接，如图 15.31 所示。

（3）输入要连接的 Internet 地址，目标地址即 VPN 服务器的 IP 地址或主机名，输入工作区的 WAN 的 IP 地址，创建连接完成，如图 15.32 所示。

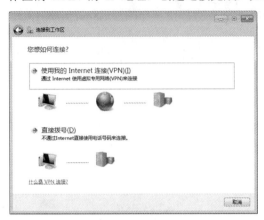

图 15.31　使用我的 Internet 连接（VPN）　　　图 15.32　键入要连接的 Internet 地址

（4）单击"下一步"按钮，弹出"正在完成新建连接向导"对话框，单击"完成"按钮，保存新建的连接。

（5）输入连接的用户名和密码，此时用户名为"Administrator"，输入相应的密码，如图 15.33 所示，进行用户名和密码的验证，创建 VPN 连接，如图 15.34 所示。

图 15.33　键入要连接的用户名和密码　　　　图 15.34　连接到 VPN 连接

步骤 6：建立与 VPN 服务器的连接

当用户需要与远程 VPN 服务器连接时，可运行上面建立的虚拟专用连接。当计算机向 VPN 服务器请求连接时，系统提示输入用户名和密码。输入登录 VPN 服务器的用户名和密码，在登录界面，则会出现如图 15.35 所示的对话框，单击"确定"按钮即可，用户就可以像访问本地计算机一样访问远端内部网络。

若连接失败，则根据不同的情况，会出现不同的连接错误提示对话框。例如，如果出现如图 15.36 所示对话框，原因可能有下面几个方面。

（1）用户远程连接属性被设置为"拒绝访问"。

（2）远程策略里设置"拒绝远程访问权限"。

（3）远程访问策略里配置文件设置错误等。

此时用户可以仔细检查用户属性，包括用户名、密码的正确性，远程访问属性设置的正确性，以及远程访问策率的配置是否正确。

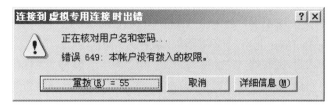

图 15.35　登录界面　　　　　　　　　图 15.36　虚拟连接失败

习题

一、填空题

1．VPN 使用隧道协议来加密数据，目前主要使用_____、_____、_____以及_____4种隧道协议。

2．L2TP 是 Microsoft 的_____和_____的 L2F 的组合。

3．IPSec 在 IP 层提供这些安全服务，它包括两个安全协议_____和_____。

二、选择题

1．下面哪个是目前唯一能够提供全网状 Intranet VPN 连接的多协议隧道？（　　　）

A．PPTP　　　　　　　　　　　　　B．L2TP

C．IPSec　　　　　　　　　　　　　D．Socks V5 协议

2．以下哪一项不属于 ISO 七层模型？（　　　）

A．链路层　　　　B．会话层　　　　C．协议层　　　　D．物理层

三、思考题

1．什么是虚拟专用网？

2．VPN 服务的原理是什么？

3．简述拨号连接和虚拟专用连接的区别与联系。

4．如何从客户端进行 VPN 连接？

四、实训题

1．安装并配置一台 Windows Server 2012 VPN 服务器，允许远程客户端通过 Internet 访问该服务器，则选择"授予远程访问权限"，单击"编辑配置文件"按钮，选择"客户端可以请求一个 IP 地址"选项设置 VNP 客户连接的用户数目为 60 个连接。

2．配置一个 VPN 客户端，并建立与 VPN 服务器的连接。

参考文献

[1] 褚建立. Windwos Server 2003 网络管理项目实训教程. 北京：电子工业出版社，2010.

[2] 戴有炜. Windows Server 2012 系统配置指南[M]. 北京：清华大学出版社，2014.

[3] 李书满，杜卫国. Windows Server 2008 服务器搭建与管理（网络工程师实用培训教程系列）[M]. 北京：清华大学出版社，2010.

[4] 戴有炜. Windows Server 2012 网络管理与架站[M]. 北京：清华大学出版社，2014.

[5] 张凤生，宋西军. Windows Server 2008 系统与资源管理（网络工程师实用培训教程系列）[M]. 北京：清华大学出版社，2010.